カラー版

日本有用樹木誌

第2版

伊東隆夫・佐野雄三・安部　久・内海泰弘・山口和穂 著

海青社

はじめに

木の文化が古来よりわが国の文化に溶け込み栄えてきたことを、遺跡と木製品、仏像の木、古建築の木の三つのカテゴリーから分担執筆した『木の文化と科学』(海青社、二〇〇八)に続いて、木の文化に関わる主要な樹木についての諸性質を書きまとめた。

わが国は国土が狭いわりには植物の種類が豊富である。温暖多湿な気候に恵まれたことにもよるが、樹木の種類は一〇〇〇種を遥かに超える。針葉樹、広葉樹、つる植物など様々で、それぞれの種類特有の樹形があり、葉や幹の形態があり、花や実の色や大きさも異なる。また、木材には重硬なものもあれば、軽軟なものもあり、材色も黒ずんだものから、白っぽいものなど多種多様である。わが国の先人たちは、古来より日常生活に様々な樹木を適材適所に利用してきたことが知られている。寺院などの建築材として強度の大きいヒノキ・マツ・ケヤキが用いられ、木彫像として柔らかさや強さを表現するためにヒノキ、カヤやクスノキが用いられ、家具や器具にはキリをはじめ、カエデ、ホオノキ、ケヤキ、クリ、クワなど多くの樹種が利用されてきた。樹皮は和紙の原料にあるいは生薬や屋根葺き材料に用いられた。これらは古典や文献の記録に加えて、現存の古建築や木彫像の調査ならびに遺跡の発掘調査によって実証されてきている。

本書では、読者にとって興味のある樹種を任意にかつ容易に選択できるように五十音順に樹木名を配列した。さらに、各樹種名の下欄に用途を明示した絵入りの表を目次代わりに用意し、用途ごとに読みたい樹木名を選択できるようにも配慮した。目次に表れている樹木数は九十二種であるが、そのうちのいくつかは複数種を含むカシやニレといったグループ名を用いており、さらに、各項目の記載のところで、関連する樹木名についても記載されている場合があるので、これらを合わせると本書で扱った樹木の種類は優に一〇〇種を超える。

これまでに類似の書物が数多く出版されているが、その多くが樹木学に基づいた花、葉、実に関する詳細な記載に留まる傾向がみられる。本書ではそれら樹木学に関わる特徴的なものについては最低限記載しているが、それら以外に材面の文様や材の諸性質およびその利用例、樹皮の形状やその利用例などについても多くの紙面を割いている。特に、木材の用途についてまとまって記載された啓蒙書は多くは見られないので、紙面の許す限り書きとめるように心がけた。

このように樹木の性質や用途の重要性を勘案して選び出された樹種につき五名で分担執筆した。したがって、個々人の個性が文章に表れて、全体的な統一があるいは十分でないところが見受けられるかも知れないが、樹木の性質や用途について重要な点は網羅するように心がけた。わが国の木の文化にとって欠かすことのできない主要な樹木の諸性質について、筆者らの知識の及ぶ範囲で書きとめた。樹木の個々の性質や用途を示すカラー写真については、各執筆者が自ら撮影あるいは収集し、紙面の随所に配置させ、本文の理解を助けるように配慮した。したがって、目で見て楽しめる樹木誌とでも言えるような内容をも併せ持っているとも言える。本書が多少なりとも木の文化の理解の助けになるならば筆者らの望外の喜びとするところである。

末筆ながら、本書の出版を快諾いただき、カラー写真の採択・配列に格段のご協力をいただいた海青社の宮内久氏ならびに同編集部の福井将人氏に感謝申し上げる。

第2版の出版にあたり

初版を二〇一一年に出版して以来八年が経過した。この間、年号が令和になり、それに伴って記載の変更を余儀なくされる箇所が散見された。また、改めて読み直したところ部分的に修正した方が読者の方により正しい情報を提供できると判断された箇所もあり、この機会に若干加筆修正した。なお、八年の間に分類学が進展し、本書で用いている学名・和名の一部が異なる表記で用いられるようになった樹種もあるが、本書は既往の分類基準にのっとって全体の記述が統一されているので、第2版においても初版と同様に樹木の学名等は旧版の「日本の野生植物」(平凡社)に準拠した。

執筆者代表
京都大学名誉教授　伊東隆夫

目次――カラー版 日本有用樹木誌

凡 例：

1. 各項目一コマ目の写真は、見出し樹種の材面写真とし、各項共通で「図1」として掲載した。また、他の写真の配列は原則として本文の記載順に配置したが、編集上の都合により一部入れ替えている。
2. 本書(第2版)で扱った樹木の和名および学名は初版と同様に基本的に旧版の「日本の野生植物」(平凡社)に準拠した。
3. 各項目冒頭に列記した中国名および英名のうち、括弧書きで「類」と付したものは、属ないし数種程度の総称(類名)である。
4. 古文の引用については、読みやすさを考え、字体や仮名遣いを原典あるいは出典から文意を損なわない程度に変えたり、句読点や空白を入れたりしている箇所がある。

項目	頁	建築材	家具・器具材	緑化・鑑賞	飲食用	成分利用	繊維利用	その他
はじめに	1							
アカマツ・クロマツ	8	○		○				○ 年中行事、燃料、たいまつ
アケビ・マタタビ・サルナシ	14		○		○	○		○ 土木
アコウ・ガジュマル	16		○	○				○ 防風林
アスナロ・ヒノキアスナロ	18	○	○			○		
イスノキ	22	○	○					○ 灰を釉薬
イチイ	24		○	○		○		
イチョウ	26		○	○	○			
イヌマキ	30	○		○				
イボタノキ	32			○				○ 虫蝋
ウツギ類（ウツギ・ノリウツギ）	34		○	○				○ 樹皮から接着剤
ウ メ	36		○	○	○	○		
ウルシ	38		○					○ 塗装剤、木蝋
エゾマツ・アカエゾマツ	42	○	○					
エノキ	46		○		○			
エンジュ・イヌエンジュ	48		○	○		○		
オニグルミ	50		○		○	○		○ 実を染料や研磨剤
カエデ	54		○	○	○	○		
カキノキ	58		○		○	○		○ 塗料
カシ類（アカガシ・シラカシ・ウバメガシ）	62		○		○			○ 燃料

カツラ	66	●	●	●					
カバノキ	68		●		●			●	樹皮を燃料
カ ヤ	72		●		●				
カラマツ	74	●						●	土木
キハダ	78		●		●	●			
キ リ	80		●					●	花や葉の形を紋章
クスノキ	84	●	●	●				●	文化財、防虫剤
ク リ	88	●	●		●			●	土木
ケヤキ	92	●	●	●				●	文化財
コウゾ・ガンピ・ミツマタ	96						●		
コウヤマキ	102	●	●	●				●	文化財
ゴヨウマツ	106	●	●	●	●				
サカキ類（サカキ・ヒサカキ）	110		●					●	神事、灰を媒染剤
サクラ	112		●	●	●			●	樹皮を保護材
サワラ	116		●	●					
サンショウ	118		●	●	●	●			
シイ類（スダジイ・マテバシイ）	120				●			●	ほだ木
シキミ	122							●	仏事
シデ類・アサダ	124	●	●	●					
シナノキ	126	●	●		●		●		
ス ギ	128	●	●					●	樹皮を屋根
スズカケノキ	134		●	●					

ヒノキ	180	樹皮を屋根材、文化財
ヒマラヤスギ	184	
ヒルギ類（オヒルギ・メヒルギ・オオバヒルギ）	188	燃料、樹皮を染料
フジ	192	
ブナ	194	
ホオノキ	198	葉を包装材
マユミ	200	
マンサク	202	土木
ミズキ	204	
ムクノキ	206	葉を研磨剤
モミ	208	葬祭具
ヤチダモ・アオダモ	210	
ヤナギ類（シダレヤナギ・ネコヤナギ）	212	祭具
ヤブツバキ	216	採油
ヤマグルマ	218	樹皮から鳥もち
ヤマグワ	220	飼料
ユズリハ	222	年中行事
おもな出典	224	
おわりに	230	
索引	238	

図1　アカマツの材面(板目)　頑丈なので床板に用いられる。図には淡色の辺材も入っているが辺材部分は用いない

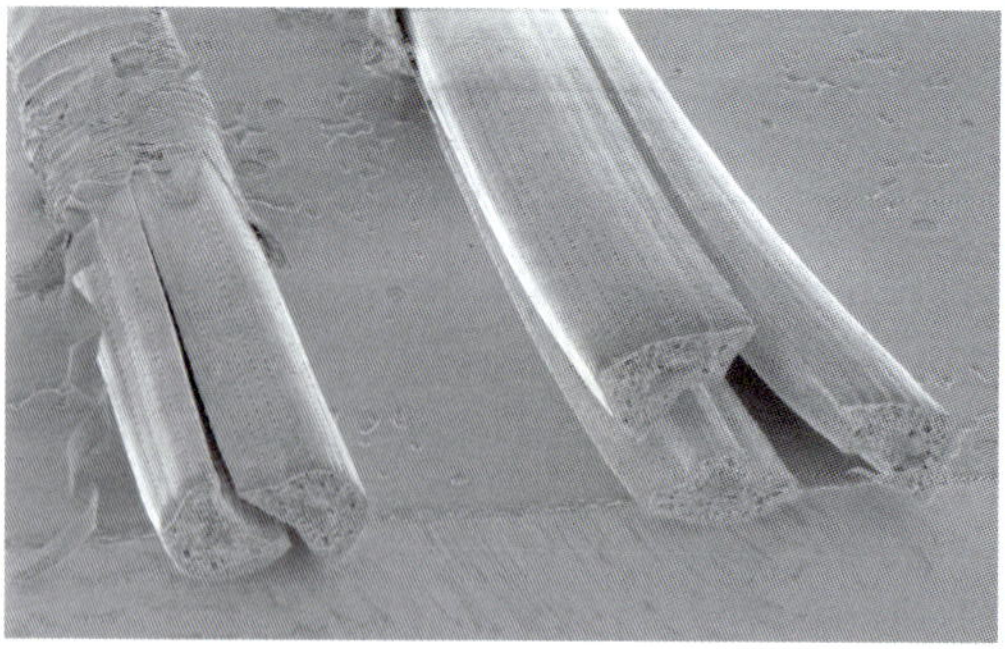

図2　松葉の断面　2葉と3葉がある。いずれも円筒を等分した形になっている(×10)

アカマツ*・クロマツ**

学名 *Pinus densiflora** Sieb. et Zucc. *Pinus thunbergii*** Parlatore **漢字** 赤松* 黒松**

中国名 赤松* 黒松** **英名** Japanese red pine* Japanese black pine**

アカマツとクロマツはいずれも常緑高木である。樹高四〇m、直径一mに達する。先のとがった針葉が二本ずつ束になって生えているのが特徴である。それぞれの葉の断面は半円形であり、二本の葉を束ねると円筒形になる(**図2**)。冬芽のすぐ下にはまれに三本一束になった葉も見られるが、この場合は各葉の断面形は中心角一二〇度の扇形になり、三本まとめると同じく円筒形になる(**図2**)。種子が成熟するとマツカサが開き、片翼のついた種子が回転しながら飛散する。マツカサはぬれると閉じ、乾燥すると開きながら種子を押し出す。これを何度でも繰返す。乾燥して強い風が吹かないと種子が飛び出さない構造である。種子を遠くに飛ばすための知恵である。アカマツとクロマツでは、アカマツの方が低温に強い。そのため、クロマツの分布は本州、四国、九州、朝鮮半島南部に限られるが、アカマツはさらに中国東北部にも生育する。また、親潮(寒流)の影響で寒い東北地方北部太平洋岸にもアカマツは分布するがクロマツは見られない。

アカマツの樹皮は赤く、クロマツの樹皮は黒い(**図3**)。春先の芽はクロマツでは太く通直で、アカマツではクロマツより細く柔らかい。針葉もアカマツはクロマツより柔らかく、短い。このため、アカマツを雌松《めまつ》、クロマツを雄松《おまつ》ともいう。どちらも傷をつけると香りの良いマツヤニを出す。

クロマツの開花はアカマツより六~一〇日早いが、開花が重なって雑種ができることもある。葉がアカマツに似て樹皮がクロマツに似るもの、芽がクロマツに

図３　マツの樹皮　純粋なアカマツの樹皮は赤くうろこ状にはがれる（左）。クロマツの樹皮は暗灰色で最外部にコルク層がある（右）

図４　アカマツの梁（岡山県和気町、閑谷《しずたに》学校）　アカマツの梁は重く丈夫で曲がりを活かして使用される場合も多い。写真のように美しく組上げたものは稀である

似て樹皮がアカマツに似るものなど、様々な組み合わせの雑種が見られる。

マツの名の由来については諸説ある。『大和本草』では、「たもつ」からきていて、久しく寿をたもつ木であるとしている。『広辞苑』では「一説に神がこの木に天降ることをマツ（待つ）意とする。また、一説に葉が二股に分かれるところからマタ（股）の転とする」と書かれている。

アカマツやクロマツの薪は樹脂を多く含み、非常に良く燃え、燃焼後の灰が少ない。このため焼き物に重用され、特に高温を必要とする磁器や備前焼などにはマツの薪が欠かせない。中国地方では古代のタタラ製鉄址が沢山発見されるが高温を必要とするタタラ製鉄には松炭が使われた。現在でも日本刀の製作には松炭が欠かせない。また松明《たいまつ》としての利用も古来より重要であった。松明は消えにくい、火持ちがよいという二つの条件を満たす必要があり、樹脂をたっぷり含んだマツの根材は「ひで」と呼ばれ、ことのほか好んで使われた。地域によっては今でもこの「ひで」をお盆の送り火や迎え火として使っている。

アカマツ、クロマツの材は針葉樹材の中では重くて丈夫である。アカマツ材とクロマツ材は性質や外見が似ていて、一般には区別せずマツ材として扱われる。マツヤニを多く含み色艶のよい材は肥松《こえまつ》といって珍重され高価である。肥松は腐りにくく、上り框《あがりかまち》、差鴨居《さしがもい》、敷居《しきい》などに好んで使用される。またマツの材は古い民家の梁によく使われている（**図４**）。

マツは材や薪以外でも様々に利用されてきた。樹皮、雄花、花粉、樹脂は漢方薬として古くから使われていた。松葉や冬芽にも強壮効果があるという。アカマツやクロマツの林に生じるマツタケや茯苓《ぶくりょう》、松露《しょうろ》もまた、食材であるとともに漢方薬に使われる。正月には枝が門松に使われる。門松は新しい年の年神をお迎えするために飾られるものであり、古くは山から苗木を取ってきて門の両側に植

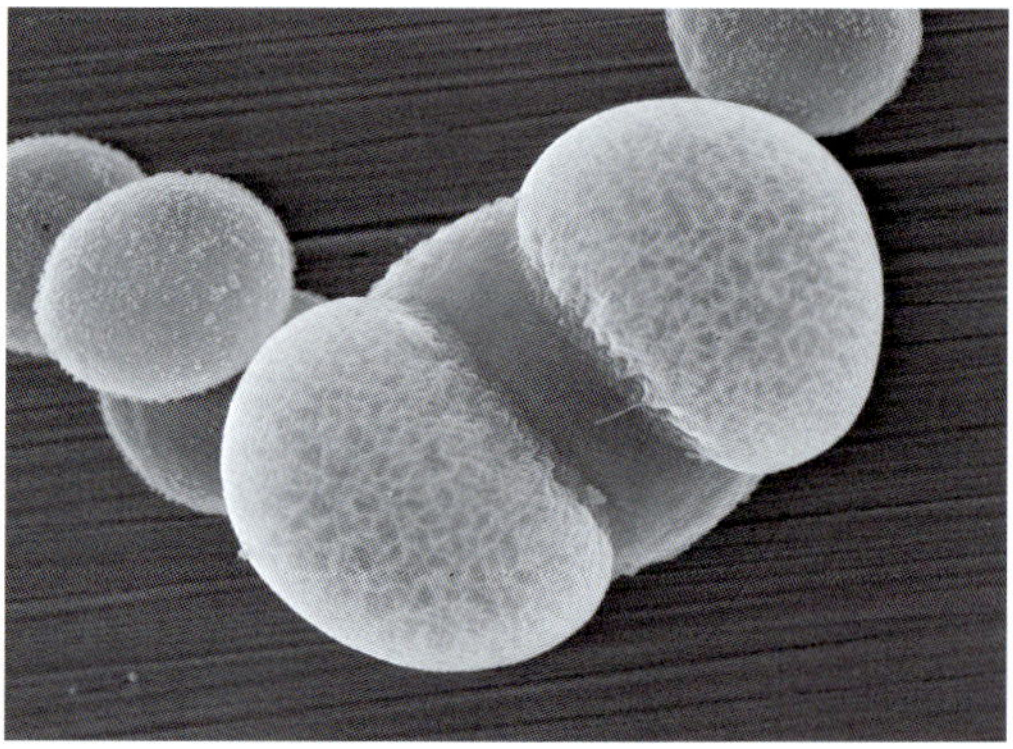

図5　マツの花粉（電子顕微鏡写真　×1200）　本体に２つ付いている気嚢は飛行距離を伸ばす装置でマツ属花粉の特徴。実物は黄色

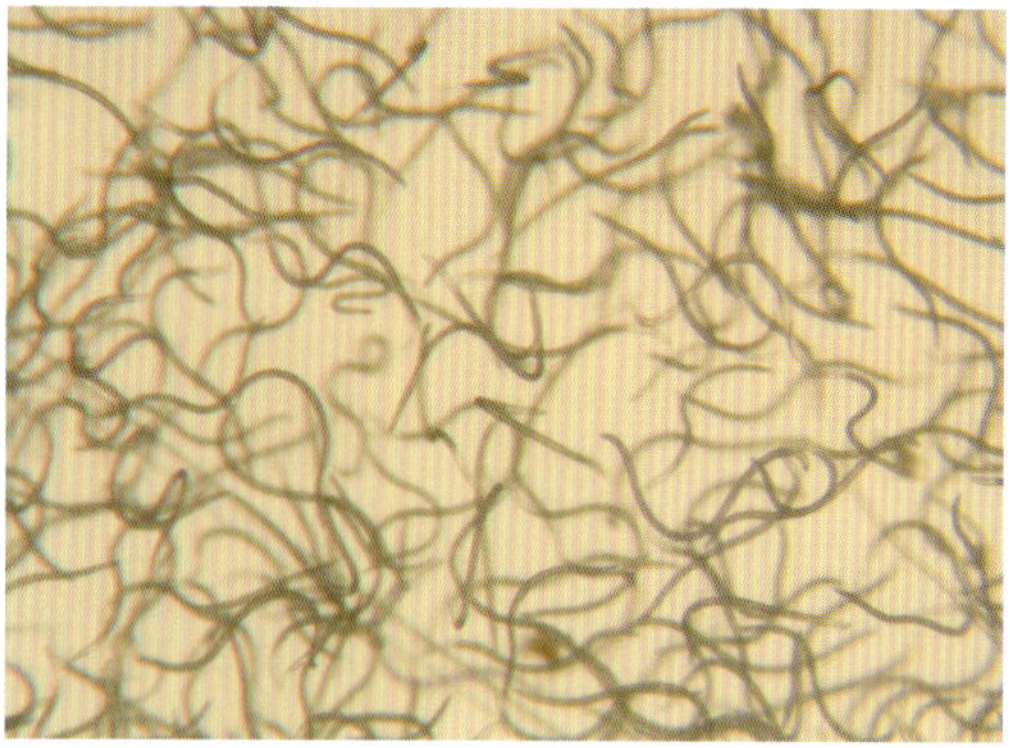

図６　マツノザイセンチュウ（実体顕微鏡　×40）　太さ10 μm、長さ約１mmの線虫。培養したもの。半透明

えたという。マツは盆栽や庭木としても利用された。

マツは林としても様々に利用された。東海道の松並木では海に近いところにはクロマツ、海岸から離れたところにはアカマツが植えられた。海岸の防砂林にはクロマツが重用された。江戸時代や第二次世界大戦の前後にかけては都市の周辺の里山が禿山になり治山治水のためのアカマツとクロマツの造林が行われた。

アカマツとクロマツは日当たり不良な所には育たない陽樹である。多くの木には不適な痩せ地には育つのだが、次第に土地が肥えて、後から侵入した他種の木が大きくなって上層を覆うと、マツは生育できなくなる。このような性質ゆえアカマツやクロマツの自然林は少なく、他の樹種が生育できない山の崩壊地最上部、溶岩地、岩場、やせ尾根、海辺の風当たりの良い島の上部などに限定される。

別の言い方をすれば、アカマツやクロマツの林には自然界の瘡蓋《かさぶた》としての働きがあるといえる。自然が破壊され緑の皮膚が破れたところにはまずアカマツやクロマツが生える。やがて傷が癒えてくると瘡蓋が落ちるようにアカマツもクロマツも消える。

地中に埋もれた花粉から過去の植生を再現する花粉分析ではマツの花粉は縄文時代以降に大量に見られることが明らかにされている（**図5**）。これは、人が森を切り開いて生活するためである。緑の皮膚を破壊して村をつくり、畑や田んぼをつくり、木を伐って薪として土器を焼き、食べ物を柔らかくして食べるためである。生えてくる木を伐って利用し続けるとやがてはマツしか生えなくなる。松葉は燃えやすい、枝は薪に最適である。マツ林は明るいなどの理由で人が利用するようになって村や町の周辺にマツの林が形成されたと考えられる。

現在、日本のアカマツやクロマツの林は衰退傾向にある。これは、マツ林が利用されなくなったためである。かつては林床に積もった松葉は集めて肥料等に使

図7　マツノザイセンチュウの接種検定（林木育種センター関西育種場提供）　3年生実生は畝に沿って母樹別に植えられている。抵抗性の違いで斑状に枯れる

図8　管理されたアカマツ林（岡山県林業試験場）　定期的な薬剤散布と枯損木の除去や下草刈りで維持管理されている

われた。今では薪を使わなくなり、農業の肥料は化学肥料に変わり、松葉も使われなくなった。林下に積もった松葉は溜まる一方で土が肥沃化する。土壌の菌相も変化して樹勢は衰え、やがて広葉樹が取って代わる。

日本人の生活様式の変化によって減少傾向にあったアカマツやクロマツの林は、マツノザイセンチュウ病により衰退に拍車がかかった。うまく管理され健全に維持されてきた林でも枯死する立木が続出した。薬剤の空中散布でも伝播は止まらなかった。この病気はマツノザイセンチュウ（**図6**）という外来の小さな線虫が土着のマツノマダラカミキリに媒介されて広がる。マツノザイセンチュウを持ったこのカミキリムシが成虫になって枯れたアカマツやクロマツから出てくると、新しく伸びた柔らかい茎（枝条《しじょう》）を食べて成熟に必要な物質を摂取する。このため健全な個体を好んで食べる。この時に線虫が侵入する。しかし、後食され線虫が侵入したすべての立木が枯れる訳ではない。枯れるのは大量の線虫が入った場合、あるいは樹勢が弱っていて線虫が樹体内で大量に増殖できた場合である。マツノマダラカミキリのメスは成熟すると既に線虫に冒されてマツヤニの出が悪くなったマツを選んで産卵する。やがて孵化して成虫になるまで樹体内で過ごし、また脱出して後食を始める。

マツノザイセンチュウに強いアカマツやクロマツを作るマツノザイセンチュウ抵抗性育種事業が国家事業として推進されてきた。激害地で生き残った強い個体を選んでザイセンチュウを接種して枯らし（**図7**）、それでも枯れない強い物を選び、選んだ物同士を交配してさらにその子供から強い物を選ぶという自然淘汰のサイクルを早回しにするものである。このような抵抗性のマツで造林すればザイセンチュウで枯れない林は出来るだろう。しかし、いかに抵抗性のマツであってもマツはマツである。瘡蓋である。放置すれば消えて自然林に還ってしまう。

日本人は古代より都市周辺の森林を収奪的に利用し、やがて生活圏の周りをアカマツやクロマツしか生えない山にした。しかし、これは他方、畏れる神、恐れる自然との境界を保つ知恵でもあった。意図的にマツ林を維持してきたとも言える。見通しのよいマツ林（**図8**）では野生動物の発見が容易で暗い自然林よりも怖くない。このため、人が沢山入れば動物は遠ざかりより安全な林になる。マツ林に気軽に入れるようになると松葉をかき集めて使い、邪魔な枝や雑木を取り除き林の中をより快適にした。すると、そこにマツタケが生えてくる。鳥が実のなる木の種を落とし、それがマツ林の中で根付く。人は喜んで、自然からの恵みを家に持ち帰る。マツの林は薪も肥料もくれた。正月の門松の風習はマツの重要な意味を伝える物でもあったのではなかろうか。かつて、何度もマツ林を絶やし、自然の脅威が迫るのを感じてマツを植えなおしてきた歴史の名残ではなかったろうか。

京都は周りをマツ林に囲まれその外側にスギ林があり、一重にそして徐々に自然と接し、自然から恵みをもらっていた。自然との衝突を防いでもいた。マツ林を介して自然からの恵みを得てきた。

自然からの恵みには精神的、文化的な恵みもある。奈良の春日大社の前に影向《ようごう》の松があり、ここに降りてきた神は人々に芸能を教えたという言い伝えがある。今でもこの木の前で、能の奉納が行われているという。マツは、あるいは、マツを介した自然は人々に文化的なインスピレーションをも与えてくれる。中国の文人はマツを愛し、自宅の周りにマツの林を作ったという。音楽や絵を感じるのは自然の本能の部分である。影向の松はこのような感性を磨く力を持っていると信じられ、能舞台には必ずマツがある。

マツ林には二つの力がある。破壊された自然を回復させる力と、恐ろしい自然を恵み豊かな物に変える力である。破壊された自然を回復させる力で自然に生えるマツ林や回復のために植えるマツ林は消えても良い。しかし、後者の力を発揮させるためには、人が積極的に管理して自然の遷移を止め続ける必要がある。人々がマツ林の効用に気付き、マツ林の林床の掃除を行ってマツ林を存続させる時、マツ林は自然の脅威の防波堤になり、小鳥を呼び、マツタケを生やし、松籟《しょうらい》の響きを提供してくれる。人々がマツ林に生えた果樹や花木を掘り取り、雑木を伐り、松葉を持ち帰るような、そんな日をマツは待っているように思えてならない。

（山口）

アカマツ林(京都市小倉山山頂のマツ林。ボランティアの人がザイセンチュウ抵抗性アカマツを植栽している)

能舞台に描かれる老松(写真素材：写真 AC)

図2　アケビ（上）とミツバアケビ（下）の実　白色の果肉を食する

図1　アケビ蔓（木口、外観）　強靱で細工物に使われる

アケビ*・マタタビ**・サルナシ***

学名 *Akebia quinata* (Thunb.) Decaisne*　*Actinidia polygama* (Sieb. et Zucc.) Planch. ex Maxim.**　*Actinidia arguta* Planch. ex Miq.***
漢字 野木瓜、木通、通草*　木天蓼**　猿梨***
中国名 木通*　葛棗獼猴桃**　軟棗獼猴桃***
英名 akebi, five-leaf akebia*　silver-vine**　hardy kiwi***

一般に植物は幹（茎）で自立して成長する。しかし、蔦や蔓とよばれるつる植物は自分で体を支えることなく、他の植物や岩に寄りかかりながら成長する。広葉樹の材部には根から葉まで水を運ぶことを目的にした道管という径の大きな管状の組織と、体を支えることを目的とした木部繊維という厚壁で径の小さな細胞で構成される組織を持つが、つる性の樹木は体を支える細胞を作る必要があまりないので、水を上部に運ぶための道管が占める割合が大きいものが多い。効率的な資産運用を行っているともいえるが、支えとなる木や岩より大きくなることは難しく、支え木が枯れて倒れてしまえばお終いという危険も併せ持つ。

そんなちょっと楽をしているように見えるつる性の樹木のなかで、アケビやマタタビ、サルナシの果実は日本人に古くから親しまれてきた。アケビは落葉性のつる植物で本州や四国、九州の山野に普通に見られる。アケビの葉は五枚の小葉が掌状につくが、近縁のミツバアケビ（*A. trifoliata*）ではその葉は三枚になる。アケビの語源はその実が紫色に熟するのにちなんだ朱実《あけみ》から、また成熟すると割れて中の白い実が見える様子の「開け実」からともいわれている。ミツバアケビの果皮のほうが赤味が強いので、こちらが朱実の元になったのかもしれない。果肉には穏やかな甘みがあり、山里の子供の好物であるが、種子がたくさんあるので食べるのにはひと苦労する（**図2**）。山形県などでは果皮を炒め物などにして食

図3　ミツバアケビで編んだ籠（宮城県鳴子温泉）　耐久性があり長く使うと風合いが増す

図4　サルナシの実　キウイフルーツのような甘酸っぱい味がする

べることがあり、ほろ苦い味で秋の食卓を賑やかにしている。乾燥した茎は生薬として「木通《もくつう》」の名で日本薬局方にも収載されており、抗炎症作用や利尿作用が知られている。また、つるを細工して籠などが作られ（**図3**）、長野県の野沢温泉にはアケビのつるを鳩の形に編んだ「はと車」とよばれる郷土玩具がある。

マタタビも北海道から九州まで広く分布する。姿や形のよく似たミヤママタタビ（*A. kolomikta*）は葉の一部がピンク色になるのに対して、マタタビは葉の一部が真っ白になる。名前の由来はその実を食べると病気の旅人もすぐにまた旅をすることができるからとも、アイヌ語で冬に木からぶら下がっている苞《つと》の意味であるマタタンプから来ているともいわれている。いずれにせよその実が昔から人々の関心を集めてきたのは確かなようで、辛みと特有の香りがある果実は食用にされる。効果が著しい例えとして「猫にまたたび」があるように人間だけでなく猫にはより好まれ、マタタビの実に含まれるマタタビラクトンと総称されるテルペン類やアクチニジンという成分はネコ科の動物を陶酔状態にする。また、マタタビミタマバエが寄生して虫こぶとなった果実（虫えい果）は木天蓼《もくてんりょう》とよばれ、神経が安定し熟睡できる生薬として珍重されてきた。

マタタビの仲間のサルナシは北海道から九州まで分布する。大きく成長し、つるが丈夫で腐りにくいため、吊り橋や木材を運ぶ筏を縛る材料として利用されてきた。ハシカズラという方言名もある。国の重要有形民俗文化財に指定され、観光客でにぎわう四国祖谷渓の「かずら橋」を作る材料に現在でも使用されており、三年に一度の架け替えが行われている。サルナシの名は果実がナシに似ており、猿が好んで食べることにちなんだものといわれているが、ナシと比べると大分小振りである（**図4**）。果実は甘みがあり生食すると近縁のキウイフルーツ（*A. chinensis* 和名：オニマタタビ）に似た味がする。

（内海）

図1　ガジュマルの材面(板目)　柔らかく琉球漆器の木地になる

図2　イチジクの実　内側に咲いた花が熟し食用となる

アコウ*・ガジュマル**

学名 *Ficus superba**(Miq.) Miq. var. *japonica* Miq.　*Ficus microcarpa*** L. fil.　**漢字** 赤榕*、雀榕　榕樹**　**中国名** 筆管榕*　榕樹**　**英名** Chinese banyan**

果物としてよく知られているイチジク(*Ficus carica*)は漢字で書くと「無花果」になる。知らなければとても「いちじく」とは読めないだろう。これはイチジクが葉の脇につける花のう(いわゆるイチジクの実)の内側に多くの花を咲かせるので、外から見ると花がないのに実ができたように見えることから漢字があてられたためである(**図2**)。イチジクは南西アジア原産で日本には中国から渡来した説と江戸時代に西洋種を長崎に植えたものが始まりという説がある。クワ科イチジク属で日本に自生している高木にはアコウとガジュマルがある。アコウは時に高さ二〇m、幹周りが一二mにもなる常緑の高木で紀伊半島と四国、九州、沖縄のほか、台湾や中国大陸南部に分布する。幹の周りから気根を生じるので、大きな木になると樹幹は複雑怪奇な形状になる(**図3**)。大木にはなるのだが木材としては軽軟で強度が十分ではないため、建築材としての使用は難しいようだ。

アコウは葉の脇からこぶ状の突起ができて一～三個の花のうを付け(**図3**)、ガジュマルも同様に花のうをつくる。なぜイチジクの仲間はこの様な見栄えがしなくて、お互いの花粉をやりとりするのが大変そうな花を作るのだろうか。そこにはイチジクコバチと呼ばれる小さな昆虫類との切っても切れない関係がある。先ほど述べた外から見えない花が受粉するためには、まずイチジクコバチの仲間が花のうに開くわずかな隙間に入り込む。そして中で卵を産み、生まれた幼虫は花のうの一部を食べて成虫になり、やがて花粉を体にまとって別の花のうを探して

図3　アコウの樹皮と実　アコウコバチを介して受粉、結実する

図4　ガジュマルの樹形（沖縄県糸満市、壁村勇二氏提供）　気根が垂れ下がり、沖縄では街路樹になる

飛び立つ。別のイチジクの花粉をつけたイチジクコバチがまた花のうに入り込むことで、めでたくイチジクの仲間は花を外に開かなくても受粉できることになる。日本でのイチジク類とイチジクコバチの仲間の相思相愛は他人が入り込む隙がないほど強く、アコウにはアコウコバチ、ガジュマルにはガジュマルコバチと相手がかならず決まっているようだ。

ガジュマルも高さ二〇m程になる常緑の高木で、屋久島以南の日本と台湾、中国大陸南部、東南アジア、インド、ニューギニア、オーストラリアにまで広く分布する。枝から多数の気根を垂らし、その一部は地について枝を支える支柱根となる（**図4**）。ガジュマルの大きな木は一本で林を形成しているかの様相を呈し、一度見たら忘れられない形をしている。沖縄にはキジムナーという子供の姿に似たいたずら好きの精霊がいるが、このキジムナーがよくガジュマルの老木に住むとされているのもうなずける話である。防風、防潮林のほか沖縄では街路樹としても利用されているが、大きくなりすぎると気根が道をふさいだり根が地面を持ち上げたりして扱いに困ることもあるようだ。木材は柔らかく加工しやすいため器具材や旋作材に、特に琉球漆器の素材として使われる。

日本には生育していないがインドボダイジュ（*F. religiosa*）というイチジクの仲間の木の下で、お釈迦様が悟りを開いたという。菩提樹の「菩提」はサンスクリット語のBodhiの音写で道・知・覚を意味し、ボダイジュの名はここから来ている。ただし、日本の寺院などに植栽されているボダイジュ（*Tilia miqueliana*）は中国原産のシナノキ科の樹木なので、インドボダイジュと直接の関係はない。熱帯に産するインドボダイジュの代わりに葉の形の似ているボダイジュが植えられているのだろう。イチジクの実を食べるときにキジムナーやお釈迦様、はたまたイチジクコバチに思いをはせてみてはいかがだろう。

（内海）

図2　ヒノキアスナロ林の林相（北海道江差町、小泉章夫氏提供）　林内は鬱蒼として暗い

図1　ヒノキアスナロの材面（柾目）　抗菌成分を多く含み、耐久性がきわめて高い

アスナロ*・ヒノキアスナロ**

学名 *Thujopsis dolabrata* Sieb. et Zucc.* *T. dolabrata* Sieb. et Zucc. var. *hondai* Makino**

漢字 翌檜、檜葉 **中国名** 羅漢柏 **英名** hiba arborvitae

アスナロとヒノキアスナロは、ヒノキ科アスナロ属に含まれる日本特産の針葉樹である。アスナロ属は、これら日本特産種のみからなる植物群である。国外でもアスナロ属の化石は出土しているが、現生するのは日本に自生するこれら二種のみである。植物学的には、アスナロが基本種で、ヒノキアスナロはその変種として位置づけられている。アスナロ、ヒノキアスナロとも、樹高三〇m、直径一mに達する高木である（図2、3）。アスナロは本州、九州、四国の一部に分布し、ヒノキアスナロは北海道の渡島半島南部から関東地方北部にかけて分布する。しかし、かなり古くから植林されているので、現在考えられている天然分布域が人為的影響のない本来の分布域にどれだけ忠実なのか、疑問視する向きもある。

アスナロという呼び名の由来は、ヒノキにかなわぬこの木の願いをもじった「明日はヒノキになろう」という句にあるというのが通説である。この説は『枕草子』にも記されており、かなり古くから流布していたことは確かである。しかし、これは根拠のない俗説のようである。様々な植物の和名の語源について考証している深津正氏は、おそらく元来は「明日はヒノキ」ではなく「厚葉檜（アツバヒノキ）」と呼ばれていたところに尾ひれが付いてできた作り話が、おもしろがられて広まったのであろうという見解を述べている。ヒノキとアスナロの葉を比べると、アスナロの葉はヒノキの葉よりもずっと肉厚且つ幅広であり（図4）、この見解には説得力がある。

図3　ヒノキアスナロの樹皮　繊維状に剥がれ、赤褐色の地肌にしばしば白斑が混じる

図4　ヒノキアスナロの葉（左＝表、右＝裏）　光沢があり、裏面の気孔条（白い部分）が目立つ

アスナロやヒノキアスナロには、アスヒ、アテ、ヒバなど、五〇近い別称があると言われる。このうちヒバの名は、標準和名以上に一般的かも知れない。しかし、ヒバという呼称は、生垣などによく使われる北米原産のニオイヒバのように、別の植物群の針葉樹に付けられたり、地域によってはサワラなどアスナロ属とは別の分類群の樹木の呼び名にそのまま用いられている場合もある。

アスナロ、ヒノキアスナロとも、耐陰性が強く、枝を長く伸ばす。長く伸びた梢は下垂して接地し、そこから発根してやがて独立株となる。こうして個体を増やしていく仕組みは、伏条更新と呼ばれる。挿し木による増殖も容易である。そのため、すぐれた形質をもつ個体を探し出し、挿し木で増やして広めた多くの林業品種がある。アスナロ、ヒノキアスナロとも、林業的に有用な樹種である。

青森県の津軽地方と下北地方、それに石川県の能登地方は、ヒノキアスナロの産地として有名である。青森ではもっぱらヒバと呼ばれ、藩政時代より天然林へ手を加えつつ、手厚く育成されてきた。青森ヒバの林は、現在では純林ではなく落葉広葉樹との混交林であるが、木曽ヒノキ、秋田スギとともに日本三大美林として並び称される。一方、能登地方ではもっぱらアテと呼ばれる。能登でアテと呼ばれるのは、本来は分布していなかったのだが、津軽藩から御法度を破って秘かに持ち去り、育成したところ、地場産業の興隆という「大当たり」をもたらしたことに由来するという説がまことしやかに流布していた。しかし、この話は今では疑問視されている。というのは、アテという名は古来より近畿地方北部から北陸地方にかけて広く通用していた地方名であった。また、能登地方では有史以前の古い地層からアスナロ属の花粉が検出されており、半島先端近くに位置する珠洲市の宝立山では天然生と考えられるヒノキアスナロ群落が昭和四〇年代に見つかっている。現在の青森産ヒバと能登産アテ諸品種について球果の形態を比較

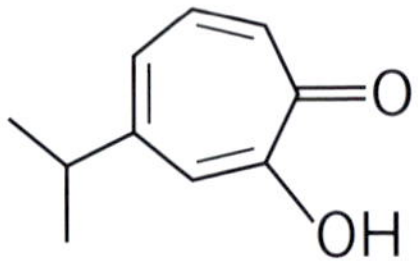

図5　ヒノキチオールの化学構造
特異な構造をもつ強力な抗菌物質である

した研究でも、両地域間ではその大きさや形状が不連続に異なることが明らかにされ、青森ヒバと能登のアテは遺伝的に系統が異なると結論されている。

材の性質はアスナロ、ヒノキアスナロとも同様で、一般には両種とも区別なくヒバとして流通している。ヒバ材は、やや軽軟〜中位な部類に属し、切削などの加工性も中庸である。材が黄色みを帯びることは針葉樹ではカヤのほかにあまり見られない特徴で、さらに際立った特徴は心材の耐久性が極めて高いことである。これは、後述するように、強力な抗菌成分を多く含有するためである。この性質を活かし、土台や柱、屋根などの建築材、枕木や電柱などの土木用材、風呂桶や浴室用材として重用されてきた。また細工物や曲物、彫刻などの工芸品に多用され、能登の輪島塗や能代の春慶塗の木地に使われている。ヒノキが分布しない東北や北陸では、神社や仏閣、あるいは仏像にも重用されてきた。

ヒバの材片やおが屑を蒸煮するなどして得た抽出液は、ヒバ（材）油と呼ばれ、抗菌剤や芳香剤として利用されている。ヒバ油には多くの生理活性物質が含まれるが、中でもヒノキチオールは高名である。ヒノキチオールは、七員環（**図5**）という化学的に特異な骨格構造をもつ物質で、タイワンヒノキ（*Chamaecyparis obtusa* var. *formosana*）から単離され、構造が決定された。これは七員環という化学構造の存在を世界で初めて示したものであった。野副鉄男により一九四〇年に発表された業績で、化学史上の画期的な発見であった。ヒノキチオールは、単に抗菌性が強いばかりでなく、他の抗生物質に比べて多種多群の微生物に有効で、なお且つ耐性菌が現れにくいというすぐれた性質を備える。さらに、シロアリやゴキブリ（幼虫）に対する殺虫性、ダニに対する忌避性がある。ヒバ材の際立った耐久性の高さは、ヒノキチオールの存在によるところが大きい。

全国のヒノキアスナロの八割あまりは青森県に集中する。太宰治は「伝統を誇ってもよい津軽の産物は『ひば』、林檎なんかじゃないんだ」「青森県の名も冬なお青々と繁ったひばの山から出た名前」と記している（『津軽』より）。青森では、「総ヒバ造りの家には築後三年は蚊が入らない」「ヒバの弁当箱は御飯を腐らせない」「ヒバの鋸屑を靴に詰めて水虫を予防した」など、ヒバの効能を物語る数々の伝説がある。その真偽はともかく、特別な防腐処理をしなくても非常に朽ちにくく、ヒノキと比べて遜色ないとまで言われる有用樹である。（佐野）

ヒノキアスナロの天然木（北海道江差町、椴川）　枝葉を繁らせ屹立する

図2　イスノキの虫こぶ　アブラムシの住処で、虫が去った後は子供が笛にして遊んだ

図1　イスノキの材面(柾目)　非常に重硬かつ均質でとくに心材が珍重される

イスノキ

学名 *Distylium racemosum* Sieb. et Zucc.　**漢字** 柞、蚊母樹　**中国名** 蚊母樹　**英名** isu tree

イスノキは高さ二五mにも達するマンサク科イスノキ属の常緑高木で、関東南部以西の本州と四国、九州、沖縄の常緑樹林内に生育し、台湾、中国大陸中南部にも分布する。イスノキの名前の由来は定かではないがヒョンノキと呼び習わしている地方が多くある。イスノキにはいろいろなアブラムシが虫こぶ(ゴール)を作る。その中でもモンゼンイスアブラムシが葉に作る虫こぶは大きく膨らんで硬くなり、一カ所に穴が開く(**図2**)。ここに口をあてて息を吹き込むと、笛のようにヒョウと高い音が出るのでこの名がついたとされている。

材は緻密で比重が〇・九程もあり日本産材の中で最も重いものの一つである。もう少しで水に沈むところである。一般に木は水に浮くが、リグナムバイタというアメリカ大陸の熱帯から亜熱帯に生育している木では比重が一以上あるので水に浮くことができない。逆に家具材として有名なキリ(*Paulownia tomentosa*)の材などは非常に軽く、比重は〇・三程度しかない。このように木によって比重は様々だが、比重が大きくなるのは木材を構成する主成分が樹種毎に異なるためではなく、木材内の一つ一つの細胞の壁が厚く、細胞内部の隙間が小さくなるためである。細胞の中の空隙を完全に除いた木材実質の比重を真比重と呼ぶが、これは樹種による差があまりなく一般に一・五とされている。それゆえ、もし木をぎゅっと押しつぶして隙間をなくすと、どの木も水に沈んでしまうことになる。

さて、イスノキの材は耐久性と保存性が非常に高く、建築、家具、器具、工芸

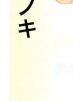

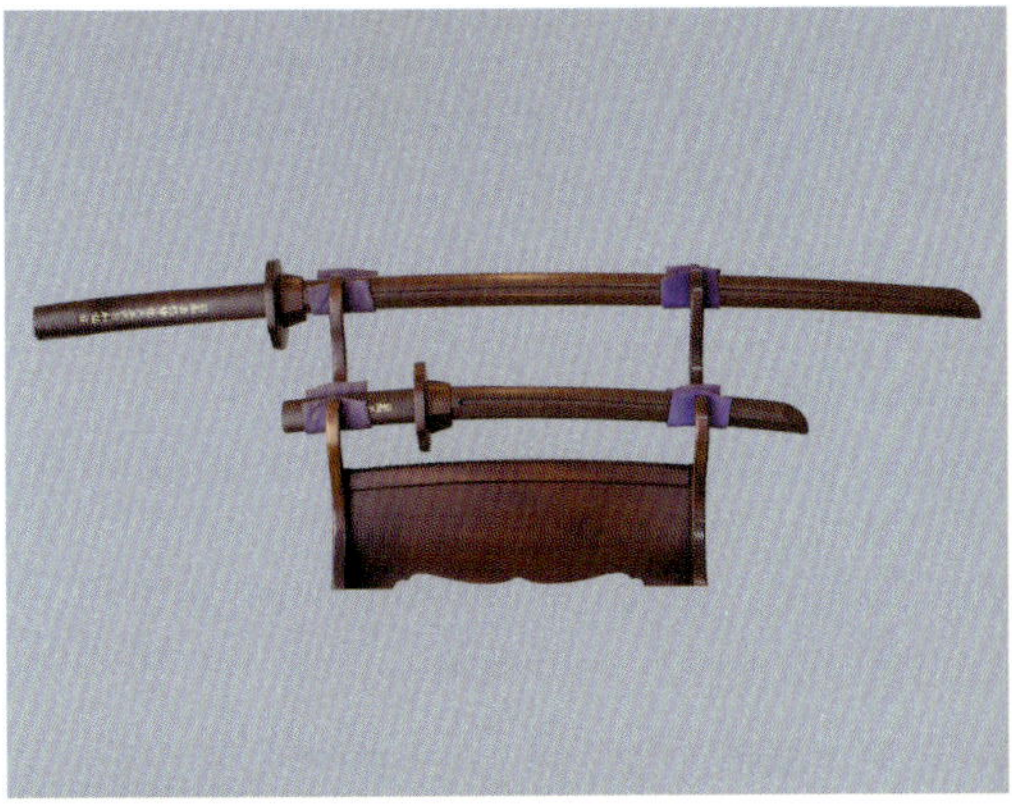

図３　木刀（荒牧武道具木工所製）　イスノキの心材（スヌケ）で作られている

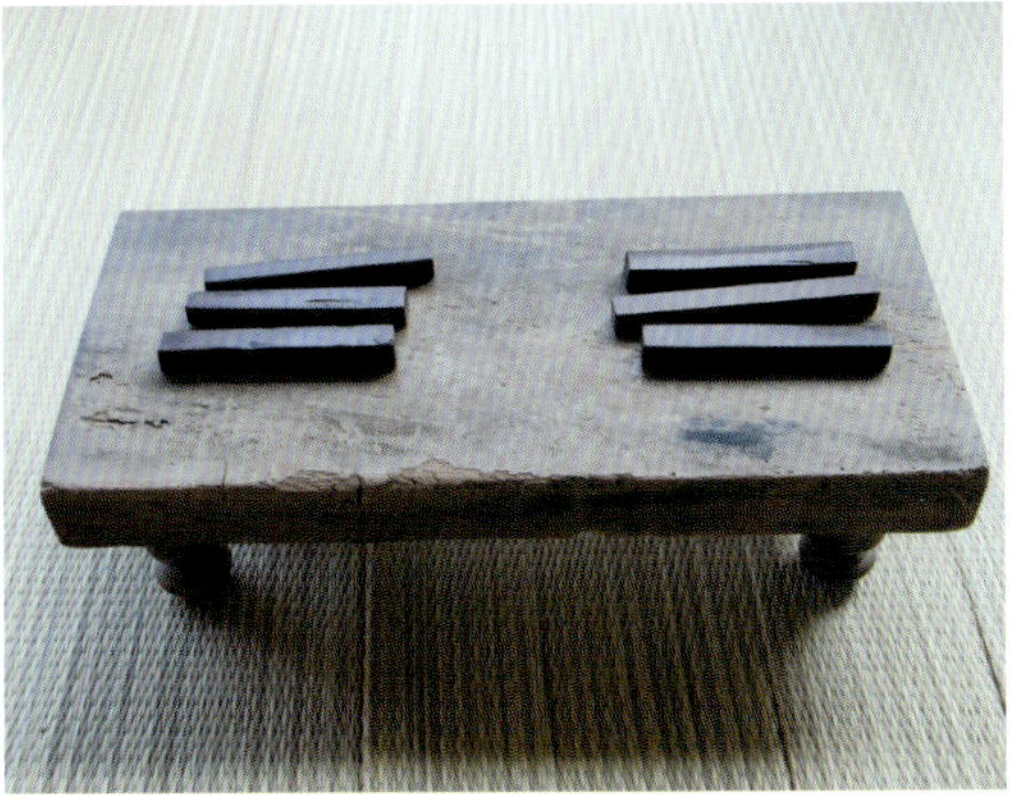

図４　なんこ棒となんこ台（福元隼人氏所蔵）　ともにイスノキ製で手触りが良い

用、細工物、寄木、紫檀《したん》、黒檀《こくたん》の代用品と様々に利用されてきた。遺跡出土木材のデータからは櫛の用材として多用されてきたことが示されており、現在でもイスノキ製の櫛が作られている。このほか高級木刀用材としても珍重されている。宮崎県都城市では日本で用いられる木刀の大部分を生産しているが、当地では二〇〇年以上経過したイスノキ材がスヌケと呼ばれ珍重されている。一般的なアカガシの木刀だと一本二〇〇〇円程度だが、四〇〇年を経たスヌケで作ると一〇万円の値段が付く（**図３**）。材の強さではカシのほうが上なのだが、イスノキの材は重硬かつ均質で美しいので装飾用としての価値が高く賞用される。

　変わったところでは鹿児島や宮崎に伝わる「なんこ」という酒席の遊びの用具としても使われている。「なんこ」とは二人が向かい合って座り、一〇cm程の木の棒（なんこ棒）を片手に何本か隠し持って同じ台（なんこ台）の上に置き、互いに二人の合計本数や相手の本数を予想した後に手を開いて持っている棒を見せあう遊びである（**図４**）。予想を当てた勝者ではなく、負けたものが焼酎を飲むというルールになっているため、飲んべえは時に意図的に負けようとするとか。この遊びに使われるなんこ棒やなんこ台にイスノキが使われているのは、その堅さや質感が喜ばれるのであろう。

　また佐賀県の有田では江戸時代より樹皮を焼いて得た灰を釉薬の最上品としてきた。普通の木灰より透明感があり、かといって石灰のように完全に透明にはならない微妙な風合いが出るそうだ。江戸時代の本草学者、佐藤中陵は「蚊子木（イスノキのこと）の大樹を焼て灰となし……肥前（佐賀、長崎）にて此灰を淋して土器の薬をとくなり。此灰汁を用る時は、甚だ潤滑にして、尤光沢有り」と述べている。以前は有田周辺にも多く自生していたが、現在は宮崎や鹿児島から取り寄せ、資源の有効利用のために枝葉も用いている。

（内海）

図2　イチイの天然木(北海道、野幌森林公園)　天然林では孤立して散生することが多い

図1　イチイの材面(柾目)　緻密で艶があり、辺心材の濃淡鮮やか。工芸に多用される

イチイ

学名 *Taxus cuspidata* Sieb. et Zucc.　**漢字** 一位　**中国名** 東北紅豆杉　**英名** yew(類)

イチイは、イチイ科イチイ属の針葉樹である。樹高一五m、胸高直径一mに達するが、成長が遅いので、それだけの大きさの立木はかなりの老木である。九州、四国、本州、北海道、朝鮮半島、中国東北部、シベリア東部にわたる広域に分布し、天然ではあまり群落を作らず、散生することが多い(**図2**)。針葉樹類に含まれるが、他の多くの針葉樹とは異なり、球果(いわゆる松ぼっくり)を作らず、堅い種子を仮種皮と呼ばれる水っぽい肉質が包んだ実を付ける(**図3**)。

イチイの名は、仁徳天皇がこの木で作った笏《しゃく》(昔の文官が身に付けた木札)に正一位(宮廷最高の官位)を授けたことに由来するというのが通説である。アララギなど数多くの別称が知られ、北海道ではオンコと呼ばれている。アララギは、イチイの木に対するアイヌ語の呼び名=ララマニが転訛したものという説がある。オンコは、元々東北地方で通用していた方言(オッコとも言う)である。

イチイ材は、針葉樹材の中ではやや重硬な部類に属し、均質且つ緻密で艶があり、狂いが少なく、耐久性が非常に高い。稲本正氏は『森の博物館』と題する著書の中で、イチイの材は切削などの加工をするときの感触がほどよく、「木工職人にとって、願ってもない優良材」であると評している。このような性質から、仏壇や彫刻、細工物、器具、装飾材として重用されてきた。飛騨高山の一位一刀彫は、イチイ材を使った格調高い木彫として知られる(**図4**)。また、イチイ材はかつて鉛筆材として多用されていた時期があった。その用材として、直径四cmもあれば取り引きされていたという。一方、大木が少なく、大きな板や長く太い角

図３　イチイの葉と実　赤い実の肉質の部分は、みずみずしく甘味があり、食用できる

図４　イチイを使った飛騨高山の一刀彫（京都大学生存圏研究所所蔵）　辺心材のコントラストが鮮やかである

材を得にくいため、建築材としてはあまり使われてはこなかった。

日本を含む北半球の高緯度地方では、弓の材料としてイチイ類が重用されてきた。アイヌ民族は、弓にイチイをよく使い、特に獣道に残置する仕掛け弓に重用したという。アイヌ語ではイチイの木の呼称としてララマニという呼び名が広く通用していたが、地方によっては「弓になる木」を意味する「クネニ」と呼んでいた。英国では、洋弓の材料としてヨーロッパイチイが用いられてきた。イチイ属の学名 *Taxus* は、ギリシャ語で弓を意味する Taxos に由来する。

含有成分も有用で、紅褐色の心材の抽出液は繊維を蘇芳《すおう》色と呼ばれる深紅に染める染料として使用されてきた。イチイ類の樹皮に含まれるタキソールと呼ばれる物質は、乳癌など幾つかの癌に対して効果を示す抗癌剤として知られる。タキソールは、他の抗癌剤とは異なる仕組みで癌細胞の分裂を抑制するため、他の抗癌剤との併用もできるなどの利点もあるという。現在ではイチイ類の葉から抽出した化合物を使い、樹皮から単離するよりも効率的にタキソールを得る合成法が開発されており、それにより得た半合成品が使われている。

イチイは、変種のキャラボク（*T. cuspidata* var. *nana*）とともに、生垣や庭木によく使われる。移植や手入れの容易さばかりでなく、赤く可憐な実を付けることも好まれる理由の一つであろう。この実の種子は有毒であるが、外側の肉質の部分はみずみずしく甘味があり、生食できる。北海道ではまれに黄色い実を付けるイチイが見られる。これはキミノオンコと称され、園芸用に珍重される。

あらぎのくれなゐの実を食むときはちちはは悲し信濃路にして

（斎藤茂吉『つゆじも』）

イチイの実は、幼少時代にその鮮やかで可憐な姿形と甘さを覚えた人にとって、郷愁を誘うものであろう。

（佐野）

図1　イチョウの材面（追柾）　上部は辺材。心材は緻密で加工しやすく、彫刻などにカヤの代用として用いられる

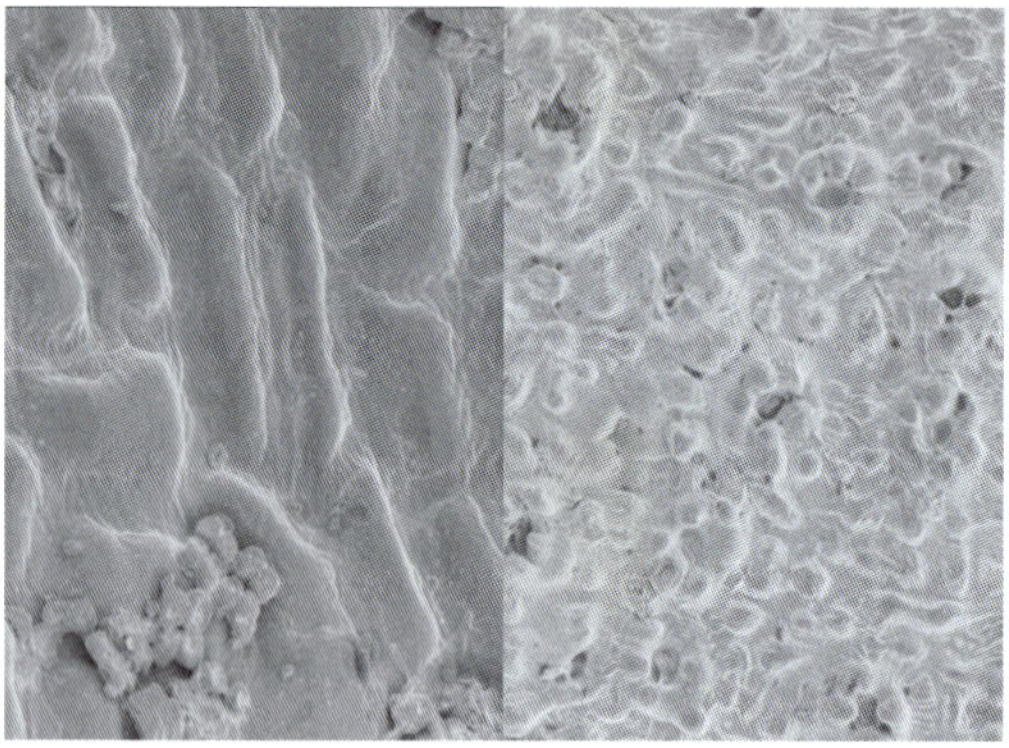

図2　イチョウの葉の表（左）と裏（右）（電子顕微鏡写真×300）裏には気孔が散在するが、表には気孔が無い

イチョウ

学名 *Ginkgo biloba* L.　**漢字** 銀杏、公孫樹　**中国名** 銀杏、公孫樹、鴨掌樹　**英名** maidenhair tree, ginkgo, ginko

イチョウはイチョウ科、イチョウ属に属する樹高四五m、直径六mを超えるまでになる樹木である。日本に自生はなく、全て中国に由来すると考えられている。樹高三〇m以上の大木は北海道から四国、九州、対馬までの各地に見られ、推定樹齢千年以上の大木も多い。

若いイチョウの枝は斜め上に伸びる（幹と三〇度の角度）。樹形は主幹が立った円錐形であるが幹を伐ったり幹が折れたりすると多幹になる。樹皮のコルク層は厚く堆積して縦方向に割れ目が入る。葉は広く扇形であるが、広葉樹とは異なり葉脈は主脈側脈などの区別が無くそれぞれ二又分岐して扇のかなめ状に拡がる。葉には表裏があり裏に気孔がある（**図2**）。実生の若い木の葉は多裂で（**図3**）加齢に伴い単裂になり裂目は浅くなる。さし木や接ぎ木をした木では、親の葉の形を受け継ぐようで、裂け目は殆ど目立たない。大きな短枝に付く葉は裂目が浅い。

雌雄異株で雄木と実のなる雌木は別である。花は発達した短枝上に複数の葉と共に出る。花と共に出る葉は裂目が無い。雌花は花柄の先に二〜三の小ドーム型の胚珠が着いたもので、葉の無い葉柄に見える（**図4**）。雄花は花柄に米粒状の小花が沢山ついた房である。風媒で、飛んできた花粉が雌花の胚珠から顔を出した粘液に付着すると粘液と共に胚珠に引込まれて受粉する。

雌花が受粉すると果肉[注1]の形成が始まり、果肉がほぼ完成した初秋に胚珠内の花

注1：通常の裸子植物では種皮となる部分が変化したものであり、被子植物の果実（果肉は子房が変化して形成される）の果肉とは由来が異なる。イチョウの雌花は胚珠がむき出しで子房を持たない。

図3　イチョウの実生の葉　接木台木用の実生から出てきた葉

図4　イチョウの雌花　5月撮影。中央の葉柄の先端に丸い球が2つ付いているようなものが雌花

粉室で形成されていた精子が泳いで卵細胞に入り受精する。一〇月下旬には果肉と種子が完成し落葉時に落果する。イチョウの精子は東大の小石川植物園で平瀬五郎によって発見された。報告は一八九六年に植物学雑誌（牧野富太郎らが一八八七年に創刊した英文掲載の科学雑誌）に掲載された。世界初であった。

イチョウはジュラ紀からほぼそのままの姿で生き残ってきた「生きた化石」と考えられ、世界各地の中生代ジュラ紀の地層から現在のイチョウ同様のものや絶滅したイチョウの仲間の化石が発見されている。これらのことからイチョウはかつて恐竜の時代に大繁栄し、恐竜の絶滅後に衰退し、中国の一部にのみ残ってきたと考えられている。現在、浙江省天目山など中国の数ヶ所に自然群落と考えられるものがあるが、どのようにイチョウが生き残ってきたのかは依然謎である。

一七世紀末、日本に来たケンペルは他の東洋の文物と共にイチョウをヨーロッパに紹介し種子を持ち帰った。一八世紀前半には欧州各地に広がり、ゲーテもイチョウの詩を作り、葉を添えて恋人に贈っている。イチョウは欧州や北米でも順調に生育し、黄葉が賞賛されている。

学名は「銀杏」の漢字の音読みをケンペルが書いたGinkgoに基づく。ケンペルの図にはイチョウ（itʃjo）の発音記号も書かれ、和名はイチョウであると記している。Ginkgo は Ginkyo の誤植とされたが、後にケンペルの手書が発見され、書き違いではないという。英語 Ginkgo の発音は「ギンコウ」である。

江戸時代に書かれた貝原益軒の『大和本草』には、「銀杏《いちょう》一名鴨脚子《おうきゃくし》、倭名一《わめいいち》葉《よう》の意なるべし大木あり小樹に実らず、この葉岐《き》無きは雌なり、岐《き》あるは雄なり、其の実三稜あるは雄なり、雄は植えれども実らず、試みるに然り、二稜《にりょう》は雌なり植《うえる》べし、多食すれば気塞ぎ腹張って性あしし、小児に食せしむべからず、飢人飯に代えて食すれば死す、慎むべし」と書かれている。イチョウの毒はビタミンB

図5　三稜のギンナン　市販のギンナンにも三稜のものが混じっている。大和本草ではこれを雄の木の種子であるとしている

図6　イチョウの乳(岡山県奈義町、菩提寺)　法然上人が修行した菩提寺の大イチョウの太い横枝から多数の下垂物が発達している。天然記念物

6の阻害剤であり、ピリドキサール燐酸(Pyridoxalphosphate)で助命できることが分かってきたが、昔は中毒になると三割が死亡した。「飢人飯に代えて食すれば死す」は栄養状態の悪い人には致命的であることを示し、現代医学の知識とも一致する。岐《き》は裂目《さけめ》の事だが葉に裂目がある若い木には実らないので「岐あるは雄なり」も理に適っている。三稜の種子(**図5**)は雄であるという話も試す価値がある。果肉が悪臭を放つため街路樹には雄の木が良いが、公孫樹の名の通り着花結実まで二〇年かかる為に雌雄が分からない。上述の三稜は雄であるという話が本当であれば実生の雄木の街路樹が出来る。

イチョウの実を包む果肉状の部分は種皮が変化したものである。この果肉状の部分は悪臭を放ち、手に触れると人によってはかぶれる。果肉は動物に食べさせるための物なので異様に思える。ある種の恐竜がこの種子を好んで食べて散布したとする説もあるが、現代ではタヌキやヒヨドリはギンナンを食べるという論文が幾つかある。動物や鳥が食べれば種子が運ばれて野生のイチョウも出てくる。果肉を取除いた硬い殻の部分が銀杏《ぎんなん》である。白い硬い殻の中から出てくる緑色の実は美味である。銀杏(いちょう)という記述が初めて現れるのは室町時代だそうだが、この時代にはギンナンを食べていたと考えられる。イチョウは結実まで二〇年以上かかるためギンナンの大量生産は難しかったが、二~四年で実をつける改良品種が出来て各地で栽培が盛んになった。ギンナンだけでなく、副産物の葉や葉の抽出成分も健康食品として売られている。雌木の老木の乳《ちち》と呼ばれる下垂物(**図6**)を煎じて飲むと母乳が良く出ると言われ、イチョウの雌木の大木のある子安神社が全国に数カ所ある。

イチョウの材は緻密なため江戸時代から彫刻材、漆塗りの芯(木地)、額、木魚、碁盤、将棋盤に使われていた。その後もカヤの代用品として使用されていた。現在もイチョウの大木の材は高価であるという。

(山口)

那岐山の中腹（標高 600 m）にある菩提寺の大銀杏（岡山県奈義町、菩提寺）

図1　イヌマキの材面(追柾～板目)　水湿に強くシロアリに対する抵抗性も大きい

図2　イヌマキの果実　お地蔵さんのようなユーモラスな形で花床は甘い

イヌマキ

学名 *Podocarpus macrophyllus* (Thunb.) D. Don　**漢字** 犬槙　**中国名** 羅漢松　**英名** longleaf podocarps, yew plum pine

イヌマキは高さ約二〇m、直径五〇cmほどになるマキ科マキ属の常緑針葉樹で、まれに直径が一mを超すものもある。長さ一五cm内外、幅八mm程の細長い革質の葉を束状に枝につけ、樹皮は灰白色で薄片状にはげ落ちる。秋から冬にかけて緑白色の実が熟し、このとき花床とよばれる実の基部の部分が赤くふくらむ。この花床は肉質で柔らかな甘みがあり食べられる(**図2**)。関東以西の主として太平洋側や四国、九州、沖縄の海岸近くの山地に生育する。台湾と中国大陸にも分布し、北限は鳥取県になる。特に伊豆半島を含む静岡県には多く、静岡県の多くの遺跡からイヌマキ製の木製品が大量に出土しており、昔から人々に利用されてきたことが窺える。

イヌマキは単にマキと呼ばれることもあるが、和歌山に居を構えた在野の博物学者、南方熊楠によると材の耐湿性が高いコウヤマキ科のコウヤマキの別名がホンマキであり、イヌマキはこれより劣るが同様に耐湿性があって葉の形も似ていることからその名が付いたとしている。『万葉集』にもマキ(真木)を読んだ歌が数多くあるが、マキのマ(真)は「まことの、優れた」の意でスギやヒノキを指しており、イヌマキとは関係がないようだ。確かに円錐形の樹形が美しいコウヤマキと比べるとイヌマキの姿形は今ひとつぱっとせず、樹高もコウヤマキほど高くはならない。

しかし、木材としての性質はコウヤマキにひけを取らない。イヌマキ材の用途

図３　イヌマキの生垣(鹿児島県、知覧武家屋敷)　暖かい地方でよく目にする

図４　ナギの葉　倒卵形で平らに広がり針葉樹とは一見わからない

は広く、柱や梁、土台などの建築構造材や床板、垂木などの一般建築材、家具材のほか、水湿に強い性質を利用して風呂桶や屋根板、呑口などに使われてきた。特に沖縄ではチャーギまたはキャーギなどと呼ばれ、昔からこの地方の重要材の一つになっており、琉球漆器の木地にも使われている。沖縄でイヌマキの材が建物などに好んで使われるのは水湿に堪える性質もさることながら、活動が活発なシロアリに対する抵抗性が強いことが大きな理由だと考えられる。イヌマキの材はくすんだ黄色で臭気と脂気があり、その含有成分の抗蟻性が高いことが報告されている。沖縄ではイヌマキ材の使用が一〇〇〇年以上前から認められている。抗蟻性だけでなく菌(きのこ)に対する耐朽性も高いので、古くから長期間の使用に耐える材として重用されてきたのだろう。潮風に強く、生垣や庭園木に多く用いられるので、暖かい地方では町中で目にする機会が多い木である。日本の道一〇〇選に指定されている鹿児島県知覧の武家屋敷通りでは歳月を経た石垣とイヌマキの生垣との調和が訪れる人を楽しませている(**図３**)。イヌマキの変種のラカンマキ(*P. macrophyllus* var. *maki*)もイヌマキより樹形が小型で葉も小ぶりのため扱いやすく、庭木として人気がある。

　イヌマキの仲間であるナギ(*P. nagi*)という木は針葉樹としては葉の形が少し変わっていて、広葉樹のように平たく楕円形に広がっている(**図４**)。チカラシバという別名もあるが、これは葉が強靱で引いてもちぎれにくい性質から来ており、夫婦縁が切れないまじないとして、この葉を女性が鏡の裏や箪笥《たんす》に入れてお守りにした。また、ナギの名が海の「凪ぎ」を連想させることから漁師の信仰を集め、熊野権現の信仰とも結びついていることから、神社に植えられることが多い木である。奈良県奈良市の春日神社や和歌山県新宮市の熊野速玉神社に生育するナギは国の天然記念物として保護されている。

(内海)

図１　イボタノキの材面（板目）　硬く緻密だが、大きい材は得られず、ほとんど使われない

図２　イボタノキの生垣（札幌市、樽川通り）　花期（6月末～7月初め）には多くの昆虫を集める

イボタノキ

学名 *Ligustrum obtusifolium* Sieb. et Zucc.　**漢字** 水蝋樹　**中国名** 水蜡樹　**英名** privet（類）

イボタノキは、モクセイ科イボタノキ属に含まれる広葉樹である（**図2、3**）。国産のイボタノキ属樹木には、このほかにネズミモチ（*L. japonicum*）、ミヤマイボタ（*L. tschonoskii*）などがあるが、いずれも高さ四mくらいまでの低木である。イボタノキは、北海道、本州、四国、九州のほか、朝鮮半島に分布し、これら地域の落葉広葉樹林や常緑広葉樹林の林床、林縁に散生する。落葉性ではあるが、温暖な地域では冬季にも完全には落葉しない場合もあり、寒冷地でも落葉するのは他の落葉樹と比べて秋の遅い時期である。

イボタノキの名は、この木に寄生するカイガラムシの一種＝イボタロウカイガラムシ（イボタロウムシともいう）の雄が産生する、イボタロウ（蝋）またはハクロウ（白蝋）と通称される幹枝上の付着物（**図4**）が、疣《いぼ》取りの薬に使われていたことに由来すると言われている。イボタというのはイボトリ（疣取り）の転訛、あるいはイボタ（疣堕）を意味するというのが通説である。しかし、イボタの名は、アイヌ語でイボタノキ類の幹や枝のことをいう「エポタンニ」（魔を追い払う木の意）の転訛であるという説もある。

カイガラムシとは、アブラムシに近縁の昆虫の一群である。カイガラムシは、自身の身体を植物体に固定するために、貝殻（介殻とも記す）と呼ばれる蝋を分泌して身にまとう。こうして貝殻の中に身を潜めて、アブラムシと同じように植物体中を転流する同化産物をたっぷり含んだ汁液を吸い取る、いわゆる吸汁《きゅうじゅう》によって栄養を摂取する。寄生された植物の生育は吸汁によって阻害されるため、カイ

図３　イボタノキの花と葉　花は純白で房状に付き、葉は対生する

図４　イボタノキの小枝を覆うイボタロウムシの分泌物
（横浜市、葛ヶ谷公園、吉田富士男氏提供）　白蝋と呼ばれ工業的に利用される

ガラムシの多くは農家や園芸家にとっては駆除すべき害虫である。しかし、樹木に寄生するカイガラムシの中には、イボタロウカイガラムシのように古くから人間に利用されてきた種類もある。

イボタロウの主成分はセリルアルコールとその誘導体である。イボタロウは、かつては福島県の会津地方や富山県の射水地方が主産地で、農家が副業でさかんに採蝋していた。精製されたイボタロウは、薬用のほかに、家具や工芸品の艶出し、潤滑剤、刃物の錆止めに使われてきた。また、和蝋燭といえば一般にハゼノキやウルシの実から得た木蝋で作られたが、長野県では藩政時代にイボタロウで和蝋燭を作った記録が残る。

イボタロウは、現在では国内で製造されておらず、もっぱら中国からの輸入品が利用されている。イボタロウは英語でChinese waxと呼ばれ、中国での主産地は四川省や雲南省である。他の工業用ワックスに比べて融点が高いことが特徴の一つで、ほかにも合成のワックスでは代替できない独特の性質を備えているため、特殊紙の加工やトナーの充填剤などに重用されているという。

余談になるが、樹木に寄生するカイガラムシの分泌物の利用として、色素がある。食品添加物として使われるラック（またはシェラック）と呼ばれる紅色の色素は、ラックカイガラムシと総称される熱帯産のカイガラムシの分泌物を精製したものである。同じく食紅や口紅に使われるコチニールは、中南米〜東南アジア産のコチニールカイガラムシの雌の成虫体からの抽出物である。

イボタノキの材は、硬く緻密である。しかし、大きくならないことから、使われることはない。一方、強度に刈り込んでも旺盛に芽を吹き、じきに細かい枝を密生させるため、剪定により形を整えやすいこと、可憐な花を咲かせることから、庭木や生垣として多用される（**図２**）。

（佐野）

図2　ウツギの花　房状に白い花を咲かせ卯の花の別名があある

図1　ウツギの材面（左：木口、右：柾目）　硬く耐久性があり木釘に使われてきた

ウツギ類（ウツギ*・ノリウツギ**）

学名 *Deutzia crenata* Sieb. et Zucc.*　*Hydrangea paniculata* Sieb. et Zucc.**　**漢字** 空木*　糊空木**

中国名 歯葉溲疏*　円錐繍毬**　**英名** crenate pride-of-Rochester*　panicled hydrangea**

「ウツギ」と名の付く木にはいろいろあって、ここで紹介するユキノシタ科ウツギ属のウツギや同アジサイ属のノリウツギのほかに、スイカズラ科のタニウツギ（*Weigela hortensis*）の仲間やミツバウツギ科のミツバウツギ（*Staphylea bumalda*）など、それほど近縁ではない多数の樹種が日本各地に生育している。これはどの樹種も若いときには幹の中心にすかすかの部分が多く、漢字で表すと「空木」になることからの命名である。それぞれの種で花の姿や形は様々なので、昔の人は花の違いよりも、幹としての共通性をより身近に感じていたのだろう。

ウツギは樹高二m程になる落葉低木で北海道の南部から九州にまで分布する。五月から六月頃、川沿いや林道脇など日当たりの良い場所に房状に白い花を咲かせる（**図2**）。別名を「卯の花」とも呼び、旧暦の卯月（四月）に花を咲かせることからつけられたとも、逆に卯の花が咲く季節を卯月としたともいわれている。唱歌「夏は来ぬ」の冒頭歌詞「卯の花の匂う垣根にほととぎす早も来鳴きて……」はまさにウツギの花咲く季節を歌ったものである。松尾芭蕉は福島県白河の関で「青葉の梢猶あはれ也。卯の花の白妙に、茨の花の咲そひて、雪にもこゆる心地ぞする」と記しているが、一面に咲いた卯の花の白色はたしかに雪を思わせる透明感がある。豆腐のおからも白いので卯の花の別名があり、見ようによってはウツギの花の咲いた様子と言えるかも知れない。ウツギは古くは『万葉集』にも多く詠われ、「鶯《うぐいす》の通ふ垣根の卯の花のうき事あれや君が来まさぬ」のような歌も

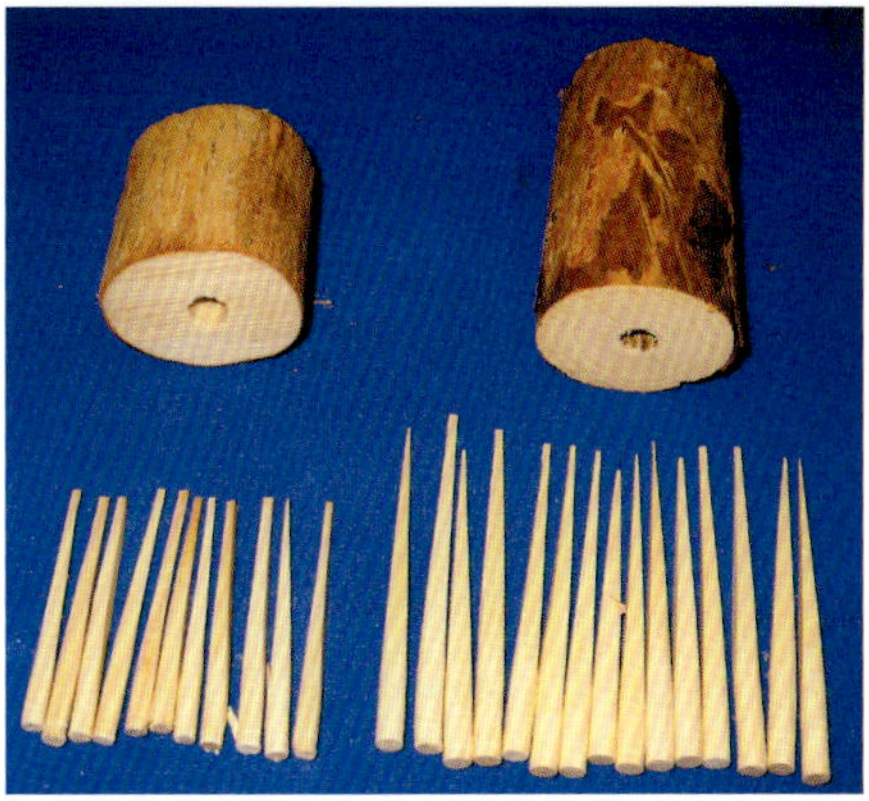

図3　ウツギ製の木釘　堅牢性を生かし和家具に用いられる

図4　ノリウツギの花　明るい林縁で白い装飾花が目立つ（円内は樹皮）

ある。ウツギはあまり大きくならないので、家と外とを完全に隔てるのには適していないが、いにしえの人たちもその花を愛でていたのだろう。卯月の翌月、旧暦五月の長雨は「さみだれ」だが、「卯の花腐《くだ》し」とも呼ばれ、人々がウツギの花の移ろいに季節を感じてきたことがわかる。

ウツギからは大きな用材が取れないので建築材などにはならないが、堅く耐久性があることから和家具の木釘として賞用されてきた。国の伝統的工芸品に指定されている京指物では現在でも桐箪笥などを作る際には必ずウツギの木釘を職人さんが原木から削りだして使っている（**図3**）。

一方、植物学的にはアジサイの仲間であるノリウツギも広く親しまれてきた木で、樹高約五ｍ、直径二〇㎝前後に達し、北は樺太から南は屋久島まで分布する（**図4**）。花全体は円錐状で枝先につき、中央部にある多数の小花には種を実らせる。周りの白いアジサイに似た花は装飾花といって種子が実ることは少なく、花を訪れる昆虫を誘導する役割を持つと考えられている。この装飾花は葉が枯れた後も翌春まで残る。

ノリウツギのノリとは「糊《のり》」の意味で、和紙を作る際この木の内樹皮に含まれるネリとよばれる粘液を混入して、コウゾ、ミツマタ、ガンピといった和紙原料の繊維を均一に水中に分散させるために使われてきた。ノリウツギの採取は晩秋が適し、春や夏に取ったものは効きが悪いそうである。木を採取して水に浸した後で樹皮を剥ぎ、内樹皮を刃物で削って布袋に入れて水中で漉すとネリができる。ノリウツギから作られたネリはとくにガンピの繊維から和紙を抄く際に好まれている。アイヌの人たちはこの木を「ラスパニ（銛の柄と穂先とを継ぐ木の意）」と呼び、幹を煙管の材料に使った。髄が比較的大きく中空になり、強度もあることから好まれたのだろう。明治期には傘の柄や杖にも用いられている。（内海）

図1　ウメの材面（柾目）　緻密で堅く心材は赤みがある。ほんのりウメの香りがする

図2　ウメの花（紅梅）（京都府立植物園）　1～3月に花をつける。様々な品種がある

ウメ

学名 *Prunus mume* (Sieb.) Sieb. et Zucc.　**漢字** 梅　**中国名** 梅　**英名** Japanese apricot

ウメは、バラ科サクラ属アンズ節に分類される落葉性の小高木で、時には樹高一〇m、直径六〇cmに達することもある。原産地は中国の四川省から湖北省と言われているが、栽培の歴史が古いため定かではない。日本には、奈良時代の少し前に渡来したと言われ、『懐風藻《かいふうそう》』（七五一年）の葛野王の歌に初めて「梅」が登場する。ウメという呼び名については中国名の「梅」の音のmeiから来ているという説が有力だが、薬用として日本に渡来した果実の燻製である烏梅の呼称から来ているなどいくつかの説がある。一～三月に五枚の白、ピンクから赤の花弁のある一～三cmほどの花を開葉に先立って咲かせるが（**図2**）、花芽は一節に一～三個と多くなく、また、花柄がないために花にボリューム感がなく、サクラと比べると開花時の華やかな印象はない。しかし、各地に有名な梅園も多く、梅見は早春に少々肌寒さを感じながら、歩いて鑑賞する風情がある。果実は二～三cmのほぼ球形の核果で果実の片側に浅い溝があり、表面にビロード状の毛があり、六月ごろに黄色く熟す（**図3**）。ウメには三〇〇種以上の品種があるが、主に野梅《やばい》系、緋《ひ》梅《ばい》系、豊後《ぶんご》系、アンズ系の四系統に分類され、ウメの実を採るのは主に豊後系である。アンズの近縁種であり、果実を利用する豊後系ではアンズとの交雑により果実が大型化している。他に食用ではコウメ（別名シナノウメ、コウシュウウメ）があり、直径が一・五cmほどの果実になる。また「桜伐る馬鹿梅伐らぬ馬鹿」と言うことわざがあるが、ウメは萌芽能力が高く、剪定しないと樹形、花つき、実つきが悪くなる。発根性も高く、天然記念物のウメの中には、横倒しになったもの

図3　ウメの実　初夏に赤からオレンジ色に熟し、熟した実は生食できる

図4　ウメの工芸品　一輪挿し（右）は堅くて割れが入りやすい。樹皮を残した置物（左）はごつごつしていて独特の風合いがある

が発根、または萌芽して、新しく幹枝を茂らせて成長したものもあり、株が大きく、一株で梅林のように見えることがある。

平安時代以前は「花」といえばウメを指し、『万葉集』ではウメの歌はハギに次いで多く一一八首あると言われている。鎌倉時代に作られた『新古今和歌集』では「花」とあった場合、多くはサクラのことをさし、平安時代に花はウメからサクラに代わっていったと考えられている。現在でも茨城県、大阪府、和歌山県、福岡県、大分県（ブンゴウメ）でウメを県木にしているが、どれも大きな意味がある。ウメの名所も各地にあり、水戸の偕楽園、和歌山県にある日本最大の南部梅林や世界遺産の熊野古道にある千里梅林、また大阪の天神や京都の北野、福岡の太宰府などにある各地の天満宮や天神はウメをシンボルにしている。「東風《こち》吹かばにほひをこせよ　梅の花　主なしとて　春な忘れそ」菅原道真が大宰府に左遷されるとき、道真の愛した庭のウメの花に別れを惜しんで詠んだ歌は有名である。

材は散孔材で、やや環孔材的な要素も持つ。辺心材の区別は明瞭で、比重は〇・八、器具類特に櫛としては、ツゲ、イスノキに次ぐとされている。数珠、そろばん玉、将棋の駒、箸、箱などの細工が必要な器具や工具の柄、漆器の木地、ステッキなどに用いられるほか、意匠性もあるため床柱にも用いられる（**図4**）。

果実は、梅干し、梅酒、菓子に用いられる。クエン酸、リンゴ酸、コハク酸などの有機酸を多く含み、健康食品として人気が高く、日本文化の中に広く浸透している。梅干しは、完熟前のウメの果実を塩漬けして、天日干ししたものを赤ジソとともにつけ込んで作られる。和歌山県が全国生産量の六割近くを占めている。ウメの果汁から水分を飛ばして濃縮したものは梅肉エキスと呼ばれ、民間薬として健胃、整腸の薬に用いられている。漢方では薫蒸して真っ黒になった実を烏梅《うばい》といい健胃、整腸、駆虫、止血、強心作用があるとされている。

（安部）

図1　ウルシの材面（追柾）　心材は黄色みを帯び、木目がはっきりしている

図2　岩手県浄法寺のウルシ畑（能城修一氏提供）　初夏には緑があざやかである

ウルシ

学名 *Rhus verniciflua* Stockes　**漢字** 漆　**中国名** 漆樹　**英名** vanish tree, lacquer tree

ウルシは樹高一〇m、直径四〇cmに達する落葉性の小高木で、人里近くに生育している（図2）。葉は羽状複葉で枝先に集まって互生している（図3）。春から夏にかけて長さ約三〇cmの円錐花序に小さな黄色い花を多数つける。しかし、近年は山野でウルシを見ることは少なくなり、ヤマウルシやヌルデをウルシと勘違いしている人も多いと思われる。元々の自生地は中国の暖温帯から照葉樹林帯だと言われているが、栽培の普及が古くから行われたために定かではなく、現在もその起源についての研究が進められている。ウルシが日本に伝わったのはかなり古く、縄文時代前期には広く各地に広まったと見られ、鳥浜貝塚（福井）を始め多くの遺跡から漆器が発掘されている。また、三内丸山遺跡（青森）などでは、ウルシの木材も出土しており、このころからウルシが日本で栽培されていた可能性も示唆されている。実際、傷のある樹皮が付いたウルシ材が発掘されている遺跡もある。またウルシは他の樹木に被陰されると生存できないため、人の手が入らない森林ではほとんど見られない。そのため、ウルシの生育には人間の手が必要と考えられ、これらの遺跡では人為的に人が管理してウルシを育てていた可能性が高い。現在でもウルシは人がいる集落の付近に多く残っており、集落の崩壊とともに消滅していく傾向がある。ウルシの起源、栽培の日本への伝播と利用の普及については、今後の考古学的な研究結果を見守る必要がある。

ウルシの材は辺材が白色、心材が黄色で辺心材の境界が明瞭である（図1）。比重中程度で扱いやすそうであるが、ウルシはかぶれを起こさせるため、多くは用

図３　ウルシの花（能城修一氏提供）　小さな花が集まって花序になる。葉は奇数羽状複葉である

図４　ウルシかきの様子（岡山県蒜山、能城修一氏提供）
樹皮に水平に平行な傷を何本もつける

いられない。『木材ノ工藝的利用』には、「材色の黄色を利用す」として寄木や木象嵌に、「材の軽軟水を吸うこと少なきを利用す」として浮きに、「材膠着にして弾力あるを利用す」として和弓の側木《そばき》に、「材の根部の奇形を利用す」として洋傘の柄手元に用いられたという記載がある。果実からは蝋が採取され、灯火用に用いられていた事もあり、会津地方では絵ろうそくの原料にウルシの蝋が用られていた。

ウルシは、漆塗りの漆液を採取するために、江戸時代には楮《こうぞ》（製紙の原料）、桑（絹生産のため）、茶とともに、産業の四木として、各藩で盛んに栽培されていた。ウルシの樹より採取された樹液のことを原料生漆《きうるし》と言うが、生漆は明治、昭和の初期までは全国各地で生産されていた。現在は九〇％を中国からの輸入に頼っている。わが国の主な生産地は本州北部の岩手、茨城、新潟、栃木、福島、青森などで、特に岩手県二戸市の浄法寺町は全国生産量の六割を占め、浄法寺漆《じょうぼうじうるし》として全国的に有名である。近年は、文化財保護の観点から国の援助があり、徐々に生産量が上向いてきている。

漆液は、内樹皮にある乳管が分泌する樹液で、生漆は樹皮に傷を付けて採取する。生漆の採取方法は、日本、中国、ベトナムなどで異なるが、日本では、養生法と殺法があり、養生法は年ごとに樹に少し傷を付けて生漆を取る方法、殺法は一年の間に樹皮の全面に傷を多く付けて、樹液を取り尽くした後に木を切り倒してしまう方法で、後者の方がよく用いられている（**図３、４**）。ウルシ一本の木から採取されるウルシ液の量は木の大きさによって異なり、胸高部の樹幹の周囲の長さが一八cmであればおよそ一九五g、三〇cmであればおよそ二四〇g、六六cmで状態の良い木であれば一八〇〇gという報告がある。一般に日本産の生漆には、主成分であるウルシオールが七〇～八〇％、ゴム質が八％程度含まれるほか

図5　韓国の市場で売られていたウルシの材（能城修一氏提供）蔘鶏湯（サムゲタン）の具材として用いられる

図6　漆器の養生（岡山県蒜山、能城修一氏提供）工程で樹脂の重合が進む。漆器の製作には、技術の伝承が必要不可欠である

水分も含まれている。生漆は、空気中でウルシオールが酵素ラッカーゼによって反応し、黒色の樹脂状に変色する。また、採取の時期によって漆の品質が異なると言われている。漆掻《うるしか》きは六月〜一一月に行われるため俳句では夏の季語となっており、汗をかきかき漆を掻くというのが夏の風物詩であったようだ。秋には黄色く黄葉する。ウルシは赤く紅葉すると思われがちだが、赤くなるのはヤマウルシやツタウルシの葉で、本当のウルシは山野では見ることはできない。ウルシは萌芽力が強く、伐採された木の切り株から萌芽し、五〜七年後には再び漆液を採取する事が可能になる。ウルシの若芽は食用になるほか、韓国では代表的なスープである蔘鶏湯（サムゲタン）の具材としてウルシの木の幹が使われている（**図5**）。

ハゼノキの変種のアンナンウルシ（*Rhus succedanea* var. *dumoutieri*）は時に漆液を採取するのに用いられている。この樹は常緑で、中国南部から東南アジアに自生し、ベトナムでは漆液を採取するために栽培され、採取された漆液は日本にも輸入されているが、ウルシと比較して水分やゴム成分が多く、樹脂の主成分がウルシオールではなくラッコールである。漆液に比べて柔らかいのが特徴である。ご存知の方も多いと思うが、漆器は英語ではjapan（ジャパン）という。縄文時代に渡来した漆の技術は日本の伝統文化の中で洗練され、世界に通用する技術となり、現代にいたっている。プラスティック製品に押されて、日常の生活の中ではなかなか目にする事が出来なくなってしまった漆製品だが、近年、ウルシ製品の美術品としての精巧さが見直されてきている。ヨーロッパの有名なファッションブランドのメーカーがウルシを使った製品を販売して、評判になっている。また、化学成分を有効に利用するための研究も続けられており、現在の新しい科学技術を取り入れながら日本の伝統を守り伝えていきたいものである。（安部）

黄色く色づくウルシの黄葉(長野県木曽平沢)
ウルシは赤く色づくと思われがちである

岩館正二氏によるウルシかきの実演風景
(岩手県浄法寺町)

図2　エゾマツの天然木(北海道千歳市、美笛)　天然林では、近接して一列に並んでいるのがよく見られる

図1　アカエゾマツの材面(柾目)　音響性能が高く、楽器の響板に重用される

エゾマツ*・アカエゾマツ**

学名 **Picea jezoensis* (Sieb. et Zucc.) Carrière **P. glehnii* (Fr. Schm.) Masters **漢字** (赤)蝦夷松 **中国名** *卵果魚鱗云杉、云杉(類) **英名** spruce(類)

エゾマツとアカエゾマツは、いずれもマツ科トウヒ属の針葉樹である。トウヒ属は葉の形状などからさらにトウヒ節とバラモミ節に二分されるが、エゾマツはトウヒ節、アカエゾマツはバラモミ節に分類される。エゾマツは、北海道、南千島、樺太、カムチャツカ、沿海州、朝鮮半島、中国東北部に分布し、北海道ではミズナラなどの広葉樹やトドマツと混生する(**図2、3**)。アカエゾマツは、北海道、南千島、樺太のほか、岩手県の早池峰山に隔離分布し、蛇紋《じゃもん》岩と呼ばれる特異な岩盤上、あるいは湿地など、多くの樹木には不適な環境下に多く見られる(**図4**)。両種とも、北海道の郷土樹種で、高さ四〇m、直径一・五mに達する大木に成長する。特にアカエゾマツは、かつて樹高が五〇mを超えるものがあったことが記録されており、北海道産の樹木の中では最も高くなる木と言われる。

日本には、ほかにもトウヒ(*P. jezoensis* var. *hondoensis*)、ハリモミ(*P. polita*)、イラモミ(*P. bicolor*)など、いくつかのトウヒ属樹木が分布する。これらは、本州や四国、九州のいずれも亜高山帯という、かなり限られた範囲内に分布する高木である。このように現在の分布域が狭い一方で、平野部の最終氷期の地層からトウヒ類の化石木が多く出土していることから、これらのトウヒ類はかつて平地一帯にも生育していたが、その後の温暖化に伴って次第に標高の高い山岳地帯へ追いやられてきたと考えられている。とりわけヒメバラモミ(*P. maximowiczii*)とヤツガタケトウヒ(*P. koyamae*)は、現在では中部地方山岳地帯

図３　エゾマツの樹皮　網状の亀裂を生じ、鱗片状に脱離する

図４　蛇紋岩地帯のアカエゾマツ林（北海道大学天塩研究林）　樹齢300年を超える老大木が多く残る

のごく限られた範囲にだけ自生する希少種になっており、絶滅危惧種として環境省のレッドデータブックに記されている。

属名にもなっているトウヒは、漢字で唐檜と記され、その由来は唐風のヒノキを意味するという俗説があるが、定かではない。エゾマツという名の由来は蝦夷地に産する針葉樹の意味であろうと言われ、アカエゾマツの名はエゾマツに似るが樹皮は赤みを帯びていることに因む。エゾマツにはテシオマツ、クロエゾなどの別名が知られ、アカエゾマツもテシオマツと呼ばれることがある。トウヒ類は一見するとモミ類やツガ類に似ており、そのためトウヒ類の中には分類学的にモミ属ではないのにモミの名が付いている。トウヒ類は、球果（松ぼっくり）が中～大型で下向きに着生すること、葉先が分かれず一つに尖ることにより、モミ類やツガ類とは明確に区別できる。

エゾマツとアカエゾマツの材は、やや軽軟な部類に属し、木理は通直で切削などの加工性は良好である。木材は一般に密度が増すと強さを増す傾向があるが、トウヒ類はとくに曲げ強度が軽さのわりに高い（比強度が高い）ことも特徴の一つである。両種とも、江戸時代末期に北前船で大坂などの都市に搬送され、エゾヒノキなどと称され、珍重された。現在では、とくにアカエゾマツが楽器の響板として名高く、弦楽器やピアノの響板として重用される。市場ではトドマツとともにエゾトドと呼ばれて一括して扱われ、造作などに用いられることも多い。北海道置戸町の「オケクラフト」など、エゾマツ材をふんだんに使った木工芸品も知られる（**図５**）。最近では、端材を活用した高級割り箸も出回っている。

本州以南の山岳地帯で遺存的に分布するトウヒ類ばかりでなく、北海道のエゾマツ、アカエゾマツとも、減少に歯止めがかからないのが現状である。良質のパルプ材として、かつてエゾマツやアカエゾマツの天然木は大量に消費されたこと

図6　倒木更新したエゾマツの稚樹（北海道、大雪山国立公園、飯島勇人氏提供）　天然下ではエゾマツの稚樹は倒木や切り株上でしか生存できない

図5　オケクラフトの木皿　地元では学校給食の食器にも使われている

がある。林業的に有用な樹種であるため、かなり前から人工造林がおこなわれてきたが、まだ市場に出回るには至っていない。特にエゾマツは育林が難しいと言われており、将来の枯渇が憂慮されている。

エゾマツの姿形は雄々しいが、決して競争や病害に強い頑健な木ではない。天然林の腐植土に落下した種子は、たとえ発芽しても生き残ることができない。稚樹のうちには、暗色雪腐れ病菌と呼ばれる北海道の森林土壌の表層に常在する菌に感染し、枯死してしまう。倒木あるいは根株の上に運良く舞い落ちた種子から発芽したごく一部の幼樹だけが生き残る（**図6**）。エゾマツに限らず他の樹種の倒木上でも成長できるが、天然下では生育の場は限られる。こうして先祖の遺体上で世代交代していく仕組みは、倒木更新あるいは根株上更新と呼ばれる。このような生態的特性ゆえ、天然林ではエゾマツの成木が不自然と思えるほど接近して一列に並んでいるのを目にすることがある（**図2**）。

高度経済成長期より現在まで、木材資源を海外から調達しているうちに、終戦間もない頃には枯渇していた国内の森林蓄積が大きく回復していることが喧伝されるようになっている。一方、その中身を見たときの樹種構成のアンバランスも同時によく指摘される。エゾマツはかつての濫伐により減らした蓄積が回復していない。一九五四年、北海道の森林は五月と九月の二回にわたり激甚な風害を受けた。九月の嵐は、青函連絡船・洞爺丸の沈没により多数の犠牲者を出したことで知られ、洞爺丸台風と呼ばれる。これら風害の直後、大量の倒木が木材利用のために緊急に搬出された。天然林においてエゾマツの蓄積が回復していないのは、その風害処理の過程で、更新に不可欠の倒木が持ち去られたためという説もある。こうしたエゾマツの消長は、自然に対する我々の知識がまだまだ乏しいことを教えてくれる。

（佐野）

寒地のエゾマツ（北海道大学雨龍研究林）天然林では発芽して生き残るのはごく僅かだが、大きく成長する

図1　エノキの材面（追柾）　ケヤキ材に似るが材は白く、伐採後すぐに青変菌の影響を受けて灰白色になる

図2　エノキの幹（つくば市）　ケヤキのようだが、幹の下の方から枝が生え、横に広がっているように見える

エノキ

学名 *Celtis sinensis* Pers. var. *japonica* (Planch.) Nakai　**漢字** 榎　**中国名** 朴樹
英名 hackberry（類）

エノキは温帯の山野にふつうに生育する落葉性の高木で、高さ二〇m、直径一・二mに達し、青森県南西部以南の日本各地から、台湾、本州、四国、九州、朝鮮半島南部に分布している。日当たりの良い湿潤地を好み、特に沿海地に多く自生している。エノキ属の樹木は世界の熱帯から温帯に六〇種あるが、南極大陸を除くすべての地球上の大陸に分布し、しかもそれらのすべての大陸において比較的高木になり利用されるという、非常に珍しい樹木である。わが国ではエノキの他三種がある。樹皮は灰色から暗灰色、平滑で皮目、時に横に走るしわがある。枝分かれが著しく、枝が太くなるため、樹幹が大きく広がっているように見え、冬に樹皮、樹形だけ見ているとねじれたケヤキのようにも見える（**図2**）。葉は互生で、広卵形から楕円形で先端が急に尖り、葉脈の三本がよく目立って、左右でゆがんでいると言う特徴的な形をしているので、葉があるときはケヤキとの区別は容易である（**図3**）。秋には直径七㎜程度の球形の石果が紅褐色に熟し、少し甘みがあるので、ムクドリやヒヨドリが集まったり、昔は人も食べた。そのため、エノキをエノミ、エノミノキ、ヨノミと呼んでいる地域もある。

エノキは古来、えと呼ばれ、『万葉集』にも「我が門《かど》の榎《え》の実もり喫《は》む百千鳥《ももちどり》千鳥は来れど君ぞ来まさぬ」の歌が詠まれているが、えの意味については、よく分かっていない。漢字の榎は日本で作られたもので、夏に日陰を作る樹と言う意味で、中国では朴樹があてられている。エノキが道標として、一里塚に植えられ

図３　エノキの実　直径７mm 程度で秋に赤く熟す

図４　オオムラサキ　幼虫はエノキの葉をえさにしている

たのも、夏に日陰を作ることが理由の一つになっていると考えられる。村境や橋のたもとに植えられ、道祖神の神木となっている場合もあり、また、神社、仏閣にも多く、各地にいわれのある巨木が存在している。幹まわりが九mに達するものや、国、市町村の天然記念物に指定されているものもある。

材は環孔材で、心材が淡黄褐色、辺材はそれより淡色で、辺心材の境界は明瞭ではない。比重は〇・五〜〇・八と中程度だが、材は狂いやすく、青変菌の影響を受けて変色しやすいため高価な材として扱われず、建築材、器具材、家具材、または薪炭材といった一般的な用途に用いられる。また、山中にまとまって生えている木ではないので、利用されている量もさほど多くない。木理が同じニレ科の環孔材であるケヤキに似ることから、『木材ノ工藝的利用』にも、「木理のケヤキに似るを利用す」とあり、洋家具に用いられたほか、トネリコの代用としてテニスやバドミントンのラケットの枠に、馬鞍にはムクノキの代用として用いられたと記されている。樹が大きくなる割に、ねじれ、狂いが顕著であるため、特殊な用途はなく他の樹の代用として用いられることが多かったようである。庭園樹や街路樹としてもよく植栽されており、エノキは、いくつかの昆虫にとっても重要な樹で、わが国の国蝶であるオオムラサキの幼虫はエノキの葉を食べて成長する（**図４**）。また、瑠璃色で非常に美しいタマムシの成虫もエノキの葉を食し、夏になるとエノキの樹のまわりを飛び回る様が見られる。

世界に広く分布するエノキ属の木材は、パプアニューギニア、ニューブリテン、ソロモンなどのニューギニア地域からわが国にも輸入され、学名のセルティス（Celtis）として取引されている。比較的重いハードセルティス（比重〇・六四〜〇・八〇）とライトセルティス（比重〇・五七）に区別されるが、木材の樹種との対応や材質に関する調査は充分に行われていないのが現状である。

（安部）

図2　エンジュの実　サヤは種子の間にくびれがあり、数珠のような形になる

図1　イヌエンジュの材面(板目)　心材は暗褐色で辺材の白色とのコントラストに意匠性がある

エンジュ*・イヌエンジュ**

学名 *Sophora japonica L. **Maackia amurensis Rupr. et Maxim. subsp. burgeri (Maxim.) Kitamura　**漢字** 槐*、犬槐**　**中国名** 槐樹*　毛叶杯槐、馬鞍樹**　**英名** Japanese pagoda-tree*, Chinese scholar-tree　maackia**

エンジュは中国原産の落葉広葉樹で、樹高二五m、直径一mにも達すると言われているが、日本国内では樹高一〇～一五m、直径五〇cm程度のものがよく見られる。エンジュ属の植物は、世界の熱帯から暖温帯にかけて約五〇種が分布しており、多くは木本性だが、一部は多年生草本で、わが国にも草本性のクララ(*Sophora flavescens*)を始め三種が分布している。一方、イヌエンジュは落葉広葉樹で日本では北海道から本州、四国、九州に天然分布しており、樹高九～一八m、直径六〇cmに達する。また、同属の樹木に日本固有種のシマエンジュ(*M. tashiroi*)があるが、シマエンジュは本州(和歌山県)、四国、九州、沖縄の海岸近くに生育する樹高一～三mの落葉低木である。エンジュは仏教の伝来とともにわが国にもたらされたと言われ、庭園樹として植栽されてきた。エンジュの名前は、『和名鈔《わみょうしょう》』に書かれている古名の「えにす」から変化したものといわれているが、元々えにすは、日本に自生するイヌエンジュをさすもので、イヌエンジュが一般にエンジュと呼ばれていた。そのため、牧野富太郎は、エンジュにシナエンジュの名を与えたことがあり、イヌエンジュとの混同をさけるため、各地にコエンジュ、キフジ、カクタミなどの呼び名がある。種小名のjaponicaは「日本の」の意味だが、これは命名者のリンネが、中国原産のエンジュを日本原産であると間違ったためにこの名が付けられた。葉は複葉で、九～一五枚の小葉があ

図3　イヌエンジュの実　サヤにエンジュの実のようなくびれはなく、そら豆のようである

図4　イヌエンジュ材を用いた床の間の落とし掛け　銘木として床柱等に用いられる

る。花は七～八月頃開花し、わりとまばらで淡黄色の房状につく。一〇～一一月に果実をつけるが、豆果には四個ほどの種子が入り、種子の間はくびれてやや数珠のような形になる（**図2**）。果皮は肉質で乾燥しにくく、やや甘みがあり、割裂しない。一方、イヌエンジュの花はかたまって咲き、鞘はエンジュのように膨れ上がっておらず、平べったい鞘である点が異なっている（**図3**）。

エンジュとイヌエンジュの材はよく似ており、共に辺材は黄白色、心材は暗褐色で、辺材と心材の色の違いは歴然としている。年輪界も明瞭で、材の肌目は粗い。比重は〇・六～〇・九で、材としてはやや重硬だが、エンジュ材は特に決まった用途はなく、建築内装材、家具、器具などに用いられる程度である。一方、イヌエンジュ材はクワの代用として床柱や床の間のかまち、彫り物や彫刻の材料として使われる（**図4**）。また、非常に丈夫で狂いが少ないために洋風家具、机、棚、額縁、タバコ盆などの比較的高級な材料として使われ、さらに、音響特性がよいために三味線の胴に使われる。エンジュで作ったという木の彫り物を見かけるが、それらはすべてイヌエンジュの仲間の樹木で、エンジュ材が市場に出回ることはないと考えて良い。漢方では、エンジュのつぼみを乾かしたものを槐花《かいか》または槐《かい》米《まい》と呼びフラボノイド配糖体のルチンやトリテルペンを含み、鎮痛、止血や、高血圧のために用いる。最近高血圧の薬と知られるルチンはソバに多く含まれることは知られるようになったが、薬としてはエンジュの方が古くから用いられていた。同属で日本原産の草本性のクララも根を乾燥したものを苦参《くじん》と呼び、黄疸《おうだん》、痔瘻《じろう》、下血《げけつ》、瘰癧《るいれき》、健胃剤《けんいざい》として用いられる。花は黄色、樹皮や果皮は栗色の染料となる。また、エンジュ、イヌエンジュともに蜜源植物としても知られている。エンジュの樹は病虫害や大気汚染に強いため街路樹としても用いられている。

（安部）

図1　オニグルミの材面（柾目）　道管が深い条となり、肌目は粗いが均質である

図2　川辺に生えるオニグルミ若齢木（北海道小樽市）　梢は太く、細かく分枝しない

オニグルミ

学名 *Juglans mandshurica* Maxim. var. *sachalinensis* (Miyabe et Kudo) Kitamura
漢字 鬼胡桃　**中国名** 胡桃（類）　**英名** walnut（類）

オニグルミは、クルミ科クルミ属に含まれる落葉広葉樹である。北海道、本州、四国、九州（屋久島以北）のほか、樺太に分布する。高さ二〇m、直径一mに達し、川沿いの湿地に多く見られる（**図2、3**）。

クルミという呼び名の語源については、硬さに由来する（凝る実＝コルミ）、色に由来する（黒実＝クロミ）などの説がある。名に冠されるオニ（鬼）は、核と呼ばれる実の硬い殻がごつごつと粗いことに由来する。核の粗さには変異が見られ、平滑なものは分類学的に変種のヒメグルミ（*J. mandshurica* var. *cordiformis*）として分けられ、中でも一つの核のなかに平滑な面と粗い面がはっきりしているものは、オタフク（お多福）グルミと通称される。

オニグルミの実は全国各地の様々な年代の遺跡で出土しており、先史時代から食用にされていたことが明らかになっている。同じく食用にされてきたクリやトチノキの実に比べ、脂肪を多く含み、単位重量あたりのカロリーが高い。果皮を除き、よく洗ってから乾燥保存すると、二年くらいは貯蔵できる。現在のように物流が発達する以前の山村では、貴重な救荒食でもあった。今日国内で食用に栽培されているのは、元々中央アジアから東ヨーロッパにかけて分布するカシグルミ（*J. regia*; 別名＝ペルシャグルミ）の一品種とその変種で中国原産のテウチグルミ（*J. regia* var. *orientis*; 名の由来は手で打って割れるほど殻が薄いこと）を交配して作られたシナノグルミという栽培品種である。

図3　オニグルミ成木の樹皮　紡錘形の裂け目を生じる

図4　枝先で重たげにぶらさがるオニグルミの実　青胡桃と呼ばれ、季語になっている

キノコや山菜など、森林から得られる木材以外の収穫物は特用林産物と呼ばれる。その生産や流通についてまとめた平成二一（二〇〇九）年版の『特用林産物統計』（林野庁）によると、国内で食用クルミの生産量が最も多いのは長野県である。しかし、国内で流通する食用クルミのほとんどは輸入物で、国内生産量が僅か一六六トンに対して、輸入量は八八〇〇トンあまりに達している。輸入クルミの大半は米国のカリフォルニア産である。カリフォルニアではペルシャクルミ系の多くの品種が育成され、現在では全世界の食用クルミ生産量の三分の二を占めるに到っている。

クルミの実は食用ばかりでなく、核が工芸や民芸に利用されるほか、その微粉末が研磨剤として利用される。近年には、核を砕いた粉末が、凍結路面で高い制動効果を発揮し、なお且つ道路の基材（アスファルト）を傷めないことから、冬道用のスタッドレスタイヤの配合剤として使われている。核を包む果皮は、黒〜褐色系の染料に使われ、漢方では胡桃青皮と称する養毛剤に利用される。また、枝先で重たげにぶら下がる実や花は季節感のある風物で、「胡桃の花」と「青胡桃」は夏の季語になっている（**図4**）。

オニグルミの材は、広葉樹材の中ではやや軽軟の部類に属し、均質且つ木理が通直で、寸法安定性が高い。道管が大きいため肌目は粗いが、磨けば飴色の光沢を発する。このような性質から、家具や器具、建築の内装、工芸品に使われ（**図5**）、とくに銃床に重用されてきたことは特筆される。明治時代末期から昭和初期にかけて軍需用に大量に伐採され、天然木が激減した時期があり、人工造林の歴史もある。

なぜ銃床にオニグルミが使われたのかは不詳だが、おそらく欧州でクルミ材（*J. regia*）が使われていたのが伝わり、同属のオニグルミが模擬的に使われるように

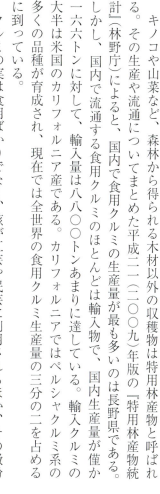

図5　オニグルミ材の茶托(萱野茂二風谷アイヌ資料館所蔵)　材は加工しやすく、民具や工芸に使われる

図6　オニグルミ(左)とサワグルミ(右)の梢　梢端は太く、葉痕の形状が特徴的である

なったのに違いない。欧州でクルミ材が使われたのは、木目が通り、色艶がよいばかりでなく、銃床材として適する絶妙な物理的性質も備えているからなのであろう。戦前にブナ材で銃が試作されたことがあったが、重くて持ち運びに難儀するうえ、発砲したときの振動が強くて使い勝手がよくなかったという話も伝わっている。現在では、国産の銃にもオニグルミは使われていない。フランス産のクルミ材が重用されていたが、最近では原木が不足し入手が難しくなってきたため、トルコ産のクルミ材が使われるようになっているという。

樹皮の煎汁は、染料および駆虫剤に用いられた。現在では法律で禁止されているが、かつて東北地方や北海道では、オニグルミの根や樹皮を川に漬けて叩き、浸み出した含有成分によって魚を一時的に麻痺させて捕まえる、「根うち」という毒流し漁が行われていた。

クルミ科に属し、クルミの名の付く国産の樹種に、サワグルミ(*Pterocarya rhoifolia*)とノグルミ(*Platycarya strobilacea*)がある。サワグルミは、北海道(渡島半島)、本州、四国、九州に分布する日本特産種で、川辺に多い。ノグルミは、本州(東海地方以西)、四国、九州のほか、中国、朝鮮半島、台湾に分布し、日当たりのよい林縁などに散生する。これら国産のクルミ科樹木を見分けるとき、葉痕の形状がよい手掛かりになる。なかでもオニグルミとサワグルミの葉痕は、獣面状、猿面状などと形容される印象的な形状を呈する(**図6**)。

ノグルミ材は使われないが、サワグルミ材は軽軟で切削性がよく、色白で清潔感があるため、食品を包む薄経木、下駄、マッチの軸木などの適材として重用された。また、サワグルミの内樹皮は丈夫で耐久性が高く、模様が美しいことが知られ、寿光皮と呼ばれ、屋根葺きに使われたほか、箱や盆の装飾に重用された。サワグルミ、ノグルミとも、実は食用にならない。

(佐野)

サワグルミの木立（北海道大学植物園） 成長が早く、幹は通直である

図1　イタヤカエデの材面（追柾）　淡色でつやがある。様々な木目が現れることがある（写真は鳥眼杢）

図2　オオモミジ　カエデには様々な園芸品種がある。種子には羽があり、熟すとプロペラのように回転しながら落下する

カエデ

学名 *Acer* spp.　**漢字** 楓　**中国名** 槭樹（類）　**英名** maple（類）

カエデは主に温帯地域に分布する広葉樹で、一部は亜寒帯からアジアの熱帯、亜熱帯地域にも分布している。樹高は様々で、大きくなるイタヤカエデ（*Acer mono*）の一群は樹高二〇m、直径一mに達する。落葉性の種が多いが、熱帯、亜熱帯地域では常緑のものもある。日本に見られるカエデ属の樹木共通の特徴としては、葉が対生になっていること、秋には紅葉すること、果実には長い羽根があることである。果実は木から落ちる際にはこの羽根がプロペラのように回転するので、子供たちの良いあそび道具にもなる（**図2、3**）。名前のカエデは蛙手《かえるで》の意味で葉の形がカエルの手に似ているところからきていると言われ、『万葉集』にも「我が宿にもみつかへるで見るごとに妹を懸けつつ恋ひぬ日はなし」と歌われている（**図2**）。しかし、同じカエデでも葉の形にはいろいろなものがあり、ハウチワカエデ（*A. japonicum*）は天狗の羽うちわのような形をし（**図4**）、ヒトツバカエデ（*A. distylum*）やチドリノキ（*A. carpinifolium*）のように切れ込みのない種もある（**図3**）。メグスリノキ（*A. nikoense*）は三枚がセットになった三出複葉、街路樹としてよく目にする外来のネグンドカエデ（*A. negundo*）は羽状複葉、カナダの国旗としても有名なサトウカエデ（*A. saccharum*）の葉は掌状に三〜五裂に分かれた形をしている。日本ではカエデに楓の字を当てるが、中国では槭をあて、楓はマンサク科のフウ（楓香樹 *Liquidambar formosana*）にあてる。漢字が日本にもたらされた当時、フウが日本に無かったため、葉の色や形が似ているカエデに楓の字があてられたと考えられている（スズカケノキの項参照）。

図3　チドリノキ　他の多くのカエデとは異なり葉に切れ込みがない

図4　カエデの紅葉（仙台市、東北大学植物園）　紅葉するコハウチワカエデと緑色の葉のハウチワカエデ

カエデの葉は、秋になると赤や黄色に色づくが、イタヤカエデは春夏に多量に作られた葉緑素が黄色のカロチノイドの色で黄葉になり、ウリハダカエデ（*A. rufinerve*）などはアントシアンが作られて赤くなる。カエデにかぎらず山の木の葉が紅葉することを「もみづ（紅葉づ・黄葉づ）」と言うが、カエデ属の樹種は、秋の山の紅葉では代表的な樹種であるため、モミジと名付けられたものもある。イロハモミジ（*A. palmatum*）、オオモミジ（*A. amoenum*）などがあるが、葉の切れこみが深く葉の赤色が目立つ種がモミジと呼ばれているようである。カエデの仲間は、地形的には幅広く生育しているが、沢筋の谷間には多くの種類が見られる。そのため、秋の谷川の紅葉を主にカエデが作っていると言える（**図4**）。こうしたカエデの特徴は日本人に好まれて、江戸時代から観賞用として多くの園芸品種が生まれている。

材は、緻密で白色に近く辺心材の区別が明瞭ではない。米国ではハードメープルとソフトメープルに分けて利用を区別している。わが国では、成長が早く大木になるイタヤカエデ類の材がよく用いられるが、これは性質的にはハードメープルに近いと言われている。ハードメープルの材は、フローリングなどの床材として、体育館や最近流行している輸入住宅で多く用いられ、部屋全体を明るくする。また、その硬さから特にボーリングのレーンやピンに用いられる。振動特性も優れているため、ピアノの木骨、ヴァイオリンの裏板・横板、エレキギターなどの楽器によく利用されている（**図5**）。しばしば材面に特徴的な杢が現れ、意匠性があるため工芸的な利用に用いられる。たとえば、鳥の目のような鳥眼杢《ちょうがんもく》（bird's eye figure）（**図1**）や、材が縮んだように見える縮杢《ちぢみもく》（curly grain）（**図5**）がカエデでは見られる。現在でも銃床、家具、ステッキなどに用いられる他、突き板として用いられ、高級なホテルや旅館の壁やエレベーターの中などでしばしば見かけ

図5　バイオリンの裏板（京都大学生存圏研究所所蔵）
材が縮んだように見える縮杢が現れ、意匠性がある

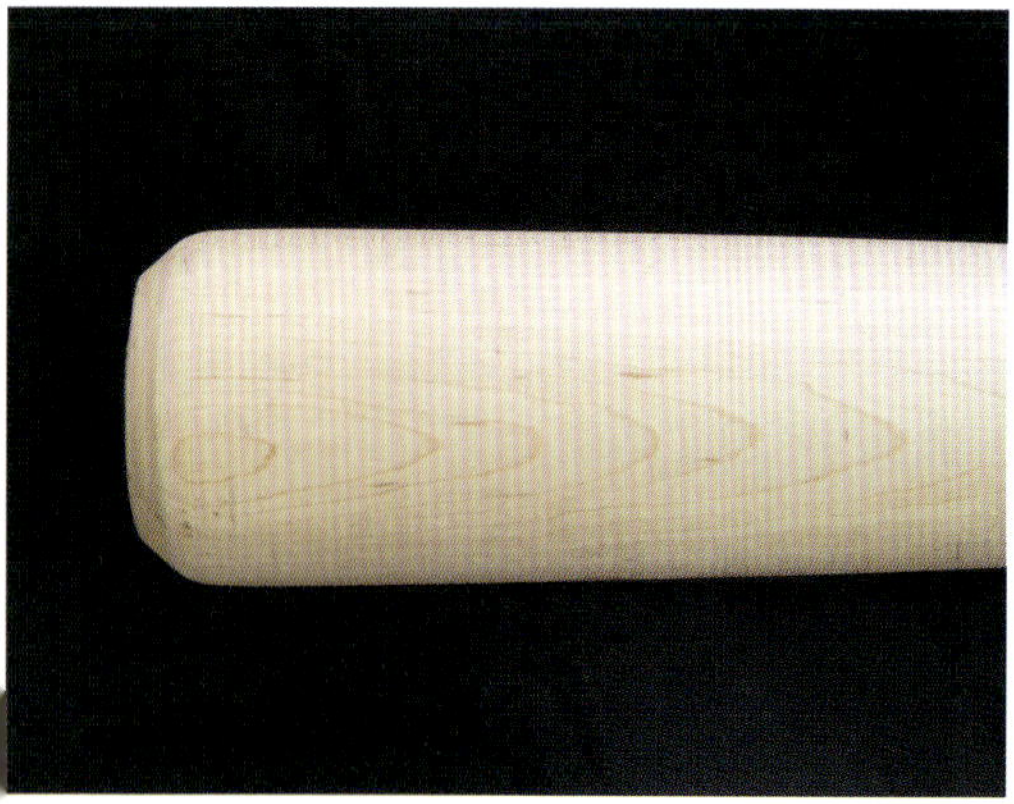

図6　カエデのバット　材の色が薄く、緻密で重みがある

る。また、『木材ノ工藝的利用』には、わが国におけるカエデ材の利用に関する記載があり、前述のように楽器、器具の柄のほか、碁盤、時計枠、床柱などに加え、「材の燃焼し難きを利用す」としてガラス木型に用いられていたという記載がある。アメリカの大リーグではバットの材料としても使われ、アオダモよりも硬いハードメープルは、反発力があるため、長距離バッターに人気があるようである（**図6**）。二〇〇一年に年間最多の七三本塁打を記録したバリー・ボンズ選手もメープル製のバットを使っていたが、日本ではアオダモのバットを使っていた松井秀喜選手も、メジャーリーグに行ってからメープル製のバットを使い始めたということである。

材の他にもカエデの仲間は利用されている。たとえば前述のサトウカエデは、メープルシロップの原料として有名である。サトウカエデの樹木が糖分を多く含む樹液を溢出するメカニズムについては、まだ詳細には解明されていないが、他のカエデでも類似の樹液は得られるようである。カナダでは、二～四月に直径三〇cm以上の木の幹に穴を開けて樹液を採取する。樹液には二％程度の糖分が含まれる。メープルシロップの主成分はショ糖で、一〇〇℃以下で水分を飛ばして固体になるまで濃縮されたものをメープルシュガー、一〇〇℃以上で濃縮されたものをメープルバターと呼ぶ。あの独特の香りと甘さはお菓子の材料として重要な素材である。またメグスリノキの樹皮や葉は、煎じて洗眼薬として古くから用いられていた。温泉地などで土産物として売られているので、ご覧になった方もおられると思う。中国原産のトウカエデ（*A. buergerianum*）は街路樹として広く植栽されている。また、観賞用としても多くの変種や園芸種が作出されており、街路樹、公園樹や盆栽として広く利用されている。特にイロハモミジは、多くの見られる。

（安部）

清水寺の紅葉（京都市）
清水寺にはカエデが多く植えられている

イロハモミジ（別名高雄カエデ）
（京都市、高雄）

図1　カキノキの材面(板目)　まれに心材がところどころ黒くなるものがありクロガキとして珍重される

図2　将棋の駒箱　カキノキの黒い心材(クロガキ)を用いた

カキノキ

学名 *Diospyros kaki* Thunb.　**漢字** 柿　**中国名** 柿　**英名** Japanese persimmon, kaki

カキノキは落葉高木で樹高一〇m、直径一mに達する。葉は互生し艶がある。樹形は丸くなるが、高くのびる。花は初夏に咲く。雌雄同株だが、栽培品種では、雄花が着かない物が多い。雌花は四つの雌しべを持つ直径一cmほどの深く四裂した白ないし黄白色の花冠をもち、緑色の萼《がく》も深く四裂する。萼はそのままカキの実のヘタになる。雄花は白ないしは黄白色の小さな釣鐘状の花で花枝にまとまって着き萼は目立たない。カキノキは一般に長命で樹齢五〇〇年というものもある。結実は実生では八年前後からだが、つぎ木苗では三年程で実をつける。

カキノキは六倍体で野生のカキノキ属は通常二倍体であることから、古くからの栽培種と考えられている。日本には奈良時代以前に中国西部から伝来したと考えられている。渋柿は青森から四国、九州まで栽培可能であるが甘柿栽培の北限は太平洋側は宮城県沿岸、日本海側は山形県沿岸である。南限はないが九州より南では生育が悪い。実の形は品種によって平たいもの、丸いもの、縦長のもの、四角いものがあり、様々である。『大和本草』では京都の御所柿を木練り(完全甘柿)の最高品であると書いているが御所柿は栽培が難しく残念ながら現在ではごく貴重である。この系統を受け継ぐのは鳥取の花御所だという。

甘柿は神奈川県川崎市麻生区の柿生にある王禅寺で一二一四年に発見された禅寺丸が最初とされる。禅寺丸は一四世紀に近隣で栽培され、江戸時代には各地に広まったといわれる。

甘柿には完全甘柿、不完全甘柿がある。完全甘柿は種子の有無多少に係わらず

図3　鳥に食べられたカキの実　渋柿も柔らかく甘くなってから鳥に食べられる

図4　カキノキの樹皮　灰褐色で網目状に細かくひび割れる

甘いカキである。不完全甘柿は種子の周りでタンニンが不溶化して甘くなるカキで、種子ができない時には渋いままとなる。禅寺丸は不完全甘柿である。完全甘柿同士の交配では九〇%以上完全甘柿ができるが、その他の組み合わせでは殆ど完全甘柿はできない。完全甘柿や種無しのカキは様々な交配から稀に出来たものを選んで作られた品種である。完全甘柿の中で有名な次郎柿と富有柿はそれぞれ静岡と岐阜で一九世紀末に開発された。

　学名のDiospyrosはDios(神)とpyros(糧)からきていて、神の糧を意味する。古代ギリシャ人は西アジアにあったマメガキ(*Diospyros lotus*　英名Date-plum)をDiospyrosと呼んでいた。これが学名になった。日本語の「カキ」は赤黄のかきから派生したといわれ、実が赤く熟する様を観賞したという。カキ(kaki)もイチョウと同じようにケンペルの『廻国奇観』でヨーロッパに紹介された。

　フランス語、英語にもなっているkakiは果物のカキを示す。スペイン語でもcaquiは果物のカキを示す。英語でkakiについて書いたものには日本のfuyuを筆頭にカキの品種名が並んでいる。Persimonはアメリカのインディアンのドライフルーツを意味する単語から作られた言葉で、アメリカガキ(*D. virginiana*)を指す。カキはアメリカではkakiではなくJapanese persimonと呼ばれることが多い。欧州や北米には一八〇〇年代に日本からkakiが導入された。ヨーロッパなどでは完全に熟したヅクシガキの状態で食べるのが普通のようである。

　果物としてのカキが世界に広まったのは日本からであるが、日本の食文化におけるカキには謎が多い。飛鳥時代の歌人　柿本人麻呂の家の門のそばにカキの木があったと言われ、漢字の「柿」とともにカキの木があったことは確実だが、彼の歌を始め『万葉集』には干し柿やカキの実の歌はない。当時は一般には食べられていなかった可能性がある。他方、弥生時代の遺跡からカキの種が出土しそれ以前からは出てこないことから、弥生時代にはカキが食べられていた可能性が指摘されている。一二世紀に編纂されたという『類聚雑要抄《るいじゅうざつようしょう》』には串柿、枝柿の記述がみられ、少なくとも宮廷貴族は干し柿を菓子として食べていたことが解る。干し柿の白い粉はほぼ純粋なブドウ糖で、中国では丹念に集めて宮廷で使われたと言う。純粋なブドウ糖は砂糖とはまったく別物で、口や食道から血液中に直接吸収されるという。甘味料ではなく、薬として使用されたというが、今でも糖尿病患者が糖のコントロールがうまく行かなくなって糖を補うときにはショ糖ではだめで、ブドウ糖を服用する。

カキは昔から嫁入りの時に家の庭に植えられ、干し柿にして菓子や貴重な甘味料として用いられてきたといわれるが、何時頃から一般に根付いたのかは不明である。

柿渋のタンニンは洋の東西を問わず有用であった。タンニンのタンは皮なめしの意味で、収斂作用が皮なめしに使用される。収斂作用はまた下痢止め、内出血止め、血圧降下のために利用される。縮合して高分子になる性質は木材や和紙の表面塗装に使用される。金属と結合する性質は布を染めるときの媒染剤に利用される。現在も京都には柿渋を専門に販売している会社があり、天王柿という小さな渋柿を青いうちに搾り、液を貯蔵して発酵させたものを販売している。

カキの材は心材の黒いものが珍重され、クロガキとして茶道具、指物（**図2**）、床柱に使われる。

カキノキ属は五〇〇種あまりあるともいわれ、ほとんどが熱帯に分布する。温帯に分布する種はカキノキ、アメリカガキ、マメガキ、アブラガキ（*D.oleifera*）等の数種のみといわれる。ＤＮＡによる近縁度の調査では、マメガキ、カキ、アメリカガキの三つは非常に近縁であるという。この三者はいずれも人の食用で干し柿として食された歴史を持ちカキノキ属の中ではもっとも寒い地域にまで生育できる種である。温帯に分布する四種はともに六倍体である点も面白い。カキノキ属のほとんどは食べられる果実を持ち、鳥に好まれる。渋柿だが、熟して甘くなる。熱帯のカキノキ属は森が破壊されなければ鳥が守ってくれる樹種である。カキノキ属は熱帯林の動物にとっても人にとっても貴重な樹種である。熱帯アジア地域のカキノキ属樹種の多くは黒檀と総称される固くて黒い心材を持ち、これの需要拡大により、多くの資源が失われている。熱帯林の保全により鳥や動物たちとともにカキノキ属の樹種が再び繁栄する日が来ることを願う。

（山口）

カキの実と花　カキの実は落葉後も残り豊かさや明るさを感じさせる(福岡市)。左下はカキの雌花。正方形の開口部は約 1 cm(6 月 6 日　岡山県勝央町)。緑色の萼(がく)はそのまま蔕(へた)となる

図1　ウラジロガシの材面（板目）　硬く強度があり器具材、建築材に用いられてきた

図2　アカガシの樹皮　成長すると部分的に剥げ落ちる

カシ類（アカガシ*・シラカシ**・ウバメガシ***）

学名 *Quercus acuta** Thunb. ex Murray *Quercus myrsinaefolia*** Blume *Quercus phillyraeoides**** A. Gray **漢字** 赤樫* 白樫** 姥目樫*** **中国名** 小葉青岡** 烏岡櫟*** **英名** oak（類）

材が堅い木のことをカタギ（堅木《かたぎ》）と呼ぶ地方がある。カシ類はその代表で、カシを漢字で書くと木へんに「堅い」で「樫」となり、カシ材の性質をよく表している。カシ類はブナ科コナラ属の常緑樹で日本には八種類ほどが生育する。西洋文献でコナラ属を示すオーク（oak）が「カシ」と訳されることがあるが、落葉樹の場合は「ナラ」とすべきであり注意を要する。カシ類のなかで日本各地に広く分布し、その材が広く使われてきた樹種にアカガシとシラカシがある。

アカガシは樹高二五m、直径一mに達する常緑高木で、カシ類の中では葉が大きく厚いのが特徴である。そのためオオガシという呼び名もある。またカシの仲間では最大なのでオオバガシと呼ぶ地方もある。本州の宮城県以西の日本列島と中国大陸、台湾、朝鮮半島に分布する。暖温帯上部の海岸沿いの山地に多く分布するが、シイとはあまり混在せずに棲み分けている。神戸の六甲山や三重県熊野の山、神奈川県の三浦半島や伊豆の山などの比較的標高の高いところまで分布し、ブナとともに生えているものもある。樹皮は暗赤褐色で粗く、老木では鱗片状に剥げ落ちる（**図2**）。葉は大型の長楕円形で、表面に光沢があり両面ともに、はじめ褐色の軟毛が密生するがのちに無毛になる。二、三年間枝に宿存した古葉は春に新葉と入れ替わる。このときは開花期でもあり、ひも状に多数垂れ下がった雄花が人目を引く（**図3**）。

材は日本産材中最も重く堅いものの一つで比重は〇・九ほどになり強度も大き

図4　シラカシの新葉　開葉当初は赤褐色でしだいに緑色に変化する

図3　アカガシの雄花　春に新枝の下部からひも状に垂れる

い。そのため昔から強靱さを要求される様々な用途に使われ、器具材、車両材、建築材などに用いられてきた。農具としての利用は古く、弥生時代に本格的な稲作が開始されたとき木製の鋤や鍬が使われたが、関東地方南部より西南の地域ではこれらの農具の多くはカシ材で作られていた。カシ材の高い強度と耐久性を利用したのだろう。近世になるとカシ類は大八車、荷牛馬車など荷車の車台と車輪に多く用いられ、明治年間にはカシ材を専門に取り扱う樫材問屋で大量に取引されたが、自動車の時代になってからは目にする機会はほとんどなくなった。それでも、祭りなどの伝統行事で用いられる山車では現在でもカシ材が利用され、京都、祇園祭の重い山鉾を支える車輪にはアカガシが使われている。

関東では生垣によく用いるのでシラカシが最も親しみあるカシ類かもしれない。シラカシは樹高二〇m、直径八〇cmに達する高木で福島県以西の本州と四国、九州に分布し、朝鮮半島や中国大陸中南部にも生育する。葉は細長い楕円形で先はとがる。葉の表面には光沢があり裏面は灰緑色である(**図4**)。同じカシ類にウラジロガシ(*Q. salicina*)があり、葉の裏面が粉白色なのでこちらを「しらかし」と呼び習わしている地方も多い。樹皮は暗灰色で比較的平滑であり皮目は散生する。シラカシの名の由来は材がアカガシに比して白いことから来ているという。シラカシの材はアカガシよりやや重硬でねばり強いものが多く、強靱さを要求する用途にはシラカシが最も良いとされている。そのため使用中に折れたり割れたりしないことがとくに求められる木刀には最適で、カントウガシと呼ばれアカガシや材色、材質が似ているイチイガシ(*Q. gilva*)より上級品として賞用されている(**図5**)。

カシという名を持つが分類学的にはアカガシ亜属ではないウバメガシは樹高一〇m、直径六〇cm程になる常緑中高木である(ナラ類の項を参照)。暖温帯の海

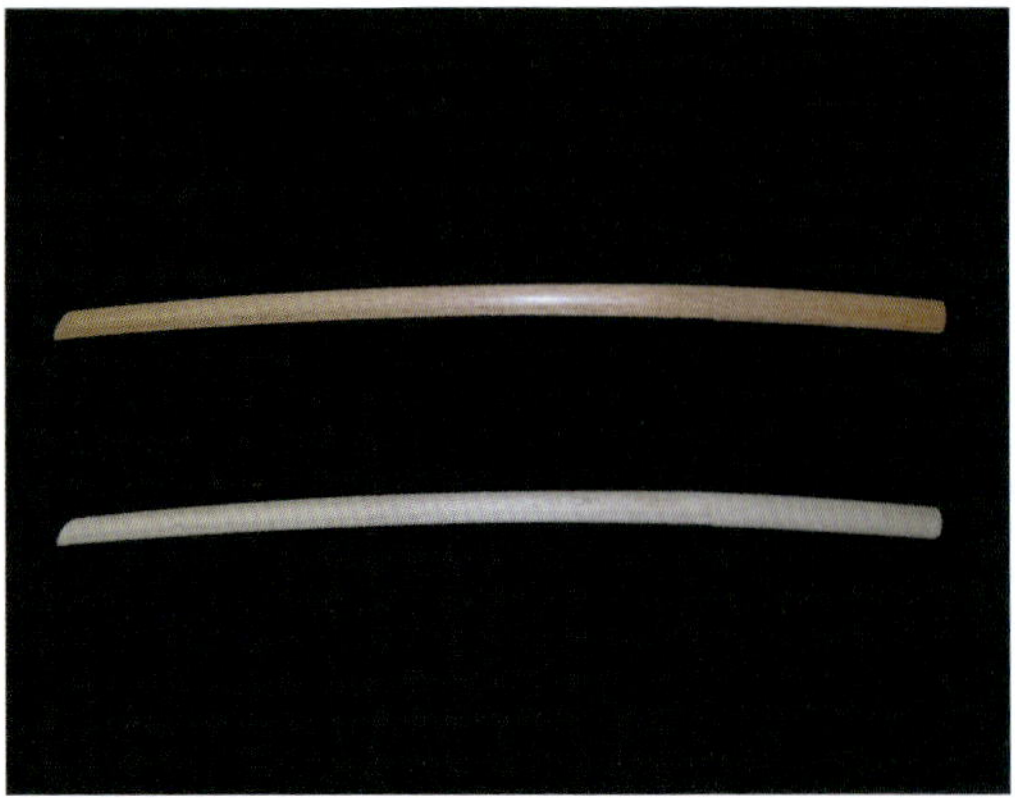

図5　イチイガシ(上)とシラカシ(下)の木刀(荒牧武道具木工所製)　材色で明瞭に区別できる

図6　アラカシのドングリ　カシ・ナラ類のドングリは世界各地で重要な食料になってきた

岸近くの山地に生育し、神奈川県以西の太平洋側、四国、九州、沖縄、中国大陸と台湾に分布する。葉は楕円形の厚い革質で、葉身の上部には浅い鋸歯がある。名の由来は新芽が茶褐色であることから姥芽、木の葉の表面がかすかに波打っているのを皺に見立てて姥女《うばめ》となった、などといわれている。ウバメガシの材は小器具としての利用もあるが、とくに有名なのはきわめて重く堅い材の性質を生かした薪炭材である。備長炭《びんちょうたん》は煙が少なく火持ちが良いので焼鳥屋やウナギ屋で重宝され、高級炭の代名詞になっているが、そのなかでもウバメガシの備長炭は最上とされている。そもそも備長炭は江戸時代の元禄年間頃に紀伊国で発明された堅炭で、その炭を取り扱った紀州田辺の木炭商備中屋長右衛門からその名が付けられた。堅炭は別名白炭とも呼ばれ黒炭と区別される。黒炭は炭焼きをして木が炭になるときに炭窯を密閉して作られるのに対して、白炭は炭が熱い状態で窯からかきだし灰をかぶせて消火する。最後の行程で灰が付着するため白炭といわる。江戸時代、紀伊国はその産量と炭質において近世日本中第一の国であり、その技術が土佐国や日向国などに伝えられた。和歌山県にはウバメガシの生育地が多くあり、現在でも盛んに備長炭の生産が行われている。

これらカシ類は材の利用で人々に貢献してきたが、作られる果実(どんぐり)もまた食物源として重要であった(**図6**)。ナラ類のドングリが主であるが、日本では縄文時代の少なくとも中期以降、生活はドングリによって支えられていたことが知られている。ドングリを食用とする文化は世界各地に見られ、韓国では現在も一般的な食材の一つであるし、米国カリフォルニア州の先住民もカシ類やナラ類のドングリを基本的な食料としていた。先住民は採取したドングリを貯蔵庫に長いときは数年間保存し、脱穀・粉砕して水にさらしたものを粥などに利用した。ドングリを産するカシ類やナラ類は命を支える木でもあった。

(内海)

神社境内のイチイガシ（福岡市、香椎宮）

図2　株立ちしたカツラの大樹(北海道、野幌森林公園)　老大木になっても萌芽力は衰えず、主幹が折損するとひこ生えを生じて株立ちする

図1　カツラの材面(柾目)　心材が赤みを帯びるものはヒガツラと呼ばれ、好まれる

カツラ

学名 *Cercidiphyllum japonicum* Sieb. et. Zucc.　**漢字** 桂　**中国名** 連香樹　**英名** katsura tree

カツラは、カツラ科カツラ属に分類される日本特産の落葉広葉樹である。樹高三〇m、直径二mに達する高木で、北海道、本州、四国、九州に分布する。成木になっても萌芽力が衰えないので、一本立ちの幹が枯損した後でも株立ちして相当長い年月にわたって生き残る。株立ちしたものが地際近くで融合したカツラの巨木は珍しいものではない(**図2**)。各地の老大木のなかには、御神木として崇められたり、天然記念物に指定されているものがある。明治時代の北海道の石狩平野では、開墾間もない農地の中にそうした手に負えないカツラの巨木があちこちで遅くまで切り残されていたという。

カツラ科は、カツラ属のみからなる植物群である。カツラ属で現生するのは、日本に自生するカツラとヒロハカツラ(*C. magnificum*)のほか、中国に分布するカツラの変種のみである。

カツラには、カツラギ、コウノキ、マッコウノキ、ショウユノキ、ミソノキなどの別名がある。コウノキおよびマッコウノキという名は、カツラの葉を乾燥させて粉砕し、抹香に用いたことに由来する。ショウユノキやミソノキの名は、秋になると葉が醤油に似た匂いを発することに由来する。カツラの語源については、「香出ずる(または香出ら)」に由来するなど、諸説あるが、定かではない。

カツラは雌雄異株であるが、雌雄とは無関係の慣習的な呼び分けが知られる。地域によっては、開葉後しばらく葉脈の赤みが残るものをヒ(緋)ガツラまたはア

図３　カツラの丸木舟（北海道、二風谷工芸センター所蔵）　現在でも行事で使われる

図４　カツラの葉　春の芽吹きと秋の黄葉は美しい

カガツラ、開葉するとすぐに葉の赤みが失せるものをアオガツラと呼ぶ。木材業界では、材が濃色で赤みが強いものをヒガツラ、材色が淡く冴えないものをアオガツラと呼ぶ。どちらの場合にも、ヒガツラの方が上等として扱われる。

カツラの漢字表記には「桂」が当てられるが、「桂」は植物学上のカツラを意味しないことが往々にしてある。この場合の「桂」は、カツラの花期である春ではなく、秋の季語である。「桂の花」は、秋〜初冬に花を付ける遠縁のモクセイ類（キンモクセイ等 *Osmanthus* spp. モクセイ科）を意味する。また中国では、桂はもともと香気を発する樹木全般を意味し、モクセイ類とともに、ニッケイ（肉桂 *Cinnamomum* spp.）などクスノキの仲間もまた桂と記していた。

カツラ材は、やや軽軟な部類に属し、均質で加工性がよいうえに、狂いが小さいことから、家具や器具、細工物、彫刻に多用されてきた。最高級品の評価は他樹種に譲るが、カツラが特に好まれ重用されてきた用途として、碁盤、将棋盤、能楽の面、漆器の木地、楽器の鍵盤が挙げられる。また、カヤを入手しづらい東北地方では仏像にカツラが多用され、北日本では触ったときの冷感が弱いことから床板に使われることがあり、アイヌ民族はカツラを丸木舟（**図３**）や食器に重用していたなど、利用の仕方には地域性が見られる。

カツラは、芽吹きから葉が開くまでの期間、花弁を欠き派手ではないが、鮮やかな花を咲かせ、遠目に見ても全体に赤みを帯びた独特の風合いを醸す。円形ないし心形の小さな葉は可憐で、秋の黄葉は冬枯れ前の落葉広葉樹林を鮮やかに彩る（**図４**）。このようなことから、緑化樹として公園や街路によく植えられる。近代に日本を訪れた欧米人はカツラの可憐さに魅せられたようで、帰国の際に種子を持ち帰る人がいた。現在では、そうして異国の公園や路傍に植えられたカツラが大きく育ち、現地の人たちの目を楽しませている。

（佐野）

図２　シラカンバの並木（北海道大学天塩研究林）　緑化木としてよく植栽される

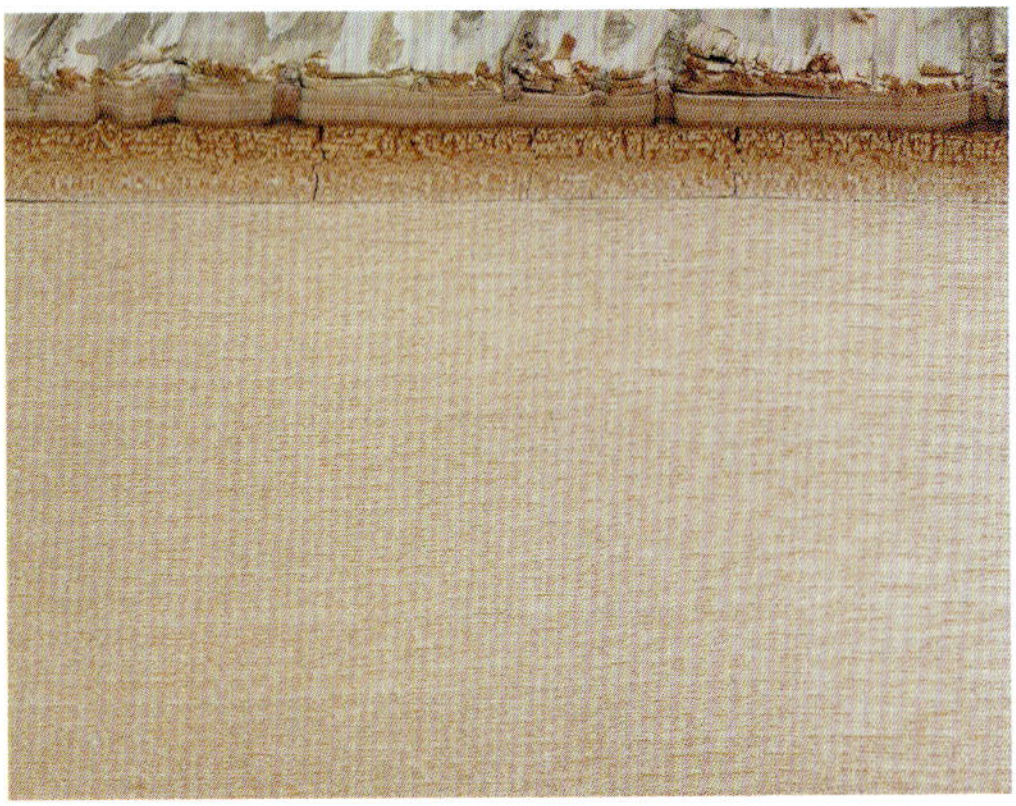

図１　ウダイカンバの材面（追柾、皮付）　均質かつ緻密で多用途の高級材である。上部に見えているのは樹皮

カバノキ

学名 *Betula* spp.　**漢字** 樺　**中国名** 樺木（類）　**英名** birch（類）

カバノキは、カバノキ科カバノキ属に含まれる落葉広葉樹の総称で、カンバとも通称される。カバあるいはカンバという名前の由来については、古名＝カニハの転訛、あるいは特徴的なカハ（皮）に因むなどの説あるが、はっきりしない。英名はバーチ（birch）である。日本産のカバノキ属の主要樹種として、シラカンバ（*Betula platyphylla* var. *japonica*）、ウダイカンバ（*B. maximowicziana*）、ダケカンバ（*B. ermanii*）、ミズメ（*B. grossa*）の四種が挙げられる。

シラカンバは、本州の中部地方以北と北海道に分布する。北海道では標高の低い平地で普通に見られるが、本州では内陸や山地に自生する。山火事や地表攪乱の跡地など、直射日光が注ぐ裸地で、他の樹木に先駆けて定着する典型的な先駆樹である。しばしば純林を構成するが、やがて遅れて定着した他の樹種に置き換わっていく。生育に強い光が不可欠なので、たとえ親木の下でも、上層が枝葉に覆われ直射日光が届かない林床では生き続けることができないからである。樹木の中では短命な部類に属し、樹齢が百年を超えるものはなかなか見られない。シラカンバ林を維持するためには、人手を加えずに枝葉を存分に繁らせる厳重な保護は逆効果で、林冠を覆う親木を思い切って間引くなど林床にたっぷりと日光が注ぐような手入れをしてやる必要がある（**図２**）。

ウダイカンバは、シラカンバとほぼ同じ地域に分布するほか、南千島と樺太に分布する。名に冠されるウダイは、鵜飼いの灯り取りの松明として使われたことを意味する鵜松明《うだいまつ》に由来するとも、雨中で松明に使えるほど燃えやすいことを意

図３　ウダイカンバの樹皮（札幌市、藻岩山）　色の白さと線形皮目が特徴である

図４　樹林限界直下のダケカンバ林（北海道、天塩岳）　リンゴ畑と形容されることもある

味する雨松明《うだいまつ》に由来するとも言われる。いずれの説も、樹皮が非常に燃えやすく、灯火に用いられたことに因む点では共通する。マカンバ、サイハダカンバなどの別称があり、シラカンバよりも長命で、高さ三〇m、胸高直径一mを超える大木も稀ではない（**図３**）。

ダケカンバは、四国、本州（中部以北）、北海道に分布し、山岳林を構成する。名に冠されるダケは、自生場所の岳を意味する。シラカンバよりも長命で、北海道の日高山脈の天然林では樹齢二百年を超えるものが普通に見られたという報告例がある。気象条件の厳しい樹林限界付近では、曲がりくねった奇態な樹形を呈する。岳人の間では、その姿形が剪定されたリンゴの木を彷彿させることから、森林限界のダケカンバ林はリンゴ畑と称されることもある（**図４**）。

ミズメは、本州、四国、九州に分布する日本の固有種である。神事に使われる梓弓に用いられる由緒ある木である。アズサ、ヨグソミネバリなどの別名がある。芽や樹皮を傷つけると、筋肉痛や打撲に処方される外用薬の刺激臭に似た匂いを発する。ヨグソミネバリという名称については、この樹皮の異臭に由来するというのが通説であるが、異説もある。樹皮の色調は、他のカバノキ類よりもヤマザクラに似て紫色を帯びることが多い。

以上のほかにも、オノオレカンバ（*B. schmidtii*）、ヤエガワカンバ（*B. davurica*）など、日本産のカバノキ類は七種を数える。しかし、分布がごく狭い地域内に限られることなどから、一般には馴染みが薄い。

カバノキ類のうち、ウダイカンバとミズメの材は良材として定評があり、その大径木は高値で取り引きされる。両種とも、やや重硬な部類に属し、強度が高い。また、均質で加工しやすく、寸法安定性が高い。家具材やピアノのハンマーシャンクなどの楽器の部材として重用される。サクラ類と同じように線形皮目という

図5　ヤラスと呼ばれるアイヌ民族が使った雁皮の鍋（北海道大学植物園所蔵）焼いて熱した石を入れて汁を煮る

横向きの短い細紐状の模様が樹皮に見られ、材の性質もサクラに似ていることから、ミズメザクラあるいは単にサクラ材という名称で流通している場合もある。

他のカバノキ類の材も、よく使われている。シラカンバ材は、ウダイカンバやミズメよりも軽軟である。形成層潜孔虫と総称される昆虫の幼虫の活動によって誘発されるピスフレックという異常組織が褐色の斑点または筋となって材面に頻出するのが欠点で、用材として評価は低いが、割り箸、氷菓の匙や棒などに汎用されている。試験的にパルプが牛の飼料に使われたこともある。ダケカンバは、雑カバの名で流通し、シラカンバと同様な用途に使われるが、通直で色のよいものはウダイカンバと同じような扱い、使われ方をしているようである。オノオレカンバの名は、斧が折れるほど堅いことに由来する。その真偽はともかく、その材は緻密で、櫛、金槌の柄、算盤珠の適材として重用されてきたほか、雪国で橇などの強度を要する用具類にも使われてきた。また、カバノキ材全般は、魚の燻製のよい燻煙材として知られる。

カバノキ類の樹皮は雁皮《がんぴ》と呼ばれいろんな用途に重用されてきた。厚くて丈夫なウダイカンバの樹皮は、各地で屋根葺きに使われたほか、曲物の技法で容器や鍋に加工された（**図5**）。ウダイカンバに限らず、カバノキ類の白い樹皮がきわめて燃えやすいことは古くより知られ、松明や篝火の燃材に適するとの記載が『大和本草』などの古文書に見られる。現在でも、カバノキの樹皮は長野県や東北地方の内陸では、盆の送り火の燃材に使われ、山小屋の薪ストーブあるいは山中でキャンプする時の焚き火のたき付けとしても貴重である。

また、カバノキならではのユニークな利用として、樹液の飲用が挙げられる。春先の開葉前にカバノキに材まで達する傷をつけると、多量の樹液が流出する。枝張りのよい元気な立木一本から、一シーズンで百リットルを超える量の樹液を採取することができる。一年のうち春先の一時期だけ採れるこの山の幸は、古くから北海道のアイヌ民族をはじめ、北欧やロシアなど北方域の人々に愛飲されてきた。現在では、工業的に製品化され、小ビン入りの健康飲料として市販されている。

（佐野）

シラカンバ二次林（札幌市、滝野）　秋の黄葉も映える

図2　カヤの樹皮　灰黄色で繊維状に細かくはがれる

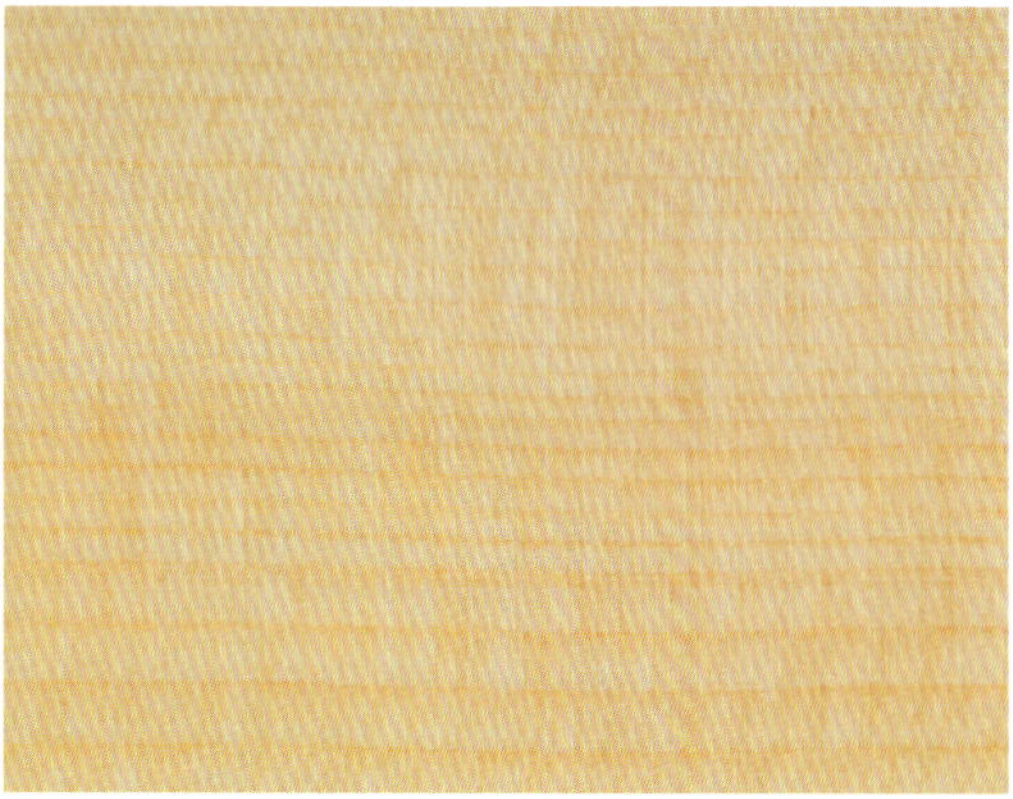

図1　カヤの材面(柾目)　緻密かつやや重硬で碁盤、将棋盤の最上品に使われる

カヤ

学名 *Torreya nucifera* (L.) Sieb. et Zucc.　**漢字** 榧、栢　**中国名** 日本榧樹　**英名** kaya, kaya nut, Japanese torreya

漢字では榧と書く樹高二五m、直径二mに達するイチイ科カヤ属の常緑針葉樹である。東北地方以西の本州、四国、九州に生育し、南限は鹿児島の屋久島になる。樹皮が灰黄色で海綿状繊維質をしているので森林の中で目立つ(**図2**)。葉は線形で先端が鋭く尖るため触れると痛く、その表面は光沢ある濃緑色、裏面は淡緑色で二条の白線が走る(**図3**)。雌雄異株で雄花と雌花は共に四～五月に開花し、雌木には秋に球形の実が熟する。古い時代にはカヤはイヌガヤ科イヌガヤ属のイヌガヤ(*Cephalotaxus harringtonia*)とともに「かへ」と呼ばれており、これは古い朝鮮語でイヌガヤを意味するkai-piが転じたものだとする説がある。

材は黄白色で緻密かつやや重硬で生材時にはカラメルのような匂いがある。弾力に富み、耐朽・保存性が高く、水湿に耐え、加工が容易な良材のため器具材や床柱、土木、船舶、彫刻材に利用されてきた。弥生時代の遺跡からは弓や丸木舟の材料として用いられた材が多数出土しており、丸木舟としてはスギに次いで用いられた。また森林総合研究所と国立博物館の共同調査により奈良時代後期から平安時代前期にかけてのほとんどの一木彫の仏像にはカヤが用いられていることが明らかになっている。

カヤの材にはこのようにいろいろな用途があるが、碁盤材や将棋盤材としては適度な弾力を有していることから賞用されており、なかでも日向(宮崎県)のカヤ材は色味が良く最上とされている(**図4**)。しかし、碁盤になるような大きな材料

図3　カヤの葉と実　葉は先端が鋭く触れると痛い。実からは油が採れる

図4　日向榧の碁盤(黒須碁盤店製)　適度な弾力が棋士に好まれる。前方側面には多数の年輪が認められる

を得るためには非常に大きなカヤの木が必要となる。ここで碁盤に関連する木目《もくめ》について述べてみたい。木の幹は形成層と呼ばれる樹皮と木材の間にある薄い細胞層が幹の全周を取り囲み、外側と内側に分裂することでそれぞれ新たな樹皮と木材を作る。ただし、この細胞分裂は温帯では初夏に盛んだが季節が進むと次第に不活発になり、秋から翌春にかけて細胞分裂を一時的に停止する。針葉樹の場合、成長の初期に作られた細胞は比較的大きく、成長期の後半に形成された細胞は小さくなるので肉眼で見ると材に濃淡が生じ、この濃淡の繰り返しが年輪模様となる。幹の横断面(碁盤では前後の側面)から眺めると年輪は大きさの異なる同心円状の線として認められる。この年輪を幹の中心近く通った縦断面からみると縦にたくさんの年輪が平行に走る。この面が柾目面になる。これに対して幹の中心から離れて接線方向から材を見ると、大きな木ではあまり年輪が含まれない板目面になる。碁盤、将棋盤の材としては天地柾《てんちまさ》とよばれる碁盤の表面と底面の木目が上から下へまっすぐ通っている材が最も良く、盤面一目の中に一五筋も通っているのが理想品とされている。碁盤の目は一八目あるので単純に計算すると一五×一八で二七〇年分の年輪を含む材が少なくとも必要となる。幹の横断面は円形なので最も外側の部分から大きな板を切り出すことは困難であり、長期間の成長過程で割れなどの傷害を受けない確率を考えると、理想の碁盤、将棋盤を採取するのがいかに大変であるかがわかる。加えて材を十分に乾燥させて狂いを除くのに、長いものだと二〇年を要するため、高価なものになると一〇〇〇万円以上の価格がつけられており、一般の人にはとても手が出ない。そのため費用を抑えられる中国から輸入された別のカヤ属の種を用いた碁盤作製も盛んである。

カヤの実は搾ると油が取れ、食用や灯用に使われてきた(**図3**)。天ぷら油としては菜種油と比べて癖が無く油ぎれも良いという。

(内海)

図1　カラマツの材面(柾目)　木目が明瞭で肌目は粗いが野趣がある

図2　初夏のカラマツ林(宮崎県椎葉村)　他の針葉樹林と比べて林内は明るい

カラマツ

学名 *Larix kaempferi* (Lamb.) Carrière　**漢字** 唐松、落葉松　**中国名** 日本落叶松

英名 larch(類)

カラマツは、マツ科カラマツ属に含まれる針葉樹である(**図2、3**)。日本産では唯一の落葉性の針葉樹で、芽吹きと黄葉が鮮やかである(**図4**)。大きさは、樹高三〇m、直径一mに達する。唐松と記されるが、中国には分布せず、その名の由来は葉の付き方が中国の唐絵の松に似ることにあると言われる。ニホンカラマツやシンシュウカラマツと呼ばれることも多い。ラクヨウショウ(落葉松)とも呼ばれ、フジマツ、ニッコウマツなど自生地の地名に因む別称もある。信州の天然木はテンカラ(天然カラマツの略)と称される。

今日カラマツ林は北日本の見慣れた風景となっており、初秋にはハナイグチ(ラクヨウタケ)という食用キノコが採れるなど、山の幸を与えてくれる身近な存在にもなっている。しかし、本来は北日本には分布せず、中部〜関東地方の山地に点々と自生するほか、宮城県の馬ノ神岳(蔵王山系)にわずかに隔離分布するにとどまる。馬ノ神岳のカラマツは、昭和七年に三〇個体が一団となっているのが発見されたもので、現在では発見当初の三分の一に数を減らしている。同一条件で播種し、発芽とその後の成長を比較する産地試験を行うと、馬ノ神岳のカラマツは他産地の個体に比べて成長が遅く、黄葉と落葉が早い傾向があるという。また、DNAの相同性の比較研究でも、馬ノ神岳のカラマツは他産地の個体と異なる特徴があることも明らかにされている。これらのことから、馬ノ神岳のカラマツを変種(ザオウカラマツ)として扱うことも提案されている。

図4　カラマツの芽吹き　秋の黄葉とともに、春の新緑も鮮やかである

図3　成木の樹皮　厚く発達し、鱗片状に脱離する

ともあれ、カラマツの分布域は日本国内の狭い範囲にすぎなかった。寒さに強いうえ、成長が早く、強度性能にすぐれ、また苗木を増やし易いことから、寒冷地の人工造林木として有望視されるに至り、明治時代以降になって東北地方や北海道に広まった。国内ばかりでなく、ヨーロッパにも移出された。

カラマツが各地に広まるにつれて、自生地では見られない問題が顕在化するようになった。北海道では、エゾヤチネズミによる樹皮の食害が多発する。若齢の造林地では、先枯病などの病害も多い。また、カラマツは典型的な陽樹で、寒冷や乾燥のストレスには強く、鉱物質の土壌が露出した風衝地のような過酷な環境下では発芽して定着できる。ところが、腐植土が覆う暗い林床では天然更新するのは難しい。導入された北日本でも、道南の駒ヶ岳などの活火山山腹の裸地で大規模な野生化が確認されているほかには、林道開削など土木工事によって生じた裸地のような限られた土地で天然更新が見られるにとどまる。導入先で我が物顔に繁茂し、在来種を脅かすような事例は確認されていない。カラマツは、寒さに強いことや樹皮が粗くて盛んに枝を張り出す無骨な姿、あるいは花言葉が「豪放」「傍若無人」とされていることからは想像しにくい、意外なか弱さも併せ持っている。それ故、元々の分布域が狭かったのであろう。

カラマツ材は、針葉樹の中では重硬な部類に属し、強度が高い。材面が粗っぽくて艶が乏しいが、木目がはっきりして野趣がある(**図5、6**)。信州産のテンカラは良材として名高く、その大径木は高級材として珍重される。原産地の長野県東部では、建築材として重用され、総カラマツ造りの持ち家はステータスシンボルであったという。また、諏訪湖で使う船には、かつてカラマツが重用された。

一方、北日本へと導入されたカラマツは、戦後の復興期に炭坑や土木工事の坑木、建築の基礎杭、あるいは建築現場の足場などに多用され、目立たぬところで

図5　カラマツ製の学童用机（長野県和田村、小泉章夫氏提供）　使い込まれた飴色の材には温かみが感じられる

図6　長野県内のJR線ホームに設置されている木製の椅子（穂高駅）　長野県産のカラマツ間伐材を使っている

社会の発展を支えてきた。しかし、そうした用途が次第に代替材料にとって変わられた昭和時代後期には、成長して伐期に達した造林木の使途の開発が産業的な課題になった。カラマツ造林木は、強度性能はすぐれるものの、ねじれや干割れが生じやすいうえ、製材後にヤニ（樹脂）が斑点状にしみ出して材面の美観を損なうので、扱いにくいというのが定評であった。化学的に加工するにも、パルプ化や複合材料化を阻害する成分を含むという問題があった。そのため、カラマツの造林木は厄介視されていた時期もある。しかし、ねじれやすいのは木の中心部に限ってのことであって、樹心部を避けて採材すればねじれの問題を解消できる。大径のテンカラが好まれるのも、心去りの用材を採ることができるからである。また、ヤニの汚染や干割れ、化学加工上の問題も、北海道立総合研究機構林産試験場や長野県林業センターなど、主産地の試験機関が中心となって進めた技術開発により、解消されている。現在では、一般住宅の建材をはじめ、梱包材や複合材料の配合材などとして、多岐にわたり活用されるようになりつつある。林家の採算や土地管理上の問題から伐採後に植林されないため、逆に将来の資源の枯渇が憂慮される事態となっている。

北海道の平地の最終氷期の埋没地層からカラマツ属の花粉が出土しており、現在は千島、樺太からシベリア東域にかけて分布するグイマツ（*L. gmelinii* var. *japonica*）が、最終氷期の年代には北海道にも分布していたと考えられている。カラマツとグイマツを交配させて得た子木の材は、親木よりもすぐれた性質を備える。しかも、カラマツと比べて野ネズミによる食害を受けにくい。そのため、両種を交配させた林業品種が作出されており、純粋なカラマツに替わる造林木として有望視されている。

（佐野）

晩秋のカラマツ林（北海道京極町）　黄葉の時期は遅く、秋の終わりを彩る

図1　キハダの材面（追柾、皮付）　上が樹皮、下の褐色部分が心材。クワ材の代用として器具などに用いられる

図2　キハダの樹皮（岡山県、森林総合研究所林木育種センター関西育種場内）　厚いコルク層に覆われている。緑や白は付着している地衣類

キハダ

学名 *Phellodendron amurense* Rupr.　**漢字** 黄蘗　**中国名** 黄蘗　**英名** Amur corktree

樹高二五m、直径一mに達する落葉広葉樹である。葉はウルシやクルミの葉のような奇数羽状複葉で、三から六対の対生の小葉と先端に一つの小葉がある。この複葉が枝の両側に対称に着く。雌雄異株で、四〜六月に黄緑色の小さな花の円錐花序を着ける。雄花も雌花も花びらが黄緑色で目立たないが蜜を盛んに出して蜂を呼ぶ虫媒花である。

幹は若い時はなめらかな淡い黄褐色で、成長して太くなるとコルク質が厚く発達してごつごつした灰色になる（**図2**）。外側の皮をはがすとその内側に鮮やかな黄色の内樹皮（生きた細胞を多く含む樹皮内層の瑞々しい部分）が表われる（**図3**）。内樹皮にはベルベリンやパルマチンという薬効成分を大量に含み、古くから生薬として用いられてきた。

天然分布域は広く、黒龍江、中国北部、朝鮮半島、千島、樺太、北海道、本州、四国、九州で各地に自生する。

果実は熟すと黒い干しブドウのような外観を呈し、鳥に食われて散布される。種子は土中で何年も生き続け、上部が開けて日が当たるようになると発芽するため、非常に繁殖力が強く野生化しやすい木である。

学名はPhello（コルク）とdendron（木）の合語でコルクの木という意味がある。英名もcork treeでコルクに覆われた木という幹の外観を表す。和名は黄色い肌の内樹皮から来ている。中国名の黄蘗もやはり黄色い内樹皮に由来し、このまま生薬の名前である。

図３　キハダの内側の皮　外側の樹皮をはがすと鮮黄色の内樹皮が現れる

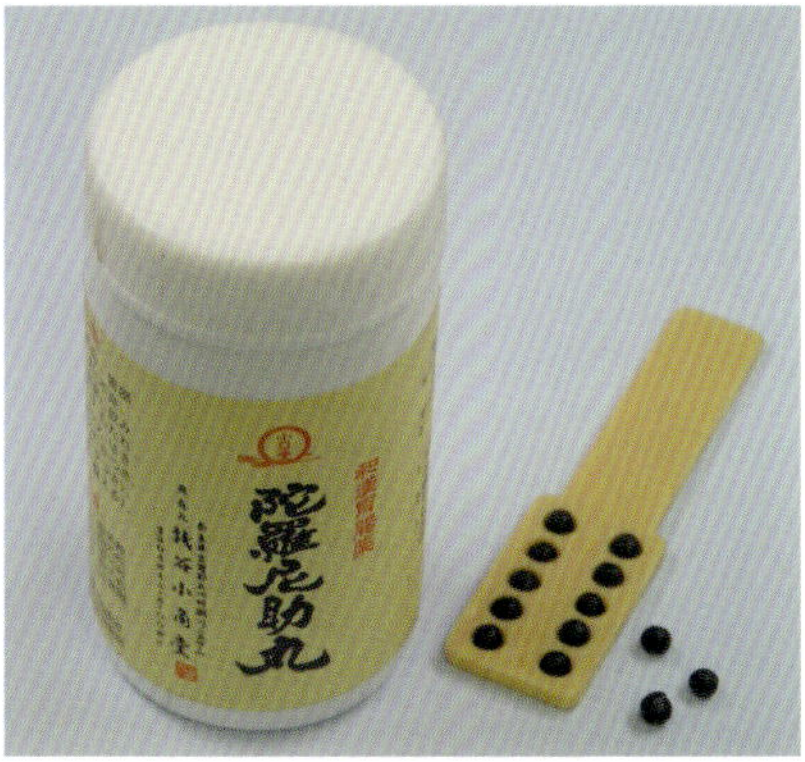

図４　陀羅尼助丸　陀羅尼助の製造元はいくつかあり、天川村は主な産地。修験者が用いる

飛鳥時代からキハダは漢方薬や染料として利用されてきた。奈良県の吉野地方で作られている陀羅尼助《だらにすけ》はキハダの内樹皮の抽出液を煮詰めたものが主剤になっている薬で、腹痛、下痢、胃腸薬、回虫駆除薬として用いる（**図４**）。キハダは染料としても優秀で、重用された。キハダで染められた絹は虫に食われず怪我の際の包帯にも使用できた。また、キハダで染色した紙は虫に食われずに長持ちするために珍重された。

材は加工性や色がクワに似ているためにクワの模擬材として鏡台、箪笥、針箱、椀などとして加工され、クリの次に湿気に強いので、土台や枕木としても使われることがある。

アイヌ民族はキハダの実を「シケルペ」、キハダの木を「シケルペニ」と呼んで利用した。果実は胃腸薬、回虫駆除薬、化膿止め等に利用したほか、お粥に入れて香味付けにも用いた。内樹皮は染色や傷の化膿止め等に利用した、材は腐りにくいことや加工しやすいことから、丸木舟のほかさまざまな木工品に利用した。また、樺太アイヌは、果実をジャムのようにして食べていた。

蜂蜜は主に北海道で採蜜されて「キハダの蜂蜜」や「シコロ（キハダの北海道方言）の蜂蜜」と言う名で市販されている。

北海道では蜜源になるほど沢山ある。本州、四国、九州では落葉広葉樹林に点在するが、まとまって多数生えているところは稀である。鳥に運ばれ繁殖力の強い木であるが、日陰に弱く、他の樹種に負けるためか大木は東京以北の比較的冷涼な地域に限られている。

古くから利用され、比較的栽培しやすく、造林樹種としても注目されるが、一番有効に利用してきたアイヌ民族の知恵に学ぶべきところは大きい。（山口）

図1　キリの材面（板目）　軽量で色・つやがよく、加工もしやすく箪笥の用材として広く知られている

図2　キリの花（安本善次氏撮影）　五月頃、枝先に円錐状に薄紫色の花が多数咲く

キリ

学名 *Paulownia tomentosa* Steud.　**漢字** 桐　**中国名** 毛泡桐　**英名** paulownia

キリはゴマノハグサ科の落葉高木で、樹高一〇～二〇m、直径五〇cmに達する。ゴマノハグサ科の植物はほとんどが草で、木になるものは少ない。特に大木になるのはキリ属だけである。キリ属は世界で七種あり、そのうち六種が中国大陸に分布し、わが国ではキリ一種のみがみられる。和名の由来は、①切るとすぐに芽を出して成長し、最初よりも栄えるためで、キル（切、剪、伐）の名詞形から、②木目が美しいためキリ（木理）の意から、の二説ある。属名の*Paulownia*はシーボルトの後援者であったオランダのアン女王の名にちなんで付けられ、種小名の*tomentosa*は「密に細織毛がある」という意味だそうだ。ドイツ人シーボルトとツッカリーニの著述になる『フロラ・ヤポニカ』（日本植物誌）によれば、キリの学名の由来は以下のようだ。同書の扉に「ロシア大公爵家の生れ、オラニエ王子妃アンナ・パウロウナ妃殿下にささぐ」と記載されているように、シーボルトが『フロラ・ヤポニカ』を献呈したパウロウナ公妃に因んで名づけられた。公妃とはロシアのロマノフ朝の女帝エカテリーナ二世の孫娘で、かつ皇帝ニコライ一世の姉で、オランダ国王ウィレム二世の皇后となったアンナ・パウロウナ大公女のことである。シーボルトは、日本の高貴な家柄の紋章に用いられていることを十分に理解したうえで、パウロウニア・インペリアリス（*P. imperialis*）として公妃にキリの学名を献呈した（上原敬二著『樹木大図説』を参考にした）。

キリの葉は対生し、広卵形で非常に大きく、長さ二〇cm、幅一五cmに達する。五月頃、葉に先立って薄紫色の大きな筒状で唇形の花が多数咲き、山野の新緑を

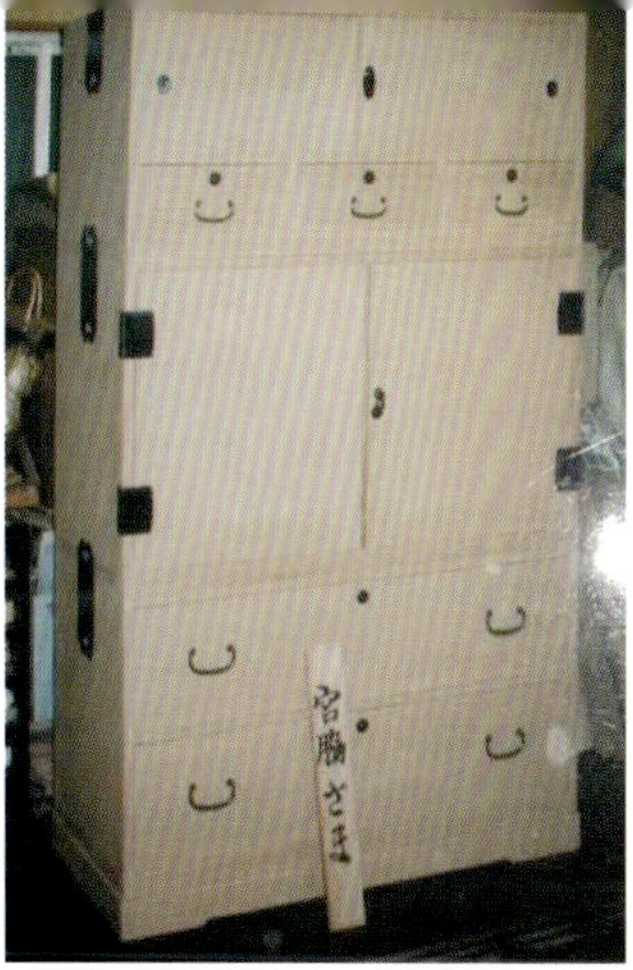

図3　琴（キリ製、京都大学生存圏研究所所蔵）　琴の甲面にキリ材の板目面を用いるが年輪幅が狭いものほど緻密な模様で美しく高価となる

図4　桐箪笥（京指物師、福原得雄氏製作）　桐の箪笥は柾目が通っているほうが良いとされるが板目を好む職人もいる

彩る（**図2**）。したがって、「桐の花」は夏の季題に、「桐の葉」や「桐の実」は秋の季題にされる。中国原産とされるが、わが国の弥生時代や縄文時代の遺跡からキリの材が出土した事例が知られている。わが国では広く栽培されてきており、東北や関東北部でよく生育し、福島県の会津桐、岩手県の南部桐が特に有名である。キリの成長は非常に早いので、かつて女子が誕生したらキリを植え、結婚したら桐箪笥《きりだんす》を作って嫁入り道具にするという習慣があった。

キリの材は色白で木目が美しく艶《つや》があり、かつ耐湿性や耐乾性に富み、その上やわらかく軽いので、古来より琴（**図3**）や伎楽面などの材料に用いられ、近世には下駄や箪笥の用材として重宝されてきた。桐箪笥は江戸時代以降発達し、春日部桐箪笥（埼玉県）、加茂桐箪笥（新潟県）、名古屋桐箪笥（愛知県）、大阪泉州桐箪笥（大阪府）、紀州桐箪笥（和歌山県）として世に知られ、いずれも伝統工芸の組合として現在も桐箪笥の生産に従事している（**図4**）。最近では、桐箪笥の需要は減少し、桐箱や菓子折などの需要が多い。特に、キリ製は言うまでもなく、キリ以外の材でできた箪笥類の引き出しにキリが使用される頻度は高い。

昔から桐箪笥が燃えにくいと言われている。科学的データでは、火がつきやすいかどうかは熱の伝導性に依存するのであるが、キリの熱伝導性は他の木材より小さいので燃えやすいことになる。桐箪笥が燃えにくいといわれる理由は、①キリ材には他の樹種とちがって木材内部に柔組織が多く、乾燥による収縮・変形が小さいために、燃焼によって割れや隙間ができない、②表面が燃えて炭化層ができ、これが断熱層として働き、熱を内部に伝えにくくする。これらの理由により燃えにくいと考えられている。実際に小さい桐箱を燃やしたところ箱の中の温度が一〇〇℃になるまでに八分かかったという実験例があるそうだ。この間に消火できれば被害が抑えられるという。

図5　上は馬の頭部、下は狗（いずれもキリ製）（中国南京市、南京博物院所蔵）　約2000年前（西漢時代）の作

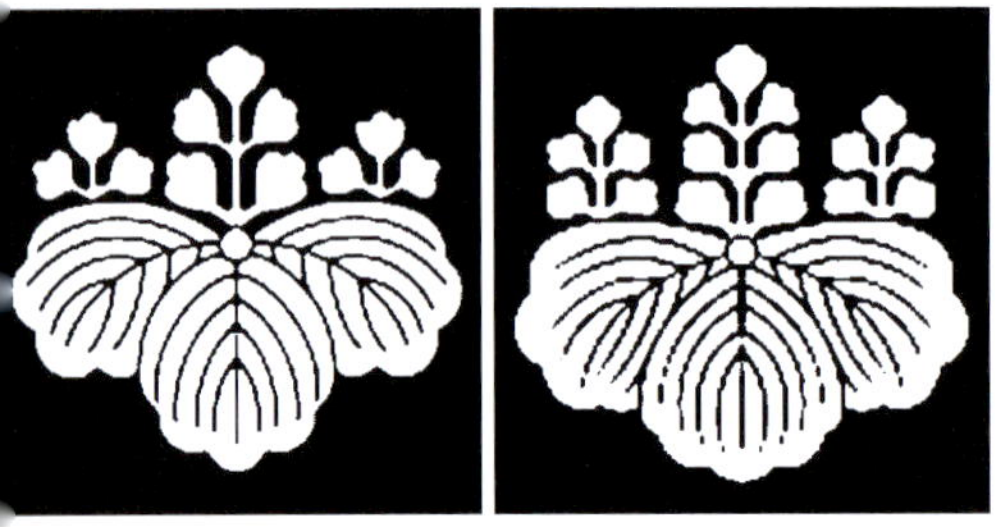

図6　桐の紋章　左が五三の桐、右が五七の桐

これまで日本や中国の木彫像の用材について数多く調べられてきたが、わが国の木彫像でキリが使われている作例はわずか三例であった。奈良県矢田寺の虚空蔵菩薩座像と十一面観音立像、唐招提寺の菩薩立像である。泉涌寺の月蓋長者像と韋駄天像もキリと同様の樹種で作出されているが、これらのお像は中国由来とのことである。通常、筆者の用いる顕微鏡法で樹種を判定する場合、日本のキリか中国のキリか区別がつかないので泉涌寺の木彫像はキリ属でできていると考えたほうが無難である。この例のように中国の木彫像には結構キリ属の材が使われていることが筆者らの調査で明らかになってきた。また、木彫像とは別に人や馬をはじめ虎、狗、鳥、鰐、鴨などをかたどったおびただしい数の木雕が今から約二〇〇〇年前の西漢時代にあたる泗水王陵（中国江蘇省）から出土している。実際にこれらの多くを南京博物院での特別展で見る機会があったが、ガラス越しに見てもキリ属で出来ていることが木目模様で確認できた（**図5**）。一般的に、彫刻師に聞くと彫り物には堅い材が向いているとのことであるが、軟らかいキリが彫り物に使われた訳は何なのか、単に持ち運びが容易であることだけだろうか。

このように、キリが家具などの指物に利用されるのはわが国くらいで、キリの種類の多い中国では前述のように彫物や琴では頻繁に利用されたが、指物にはこれまでほとんど利用されてこなかったようだ。わが国ではキリは神聖な木として尊ばれ、紋章にも用いられる。桐花紋《とうかもん》として知られるが、中央の花序に七つ花をつけ、左右の花序に五つ花をつけるのが「五七の桐」で、中央および左右の花序にともに二個ずつ花が少ないのが「五三の桐」である。特に、五七の桐のデザインの紋章は菊花紋に次ぐ国章として政府や宮中の儀式などに用いられている（**図6**）。五三の桐は「五三の桐の太閤紋」といわれ、かつては豊臣秀吉が用いたが、現在では民間人が用いることが慣例となっている。

（伊東）

開花期のキリの樹形（安本善次氏撮影）　幹が２本に分かれて絡むように生育している。左下は若いキリの樹皮

図２　青蓮院のクスノキ（京都市）　写真に見られるように、枝がよじれた形状を呈するのがクスノキの特徴

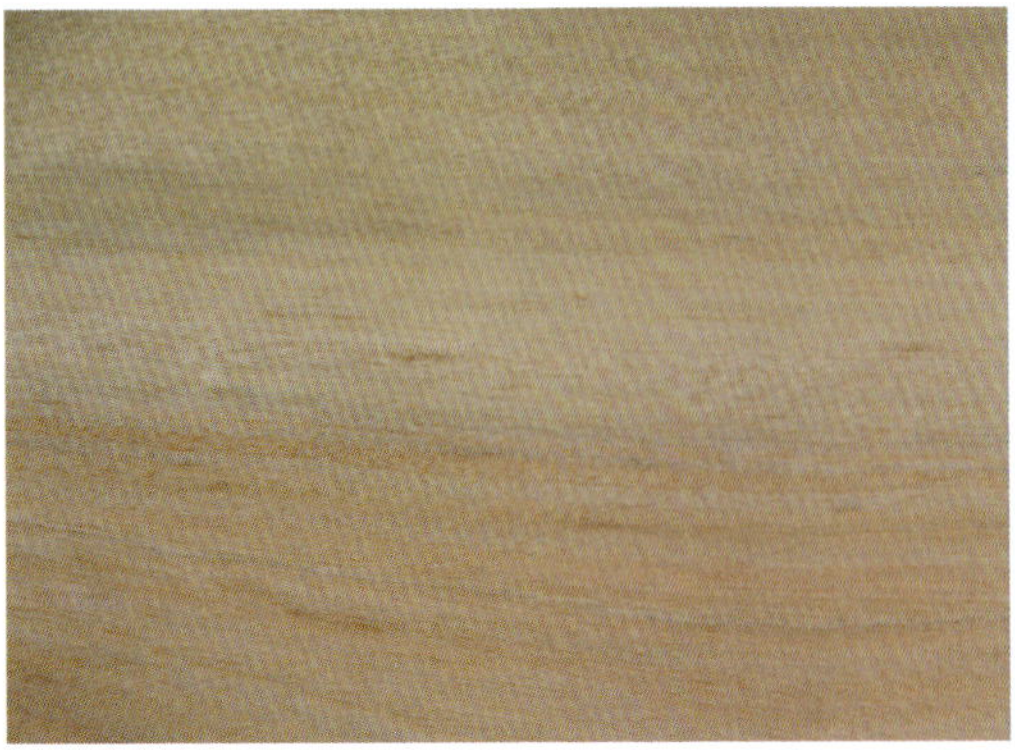

図１　クスノキの材面（追柾～板目）　大径材が得られ、木目が美しく香気に富み、強靭であるので建築、器具、家具、船舶、施作、彫刻など多様な用途がある

クスノキ

学名 *Cinnamomum camphora* (L.) Presl　**漢字** 樟、楠　**中国名** 樟樹　**英名** camphor tree

クスノキはクスノキ科の常緑高木で、樹高二〇m、直径二mにもなるが、老大木では樹高四〇m以上、直径五mに達する。わが国では、照葉樹林の代表的樹種で、本州・四国・九州の暖地に生育するが、野生かどうかは明らかでない。古来より神社の境内にクスノキの大木が多くみられる（**図２**）。和名の由来は①クスシキ（奇木）の意味から、②クは香りを表し、香りの強いことから、③クサノキ（臭木）から、④クスノキ（薫木）の意味など諸説ある。属名の*Cinnamomum*の由来は、「ニッケイを思わせる」の意味で、種小名の*camphora*は樟脳のアラビア語に由来する。

わが国では、クスノキは「樟」または「楠」と書き表す。しかし、中国では「樟」と「楠」は別の種を意味し、クスノキは樟樹と呼ばれる。『中国樹木志』（全四巻、一九八三）によれば、クスノキ科でクスノキの属するニッケイ（*Cinnamomum*）属を樟属、タブノキの属するタブノキ（*Machilus*）属を潤楠属、わが国に分布がないタイワンイヌグス（*Phoebe*）属を楠属と記載している。このように中国では「樟」と「楠」は属レベルで異なる種類を意味し、「樟」はクスノキおよびニッケイ属を、「楠」は日本に分布しないタイワンイヌグス属を意味しているようである。ところが、わが国の研究者には、「従来、中国では「楠」をタブノキ属にあてた……」と考えている方が多いようだ。この解釈の違いがどこから生まれたのか興味のあるところであるが、タイワンイヌグス属の種には、往時はタブノキ属に分類されていたものも含まれている。このことが解釈の違いを解いてくれる鍵かも知れな

図３　西漢木槨墓（中国揚州市、漢廣陵王墓博物館）　楠木（*Phoebe zhennan*）製と言われる。左上図は右下図本体の断面図

図４　百済観音（奈良県、法隆寺蔵、クスノキ製）
飛鳥時代の一木造で、像高は二一〇・九㎝。指定名称は木造観音菩薩立像

い。ちなみに、中国ではタイワンイヌグス属の樹種はニッケイ属のものより格段に貴重扱いされており、耐久性が非常に高く、宮殿その他高貴な人が利用する建物を造る用材として、あるいは王や王族を埋葬する墓の木槨・木棺用材としてきわめてよく知られた重要な樹木である。中国滞在中に見学に訪れた漢時代の王および女王の墓である西漢木槨墓（**図３**）の木槨がすべてタイワンイヌグス属の材で造られているのを案内してくれた南京林業大学の木材科学の専門家から現地で教わった。ちなみに日本と中国におけるクスノキ科の樹種数を比較すると日本は八属二十六種に対し、中国は二十属四〇〇種余りで、中国にクスノキの仲間が非常に多く生育することがわかる。

小原二郎氏はわが国の仏像用材の樹種を精力的に調査・研究された。その成果によれば、わが国で飛鳥時代に製作された仏像には、わが国最古級の木彫像である法隆寺の救世観音像や百済観音像をはじめとして、芳香のあるクスノキが用いられている（**図４**）。わが国の木彫仏の最古の記録とされる日本書記巻十九の欽明天皇十四年（五五三年）夏五月の記述で、「是の時に、溝邊《いけへの》直《あたひ》、海に入りて、果して樟木の海に浮びて玲瓏《てりかかや》くを見つ。遂に取りて天皇《すめらみこと》に献る。畫工《えたくみ》に命《みことのり》して、佛像二躯《ほとけのみかたふたはしら》を造らしめたまふ。今の吉野寺に、光を放ちます樟の像なり」とあり、これは海外から初めて仏像が渡来した時期に相当する記述で、前述の飛鳥時代の木彫仏がクスノキでできているという事実と符合する記述である。

また、『日本書紀』巻一　神代の素戔嗚尊《すさのおのみこと》の説話として、「杉及び櫲樟《くす》　此の両の樹は以て浮寶《うきたから》とすべし……」とあるように、クスノキはスギと同様に舟を作る用材として重宝されていたことが窺える。筆者らが作成した遺跡出土木材の資料集によれば、やはりクスノキがスギやカヤとともに丸木舟の用材として多用されていたことが判明している。

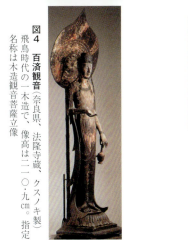

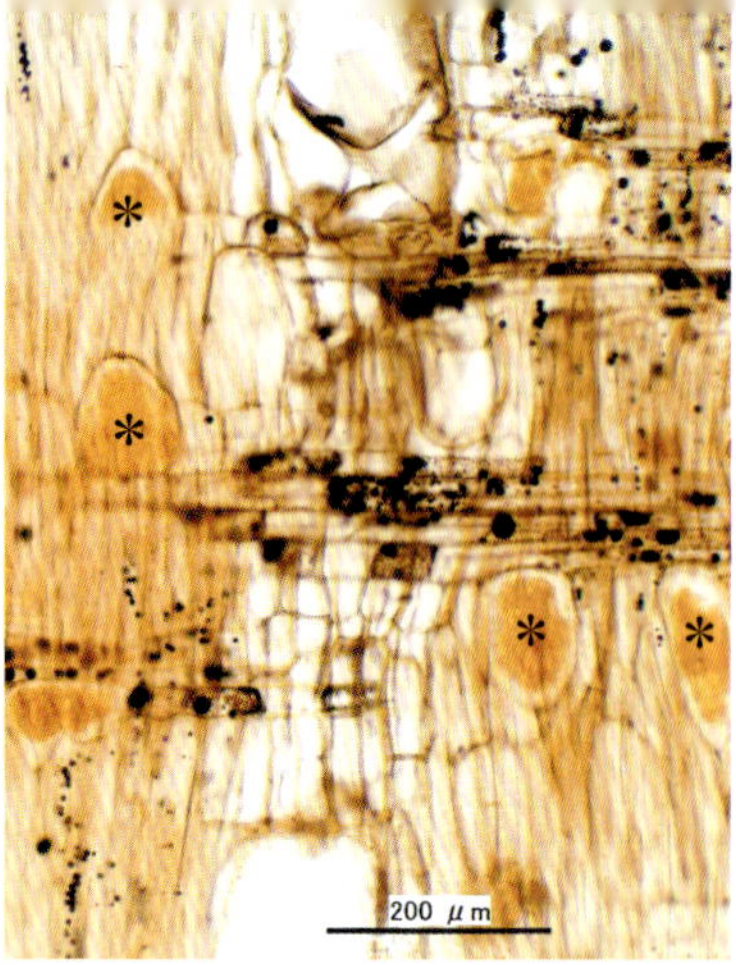

図5　遺跡から出土したクスノキの材中の油細胞（＊印）　木材を年輪に直交する面で縦方向に薄く切り取った切片の顕微鏡像

図6　クスノキ製の文箱（京指物師　和邇秋男氏作）
クスノキの杢を生かした拭き漆仕上げ

飛鳥時代の寺院跡として知られ、現存する最古の木造建築とされる法隆寺金堂よりも古くに建てられた山田寺の出土建築部材において、二十二本の柱のうちヒノキの一点を除いて他はすべてクスノキであった。しかし、法隆寺や唐招提寺をはじめ飛鳥・奈良時代の現存建造物のほとんどにヒノキが用いられている。山田寺の柱材の調査例は飛鳥時代の木彫像の用材がクスノキであったことと共通していて大変興味深い。近世においては、クスノキは和風建築の内装材として、特に床の間の床柱や床板に用いられ、建具材としては欄間の彫刻に用いられている。伝統工芸で知られる富山県の井波彫刻はクスノキ材を用いた欄間などの彫刻で知られている。クスノキ材は現在でも木彫像の重要な用材であるが、材は交錯木理を有するのが特徴で、樹軸方向にらせん状に並ぶ繊維の方向が層ごとに異なった角度で互いに交錯している。それゆえ、臼の用材としての利用例も多く、杵でたたいてもひび割れることはないという長所がある一方で、逆目を起こしやすいという欠点もある。クスノキの用途を遺跡出土木材についてみると、槽・鉢・盤・皿・高坏・椀・蓋などの容器類のほか鍬・柱・井戸・臼・杭・杓子・ねずみ返し・履物・船などに頻度高く利用されている。

蒙古襲来で有名な元寇船が長崎県松浦市鷹島周辺海域から引き上げられ、樹種同定を依頼されたことがある。クスノキが船の隔壁板その他に利用されており、大型の隔壁板であったことが印象に残っている。クスノキは強い芳香があり、いわゆる樟脳臭がする。材の組織内部に油細胞というクスノキ科特有の肥大した細胞が存在し、この中に樟脳油を含む（**図5**）。材中の樟脳油は五％から一〇％に達し、このため耐朽性や耐虫性、保存性は非常に高いのだ。筆者も伝統工芸士の制作になるクスノキ製の文箱（**図6**）を所有しているが、いつ開けても大変芳しい香りを放っており、たぶん虫に喰われることはないだろうと安心している。（伊東）

クスノキの大木(京都市、青蓮院)　この寺院の境内外壁に沿って直径１ｍほどの大木が一定間隔で多数生育し通行客の目を惹く

図1　クリの材面(柾目)　肌目は粗いが割裂が容易で耐久・保存性はきわめて高い

図2　クリの実　刺のある殻斗(かくと)でおおわれているのが特徴

クリ

学名 *Castanea crenata* Sieb. et Zucc.　**漢字** 栗　**中国名** 日本栗　**英名** Japanese chestnut

クリはブナ科の落葉高木で、樹高一七m、直径一mとなり、老大木は直径一・五mにも達する。クリ属には北半球の温帯と暖帯に一二種が分布している。わが国にはクリ一種が自生し、北海道南部から九州にまで分布するが、この種は日本および朝鮮半島中南部特産種である。和名の由来は、①小野蘭山が『本草綱目啓蒙』にあげたクロミ(果実)からであること、②樹皮や殻がくり色であること、③クリが石の意味の古語であること、など諸説ある。学名の由来は、『樹木大図説』の著者、上原敬二によれば、属名の*Castanea*が、①アルメニア語のクリKask、Kaskeni、クリの樹Kastaneaによる、②ギリシャの都Kastana(クリの多い地方)というギリシャ語による、とされる。種小名の*crenata*は「円鋸歯の」を表すという。「栗の花」は夏、「栗」は秋の季題とされる。日本の植生をあらわすのに「クリ帯」という用語があるが、これは冷温帯のブナ林と暖温帯の照葉樹林との中間的植生帯をあらわす言葉として用いられる。

イガグリ(毬栗)で知られるように堅果は長い刺のある殻斗《かくと》(イガ)に包まれているので素手で採取するときは注意を要する(**図2**)。男性の髪を短く刈った頭をイガグリ頭というのもこれに由来する。「里の秋」(日本民謡)や「大きな栗の木の下で」(イギリス民謡)をもとにした童謡で歌われるように国の東西を問わず昔から人々に親しまれてきた樹木である。樹皮は灰黒色ないし灰色で、やや深く縦に長く割れる(**図3**)。葉は長さ七～一五cmの狭い長楕円形で針状の鋸歯がある。葉の形はクヌギに似るが、クヌギの葉の裏面が白っぽいのに対して、クリの葉の裏面

図３　クリの樹皮（京都府立植物園）　暗灰色から黒褐色で縦に不規則な割れ目ができる。壮齢木では裂け目が顕著

図４　三内丸山遺跡のクリ製の柱（青森県、復元構築物）　想像上の構築物で実際にこのような形状だったかは不明

は緑がかっている。また、クリの針状の鋸歯は、クヌギに比べ長さが短く、色も緑が残っていることで区別がつく。クリの花は尾状に長く連なって咲くがほとんどが雄花で、一部雌花が混ざる。花は梅雨の時期に咲くが、花の匂いが特殊で、甘くやや精臭を帯びた生臭い匂いを放つので知られる。

クリは他の果樹に比べ、土質への要求度が少なく、寒地や暖地のいずれにも生育し、山の傾斜地や他の果樹に不向きな地でも問題なく、管理がしやすい。専門的な技術も必要ではなく、クリタマバチを除いて病虫害は少なくかつ、食用となる堅果を生ずるので、古来より広く栽培されており、縄文時代の遺跡からはクリ材が大変多く出土している（**図４**）。元々、野生種が栽培されて大きい果実を得るようになったのであるが、野生種をシバグリと呼び、栽培種のうち特に大きい果実を産するものは古来よりタンバグリとして知られる。堅果（果皮と渋皮）を取り除いて食用とするがクリ特有のうま味があり、栗ご飯や栗おこわ、焼き栗に茹《ゆ》で栗、栗羊羹に栗きんとん、ときには茶碗蒸しのたねとして、さらに、種々の洋菓子にも添えられる。果実の大小により、板栗、山栗、芽栗の三つに分けられる。板栗は大果のもので俗に大栗ともいい、丹波栗の類で味は小栗に劣る。山栗は中果のもので、豊富に産し、虫害は少なく、俗に中栗という。芽栗は小果のもので、シバグリという。『延喜式』には「古より丹波、但馬、阿波の諸州栗を産す、今も丹波の山中より出ずるものを上品とす、大さ卵の如し、諸州之を栽培するも丹波に及ばず」（上原敬二著、『樹木大図説』から転用）とある。現在では、焼くか茹でて食用にするが、昔は搗栗《かちぐり》（または勝栗）にして保存食として活用した。これはクリの実を殻のまま干して、臼で搗ち、殻と渋皮とを取り去ったもので、搗と勝とが通ずるから出陣や勝利の祝いとして、また、正月の祝いなどに用いられた。

中国大陸や朝鮮半島に分布する種類はシナグリ（*C. mollissima* 中国名：板栗）

図5　名栗丸太（『銘木集』小学館、1985より）　表面が手斧で凹凸に削られた六角形の柱

と呼ばれ、わが国に多く輸入されている。果実が小ぶりで渋皮が剥がれやすい上に甘みがあり、天津甘栗として知られる。街頭では、鉄の大鍋に砂と少量の砂糖を加えてかき混ぜながら炒っているもので、後に胡麻油を落として果皮の乾燥を防ぐとともに光沢を出すようにしている。そのために鉄鍋の砂が光って見える。中国では、街角で鉄鍋を用いてクリを炒っている光景をしばしば見かけるが日本人以上に中国人もクリが大好きのようだ。

もう一つクリの利用に関係するのは皮のなめしである。大量生産の皮靴のなめしにはクロム化合物が使用されるが、繊細な皮のなめしには植物エキスが用いられる。第一はブラックワトル（和名 モリシマアカシア）（*Acacia mearnsii* マメ科）、第二はケブラチョ（*Schinopsis balansae* ウルシ科）、第三がヨーロッパグリ（*C. sativa* ブナ科）である。これらはいずれもタンニン含有量の高い植物で、それがゆえに皮のなめしに利用される。ヨーロッパの国々では古くよりクリがタンニンの原料であった。現在クリの主要生産国はイタリアで、クリでなめした靴用皮革の生産ではヨーロッパ最大の国である。

クリ材は典型的な環孔材で、道管の大きさが四〇〇ミクロン以上あり、わが国の木材中道管径が最大の部類に入る。丁寧に研磨されたクリ材の木口面では肉眼でも道管の配列がはっきりみられる。クリ材は、建築材、家具、器具（漆器木地として多用される）、土木、船、橋梁材その他多くの用途に用いられる。特に、床柱としての名栗丸太は和風建築でよく知られる。断面が六角形で、表面を手斧で凹凸にはつった柱のことを名栗丸太と称するのであるが、数寄屋造りの床柱や茶室の中柱に用いられる（**図5**）。クリ材は化学的にはタンニンの含有量が高く、耐朽性や保存性が大変高く、かつ耐湿性も大きく、長年鉄道の枕木として広く利用されてきたが、現在の枕木はコンクリート製に代わっていることは皆さんご承知の通りである。

（伊東）

クリの樹形(北海道小樽市)　幹は比較的通直となる。縄文時代からトチの実やクルミとともに貴重な食料源を供する

図1　ケヤキの材面（柾目）　大径材が得られ、心材色や木目が尊ばれ寺院建築から容器まで多様な用途に重用される

図2　うろこ状に剥離するケヤキの樹肌（京都府立植物園）　幼齢木では皮目が散在するが壮齢木では図のように樹皮が剥離する

ケヤキ

学名 *Zelkova serrata*（Thunb.）Makino　**漢字** 欅、槻　**中国名** 榉樹　**英名** zelkova（類）

ケヤキはニレ科の落葉大高木で、樹高三五m、直径二mとなり、老大木では樹高五〇m、直径二・七mに達する。天空に向かって扇状に広がって伸び、独特の姿となり、遠くからでもその樹形でケヤキと推定できる。ケヤキ属は世界に五種あり、わが国には一種の固有種、中国には三種（一種が固有種）がある。本種は、わが国では北海道を除く、本州、四国、九州に生育し、諸外国では朝鮮、台湾、中国大陸に分布する。樹皮はやや平滑で、大木では鱗片となって剥がれ落ちる（**図2**）。葉は互生で鋸歯があり、表面はややざらつく。葉の表裏と葉柄に密毛のあるものをメゲヤキという。和名のケヤキはツキ（槻）とも呼ばれる。ケヤキはケヤキキ（優れた木）の意でツキはツヨキ（強き）より来たとされる。属名の*Zelkova*はギリシャの地名Zelechovaまたは Zelkouaに由来するという説とコーカサスの地名Selkwaに由来するという説があり、種小名の*serrata*は「鋸歯のある」の意味に由来する。ケヤキは街路樹として日本の各地に植えられ、ケヤキ並木として夏の暑い日には日光を遮り、涼しさを呼んでくれ、秋には紅葉が楽しめる。ことに、関東地方では暑さや寒さを防ぎ、かつ風から家を守るために屋敷林として利用されてきた。

『万葉集』ではケヤキという言葉は見当たらず、代わりにツキが使われている。ケヤキとツキの言葉の違いには諸説がある。以下にそれらを羅列する。

①ツキはケヤキの変種　②樹幹がややまっすぐのものがケヤキで枝が横に広がり気味のものがツキ　③材色の違いがある　④ケヤキは通直木理を示し、ツキは

図３　ケヤキの玉杢（『銘木集』、小学館、1985より）　ケヤキは色調や杢が美しく国産広葉樹で最も用途が広い

図４　ケヤキの柱（京都市、東本願寺御影堂）　御影堂は柱のみならず、小屋組みも巨大なケヤキが用いられている。写真の柱は直径約七四cmでケヤキ特有の木目がみられる

交錯木理を示す　⑤ツキはケヤキの古名でケヤキと同じ、など。

現在における一般的な解釈は以下のようなものであろう。

成長がよくて、堅く、狂いが生じやすく、心材の色がやや青味がかっていて材質が劣るものがツキで、アオゲヤキ、イシゲヤキと呼ばれる。これに対して、成長が遅くて、狂いが少なく、心材の色がやや赤味がかっていて、材質が優れているものがケヤキで、ホンゲヤキ、アカゲヤキ、ベニゲヤキなどと呼ばれる。

ケヤキ材は国産材中で最も代表的な環孔材であり、大径道管が年輪界に沿って一列に並ぶ傾向がある。材はやや重くて堅く、強度が大きく、加工性にさほど問題はなく、材の肌目は粗いものの、仕上げた面を磨くと光沢がでる。さらに、木目は美しく、かつ、材面には玉杢、如鱗《にょりん》杢、鶉《うずら》杢、牡丹杢などと呼ばれる装飾的価値の高い杢を生じる（**図３**）。正倉院宝物の目録である『国家珍宝帳』に記された献物第二号にあたる赤漆文欟木御厨子《せきしつぶんかんぼくのおんずし》の表板には見事な杢のケヤキが用いられている。耐朽性、耐湿性、保存性は高いので、古来より多くの用途に利用されている。わが国の広葉樹材の中で最も利用価値の高い種類であり、社寺建築の重要な用材としても賞用されている。現存の社寺建築で、奈良と京都を比べると奈良では法隆寺、唐招提寺などヒノキ造りであるのに対して、京都では清水寺、東本願寺（**図４**）、知恩院三門（**図５**）、光明寺その他多くの寺院でケヤキ造りの建物が目立つ。京都は応仁の乱を始め幾多の戦乱で消失・再建された寺院がほとんどであり、鎌倉時代以降、とりわけ江戸時代以降に再建ないしは修復された寺院にはケヤキ造りの建物が多い。数年前京都で国際会議を開催したときに東本願寺を見学コースに入れ、修復中の御影堂の屋根裏にあたる小屋組みを見学した。御影堂は床面積では世界最大の木造建築であるとの説明を受けたが、それにたがわず直径七〇～八〇cm近くあろうかと思われるケヤキ材が一見無造作に組み合わされて

図6　ケヤキの椀木製品（福井県、山中漆器研修センター）　椀に厚みのあるこの状態で十分乾燥後、最終の薄さにロクロで挽いて仕上げる

図5　総欅造りの知恩院三門（京都市）　わが国の寺院で最大の山門でかつ日本三大門の一つ。知恩院の門は山門と呼ばず、空・無相・無願という三つの解脱の境地を表す門の意味で三門と呼ばれる

いるような印象を受けた。小屋組みだけでなくお堂の柱材もすべて立派なケヤキ材であった（図4）。

お隣の韓国においても、ケヤキの用途は広い。韓国最古の建物である浮石寺の無量寿殿、海印寺の八万大蔵経板を保管している法宝殿、朝鮮時代の寺院建物の柱などの多くにケヤキが利用されている。慶尚北道慶山《キョンサン》の新羅時代の古墳、釜山の伽那古墳、慶州の天馬塚などから出土した木棺にも使われている。高麗時代の船の底板、その他櫃、米櫃、飾り棚、タンスなど朝鮮時代の家具などに利用されている。韓国の木材文化は「マツの文化」と言われるが、韓国の古代国家では「ケヤキの文化」が育まれていたとされる。わが国においても、ケヤキ材は社寺建築のみならず、臼・杵・漆器木地・盆・経木などの器具、電柱の腕木、枕木、橋梁、家具、梁・竜骨・船首尾などの船舶、車両、機械、彫刻、旋作など用途は多岐にわたる。最近、和太鼓の演奏をテレビでよく見かけるが、和太鼓の胴の直径はかなり大きいので、幹の周りが太くて丈夫なケヤキ材が用いられる。また、槻弓という呼び名で知られるように弓の材料としても優れている。正倉院宝物にも三例の槻弓が知られている。その他の宝物として前掲の赤漆文欟木御厨子以外にも、槻薬合子《つきのやくごうす》、赤漆欟木小櫃、密陀絵盆《みつだえのぼん》、赤漆欟木胡床《こしょう》漆鼓《うるしのつづみ》、新羅琴などにケヤキが用いられている。遺跡出土木材の例をみると、下駄材としてあるいは容器として多用されてきたことがわかる。特に容器としては、椀、皿、盤、槽、盃、蓋などさまざまな用途に用いられているが、主に刳物として利用されたものである。現在でも椀の木地として欠かすことの出来ない材料で、漆器生産地で多用されている（図6）。辺材は淡黄褐色で、心材は黄褐色から帯黄紅褐色で、辺・心材の区別は明瞭である。心材の耐朽性、保存性は高く、水湿にもよく耐える性質があり、わが国で第一級の用材である。（伊東）

紅葉のケヤキ（京都市、洛西福西公園）　ケヤキは個体ごとに色づきが異なり、集まって生えていると色とりどりの紅葉が楽しめる

図1　コウゾ材面（板目）　淡色で黄色みを帯びる。木目はやや粗い

図2　コウゾを用いた紙漉き（埼玉県小川町、紙すきの村　久保昌太郎工房）　1枚1枚丁寧に漉かれていく

コウゾ*・ガンピ**・ミツマタ***

学名 *Broussonetia kazinoki* Sieb. x *B. papyrifera* (L.) Vent.*　*Diplomorpha sikokiana* (Franch. et Savat.) Honda**　*Edgeworthia chrysantha* Lindley***　**漢字** 楮*、構、穀　雁皮**　三椏***
中国名 構樹*　瞭哥王**、南嶺蕘花、蒲崙　結香***、黄端香、打結花　**英名** paper mulberry*　Indian wikstroemia**　paper bush***

製紙技術は、朝鮮半島を経由して中国から伝わったと考えられている。『日本書紀』に、六一〇年（推古一八年）春三月に来朝した高句麗の僧侶曇徴は、「五経を知りまたよく彩色及び紙墨を作り碾磑《てんがい》を造る」、「碾磑を造ることここに始まる」という記載があるため、紙漉き、墨の製法、紙の原料となる麻クズの繊維を細かく砕くための石臼が伝えられたという説である。しかし、それより以前に紙漉きの技術は伝わっていたという説もあり、実際の製紙技術の伝来の時期については定かではない。いずれにせよ、製紙技術は日本国内で改良され、独自の発展を遂げることにより、手漉きの紙全般が和紙と呼ばれるようになった（**図2**）。

中国から紙すきが伝えられた当初は、アサと称される植物（大麻（*Cannabis sativa* アサ科）、苧麻《ちょま》（*Bouhmeria nivea* イラクサ科）等）が和紙の原料として多く用いられていた。アサの繊維は、靱皮繊維《じんぴせんい》（植物の師部や皮に含まれる繊維）から得られるもので、これを切り刻んだり、叩いて細かくしたりして製紙の原料としていた。しかし、その後コウゾが使われ始めると、手間のかかるアサで紙を漉くことは少なくなった。植物を和紙の原料として用いる点で重要なことは、強靱な靱皮繊維を持っていること、木材から靱皮繊維がはがれやすいこと、栽培が容易であることなどがあげられる。現在、日本で和紙の原料として最もよく用いられ

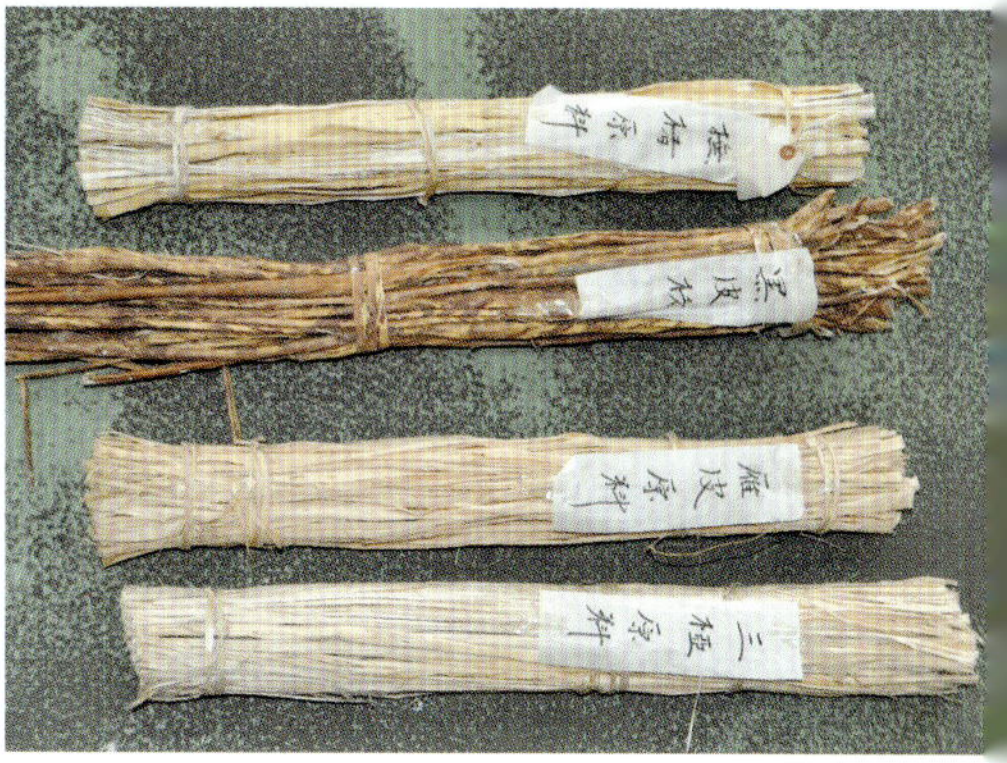

図3　和紙原料として用いられるコウゾ、ガンピ、ミツマタの繊維（埼玉伝統工芸会館）　コウゾ、ミツマタ、ガンピの靭皮繊維が用いられる

図4　暗所、クレゾール中で保存されているトロロアオイの根（埼玉県小川町、紙すきの村　久保昌太郎工）　すでにねりが出ている

ている植物は、コウゾ、ガンピ、ミツマタ（**図3**）であるが、それ以外に和紙の原料として用いられていたものに、檀紙と呼ばれている紙に使われていたマユミ（ニシキギ科）（マユミの項参照）や藤紙に用いられていたフジ（マメ科）（フジの項参照）がある。また、沖縄県で漉かれている芭蕉紙の原料は、単子葉植物のバショウやリュウキュウイトバショウ（バショウ科）である。

和紙製造における特色の一つは、ねりを用いた流し漉きで漉かれることである（**図2**）。ねりとは植物由来の粘剤で水に溶けやすい多糖類が主成分であると考えられる。ねりの効用としては、水の流れや水切れをコントロールしやすくなること、繊維同士が絡まなくなること、泡立ちが少なくなること、漉きあげた紙同士がくっつきにくくなることがあげられる。ねりの原料として多く用いられるものは、トロロアオイ（*Abelmoschus manihot* 中国名：黄蜀葵）の根である（**図4**）。トロロアオイは中国原産のアオイ科の植物でオクラの仲間である（**図5**）。十月〜十一月に収穫されるが、腐りやすいためクレゾールなどの保存液中に保存される。そのため、和紙を製作している工房ではクレゾールの臭いがすることが多い。トロロアオイには高温（三〇〜三五度）による著しい粘度低下が起こる性質があるので、ユキノシタ科のノリウツギ（糊空木）の樹皮（ウツギの項参照）、アオギリ（*Firmiana simplex* アオギリ科）の根、ギンバイソウ（*Deinanthe bifida* ユキノシタ科）の根などの粘液も使用されている。かつてはサネカズラ（*Kadsura japonica* マツブサ科）の枝や葉もねりとして用いられていたようである。

コウゾ　コウゾは樹高二〜六m、直径一〇cmに達するクワ科の落葉低木で、本州の岩手県以南から台湾、朝鮮、中国南部の暖帯の山地の道ばたや荒れ地、人里近くによく見られる（**図6**）。コウゾは雌雄同株のヒメコウゾ（*B. kazinoki*）（**図7**）と雌雄異株のカジノキ（*B. papyrifera*）（**図8**）の雑種であるとされている。そのた

図5　トロロアオイの花（つくば市、食と農の科学館作物見本園）　8～9月にオクラの花に似た黄色い花を咲かせる

図6　畑に植えられているコウゾ（埼玉県小川町、紙すきの村　久保昌太郎工房）　一見、桑畑のようである

め、性質もカジノキに近いものとヒメコウゾに近いものがある。栽培して和紙に用いられるものは性質がカジノキに近く、雌雄異株で葉の形もカジノキとよく似ている。栽培が容易で古くから製紙原料として用いられているため、その分布や起源が不明確である。コウゾ属の樹木は、東アジアから東南アジアにかけて八種あり、わが国には他に、ツルコウゾ（*B. kaempferi*）がある。古代には、植物の名前も地方によって呼び名が異なり、混同や混乱が多く、『本草綱目』や『農業全書』でも両者の差は葉に切れ込みがあるのは楮（コウゾ）、ないのは構（カジノキ）とするだけで種別としては「楮」にまとめられている。このように、カジノキ、ヒメコウゾについてはあまり区別されてなかったため、江戸時代に日本を訪れたシーボルトもこの両者を混同して報告したために、今日のヒメコウゾの学名が*B. kazinoki* となっており、さらにそれらの名前についてはややこしくなっている。カジノキには「構」の他、「梶」の漢字がよく知られており、人名や地名にも楮より多く用いられている。またカジノキの葉は、家紋「梶の葉」としての五裂した葉が図案化されている。

雌雄同株のヒメコウゾは五月頃にほぼ球形の花序を付けるが、雄花序が新枝の基部の方につき、雌花序は先端の方につく（**図7**）。天気のよい日には、雄花序から花粉が飛び散る様が見られることがある。果実は六月頃に木イチゴの果実に似て赤く熟し、甘く食べられるが、口の中がざらつく。枝はまっすぐに伸び、樹皮は灰褐色から褐色で浅い縦の裂け目ができ、傷を付けると乳液が分泌される。

一方、雌雄異株のカジノキは中国原産であると考えられるが、現在は日本や東南アジア、メラネシア、ポリネシア、ハワイまで分布している。繊維を生産するために世界の各地で栽培されたものが野生化しているため、本来の原産地はよく分かっていない。ヒメコウゾと違い木も大木になり、樹高一五m、直径六〇cmに

図７　ヒメコウゾの雄花と雌花　雄花序は当年枝の根元に、雌花序は先端近くの葉腋につく

図８　春先のカジノキの雄株　老木では葉の切れ込みが少ない

も達する。葉にはビロード状の軟毛が密生し、触るとざらつき感がある。しかし、カジノキも若木のうちはヒメコウゾとよく似ているために区別が難しい。また、同じクワ科のクワなども若木のうちはよく似た性質を示している。

コウゾは栽培が容易で、毎年収穫できるための今日でも和紙の主原料となっている。主産地は四国と茨城県であるが、年々生産量が減り、現在では国内需要の八割をタイや中国からの輸入に頼っている。秋から冬に収穫された当年生の枝を釜で蒸してから樹皮を剥き材料にする。コウゾの繊維は長さ一〇㎜程度と比較的長く、繊維同士が絡み合う性質が強いため、その紙は粘りが強く揉んでも丈夫な紙になるが、その分表面の凹凸が大きくなる。利用としては、障子紙、表具用紙、美術紙、奉書紙などの原料となっている。かつては、写経用紙や官庁の記録用紙（たとえば戸籍台帳などの長期間保存が必要な紙）、さらには建築材料として、保存性を保つため染色されずにそのまま使用されていた。また、ミツマタと混用して上質の紙もえられる。コウゾの繊維を細かく割いて作った糸を木綿《ゆう》と言うが、神道の祭事に用いられた他、布を織るのにも用いられていた。

ガンピ　ガンピは樹高一〜三ｍの落葉性のジンチョウゲ科の小高木で、本州の石川県・静岡県伊豆地方以西から四国、九州の暖地の痩せ地や蛇紋岩地域に分布している。枝は褐色、葉は卵形で互生し、初夏に枝端に黄色の小花を頭状に密生する（**図９**）。花には花弁がなく、先端が四裂して黄色、下部が筒状で白色のがくを持ち、花の咲いた後はがくを伴ったそう果になる。ガンピの名の由来には、古名のカニヒから来たとされているが、カニヒがどこから来ているかについては、カニヒ（伽尼斐）という植物の古名から転訛したという説と、カミヒ（紙斐）が訛ったという説がある。

人工栽培が困難で、和紙の原料には野生品を使う事が多く数は減少している。

図9　ガンピの花　花弁がなく、先端が4裂している

図10　フィリピンから輸入されているガンピ属の植物の繊維（埼玉伝統工芸会館）　日本産のものは多くない

人工的に繁殖する場合は、実生、根分け、さし木などにより、苗を植え付けて三年目に第一回の収穫を行う。ガンピは奈良時代ごろからコウゾに混ぜて使われはじめた。靱皮繊維は長さ二・五〜五㎜で、コウゾの三分の一程度と短く、ガンピで作られた紙は、斐紙と呼ばれ、その質は優美で光沢があり、平滑にして半透明でしかも粘性があり緊縮した紙質に仕上がる。きめの細かいつやのある紙であり、その風格から「鳥の子紙」とも呼ばれ、平安期の公家の女流詩人たちに、かな文字を書くのにもっともふさわしい紙として愛用されていた。ガンピで漉いた紙は、日本画用紙、版画用紙、箔打ち紙、襖紙、賞状用紙などに用いられる。

滋賀県、兵庫県、岡山県が主産地であるが、生産量が減少していたため、現在国産のガンピはほとんど流通していない。ガンピ属の樹木は、アジア、マレーシア、オーストラリア、太平洋地域の熱帯から暖帯、時に温帯に七〇種が分布している。現在、日本ではフィリピンから輸入されるサラゴ（salago）と呼ばれるガンピ属の別種の繊維がガンピ繊維の原料として主に用いられている（**図10**）。

ミツマタ　ミツマタは、中国中南部からヒマラヤ地方原産の樹高一・五〜三mになるジンチョウゲ科の落葉低木である。日本には室町時代の中期から後期にかけて伝わったと考えられている。「みつまた」という呼び方は、当年枝が必ず三つに分かれているためである（**図11**）。中国では三椏の名は用いず、「結香」と呼ぶ。葉は楕円形で互生し、花は初秋から樹木の先につぼみをつけ、翌年三〜四月頃、外側から内側に向け順番に開花する。花序は三〇から五〇の花が集まっており、直径二・五㎝ほどの球状になる（**図12**）。花びらは黄色で四枚に分かれ、一つの花に八本のおしべ、一本のめしべがあり、七月頃果実をつける。春先に比較的目立つ花を付けるので、庭園樹としても用いられ、園芸種ではオレンジ色から朱色の花を付けるものもあり、赤花三椏《あかばなみつまた》と呼ばれている。

図 11　ミツマタの葉と枝　枝はその名のとおり3つに分かれている

図 12　ミツマタの花　春の初めに白と黄色の花をつけ、大変美しい

ミツマタは大陸から伝わったものの、製紙用に栽培しているのは日本だけである。紙の原料としてミツマタを使用し始めたのは、今から四～五百年も以前からであると言われている。ミツマタが紙の原料として表れる最初の文献は、一五九八年(慶応三年)に、伊豆修善寺の製紙工の文左右衛門にミツマタの使用を許可した黒印状(諸大名の発行する公文書)で、「豆州にては　鳥子草　かんひみつまたは　何方に候とも修善寺《しゅぜんじ》文左右衛門《ぶんざえもん》より外には切るべからず」と記されている。当時は公用の紙を漉くための原料植物の伐採は、特定の許可を得たもの以外は禁じていた。明治になって、政府はガンピを使い紙幣を作る事を試みたが、ガンピの栽培が困難であるため、栽培が容易なミツマタを原料として用いるための研究が行われ、一八七九年(明治一二年)に日本の紙幣として用いられるようになった。

ミツマタの靭皮繊維はコウゾに比べて長さが短く、強靭性では劣っているが、表面が平滑で光沢があり、引っ張りや折り曲げに強い。日本の紙幣は薄くて、型くずれしないという世界屈指の紙幣であるが、これはミツマタを原料としているためと言ってもいい。紙幣用のミツマタは局納みつまたと呼ばれ、中国四国六県(島根、山口、岡山、徳島、高知、愛媛)において生産されている。生産されるミツマタの半分はお札に利用されているが、高級和紙、金箔台紙、金銀糸用紙、民芸紙、書道半紙、証券用紙、賞状用紙、などにも用いられる。美術工芸紙では、因州和紙、越前和紙、内山和紙、阿波和紙、土佐和紙、大州和紙が伝統的工芸品の指定を受けている。

(安部)

図1　コウヤマキの材面（柾目）　耐久・耐湿性がきわめて高く、木棺や桶の用材として古来より知られる

図2　輪生するコウヤマキの葉（京都市、峰定寺）　葉は同じマキ属のイヌマキに似るが、イヌマキは葉が互生するので区別できる

コウヤマキ

学名　*Sciadopitys verticillata*（Thunb.）Sieb. et Zucc.　**漢字**　高野槙（槇）　**中国名**　金松

英名　umbrella pine

コウヤマキはコウヤマキ科コウヤマキ属の常緑針葉樹で、樹高三〇m、直径一mに達する。一科一属一種の樹木であり、わが国にのみ分布が見られる、たぐい稀な樹木である。和名の由来は本種が和歌山県の高野山で多く見られることによる。学名のsciadosは「針」、pitysは「マツ」を意味し、種小名のverticillataは「輪生の」を意味する。古代には単にマキと呼ばれた。長野県の木曾地方では、ヒノキ、サワラ、ネズコ（クロベ）、アスナロと共に木曽の五木の一つとして知られている。他の樹種と混生する一方で、往々にして単純林を構成する。和歌山県の高野山、奈良県と三重県にまたがる大台ケ原にも比較的多く生えており、高野山ではヒノキ、モミ、アカマツ、ツガ、スギとともに生育し「高野の六木」の一つに数えられる。また、福島県、高知県、大分県、宮崎県の山中にわずかに点在している。天然の繁殖力がはなはだ弱いので、年々分布が減少する傾向にある。樹皮は赤褐色で縦裂し、長い片となってはがれる。類似の種のイヌマキは葉が交互状（互生）に付くのに対して、コウヤマキは輪生するので容易に区別できる（**図2**）。辺材と心材の色の差は著しくはないが、両者の区別ははっきりしている。また、材には特有の臭気があり、木理は通直で、材は緻密でかつ割裂が容易である。

日本書紀に「マキは棺を作るのによい……」との記述がある。一般に、マキにはホンマキとクサマキがあるが、前者はコウヤマキを指し、後者はイヌマキを指す。日本書紀にある「マキ」はコウヤマキを指すと言われている。したがって、

図３　コウヤマキ製の棺（兵庫県立考古博物館提供）
玉津田中遺跡（弥生時代）から出土した木棺の一つ

図４　韓国（扶餘郡扶餘邑）、扶餘陵山里の百済王陵
現地では７～８基の円墳が密集していた

別名ホンマキあるいは単にマキと呼ばれる。前述のようにコウヤマキは古代においては棺の用材として大変珍重されていたことが遺跡出土木材の用材データベースから窺える（**図３**）。これは、コウヤマキが耐水性にきわめて富んでおり、長期間水湿に曝されても簡単には腐らないという性質による。冒頭に記したように現在ではコウヤマキはわが国にしか生育していないが、地質時代には世界中に分布の痕跡がみられた。ヨーロッパでは、第三紀に広くみられたが、洪積世の初めに滅び、北米では古第三紀に栄えたが新第三紀に滅びた。

考古学的調査によると、百済の王都であった扶餘（プヨ）（今の韓国の忠清南道にある扶餘郡扶餘邑）の陵山里の百済の王陵（**図４**）から漆塗りの木棺が発見され、その用材がコウヤマキであることが一九三九年に報告された。鑑定者の尾中文彦は「カウヤマキは周知の如く本邦特産の樹種であって、当然此の棺材は本朝より送られたるものとみなければならない（原文どおり）」と断じている。これは樹種の調査により古代における用材の搬送が異国間であったことを指摘した一例である。木棺以外の用途として注目されるのは、宮殿建築の柱材として、古代にしばしば利用されていたことである。奈良市北方の平城宮跡からはおびただしい量の木質遺物が出土している。今から約三〇年前に調査を依頼された時点で、直径六〇㎝以上もの柱根が五〇〇本以上出土していたので、それらの樹種を調べたところ六割がヒノキで、残りの四割はコウヤマキであった（**図５**）。ほかにも難波宮跡、藤原京寺院跡や太宰府史跡の柱材にもコウヤマキが用いられていた。このようにコウヤマキは宮殿などの大型建造物の柱材として、ヒノキに次いで重要視されていたと言ってもいいであろう。その他の用途として、船材、橋梁材、桶類、飯櫃に用いられていた。コウヤマキの天然分布には限りがあるので、現在では多くの用途はないが、風呂桶、水桶、流し板などに用いられている。樹皮（**図６**）は

図5　平城宮出土の柱根（奈良文化財研究所提供）千年以上地中に埋もれていた巨大な柱の根元部分が往時の宮殿の壮大さを甦らせる

図6　コウヤマキの樹皮（京都市、峰定寺）暗褐色ないし赤褐色で、縦に長く裂け、樹皮の厚みは比較的厚い

槇肌《まいはだ》（まきはだとも呼び、槇皮とも書く）と称し、船板、桶などの漏水防止用充填物および屋根葺きに用いたり、縄を作って火縄とする。高野山では小枝を仏前に供するのをならわしとしている。京都では八月十六日の大文字送り火の際に「盆のマキ」と呼んで用いられ、聖霊がマキの葉に乗じて来ると言われている。このように、大変有用な樹木であるが、土地が肥沃であること、排水のよいところ、根元に日射を受けないことなど、土地に対する要求度が高く、植林には向かない。実生の成長は遅いので通常利用せず、挿し木は三年生の枝の発根が最もよいとされる。もともと陰樹で強い日射や西日の強く当たる場所は好まず、上長成長は一〇年生頃から速くなり、二五年生で旺盛となり、四〇年生で最盛期となり、同時に肥大成長も増し、老齢となっても絶えず上長成長するとされる。この樹は東照宮、権現社の系統の社のご神木として珍重され、特に日光東照宮のコウヤマキは徳川家三代将軍徳川家光公お手植えとして知られる。

　秋篠宮家に新たに悠仁《ひさひと》親王がお生まれになったとき、お子さん（悠仁親王）のお印に高野槇《こうやまき》が選定され、にわかにこの木が注目された。コウヤマキが丈夫な木で、長年月の耐久性があるからではなかろうか。お印は日本の皇族が食器その他身のまわりの品などに用いる徽章であり、植物を図案化したものが多いとされている。そこで、皇族のお印について少し調べてみると、例えば上皇のお印は榮（キリの別語）、上皇后の美智子様は白樺、昭和天皇は若竹、香淳皇后は桃、天皇は梓、皇后は浜茄子《はまなす》、愛子様は五葉躑躅《ごようつつじ》、秋篠宮様は栂、同妃紀子様は檜扇菖蒲《ひおうぎあやめ》、眞子様は木香茨《もっこうばら》、佳子様は右納《ゆうな》（オオハマボウの別名）、紀宮様は未草《ひつじぐさ》だそうだ。すべて植物名が使われている。現在の皇族では樹木の名前が目立つが、日ごろ樹木に関わる仕事をしている私どもにとってはうれしい限りである。

（伊東）

高野山コウヤマキ植物群落保護林（和歌山県、近畿中国森林管理局提供「自然森林生態圏ガイド」掲載写真）
高野山女人堂附近の山中にあり、直径 30 ～ 60 cm のコウヤマキがササに覆われた地表部から林立する

図2　**ゴヨウマツの天然木**（宮崎県椎葉村）　尾根筋や岩場に見られ、ときに群落をつくる

図1　ゴヨウマツの材面（柾目）　アカマツに似るが、早晩材の移行が緩やかで軽軟である

ゴヨウマツ

学名 *Pinus parviflora* Sieb. et Zucc.　**漢字** 五葉松　**中国名** 日本五針松　**英名** soft pine（類）, white pine（類）

ゴヨウマツは、マツ科マツ属に含まれる日本特産の針葉樹である（**図2**）。樹高三〇m、直径一mに達する高木で、北海道（南部）、本州、四国、九州に分布する。名前の由来は、五本の葉が一束になって付くことである（**図3**）。身近に見られる他のマツ類に比べて葉が細くて柔らかいことに因んで、ヒメコマツ（姫子松）とも呼ばれる。

マツ属は、植物分類学的に単維管束亜属（Haploxylon）と複維管束亜属（Diploxylon）に大別され、ゴヨウマツは前者に含まれる。日本産の単維管束亜属のマツ類は、いずれも五本の葉が一束になっているので、五葉松類と総称される。また、単維管束亜属のマツ類は、複維管束亜属のマツ類よりも全般に材が軽軟なので、木材を扱う関係者の間では軟松（ナンショウ）類とも呼ぶ。

世界的にみると、マツ属には五葉一束のほかに、二本一束および三本一束の葉を付ける樹種がある（アカマツとクロマツの項を参照）。一葉、四葉、あるいは六葉以上の松葉も見られることがあるが、これらはいずれも変異によるもので、基本的に現生のマツ類の葉一束の本数は二、三、五のいずれかである。どの場合も、一束の葉の基部は完全に分かれていず、束ねると円柱状になる。逆に言うと、一束の個々の葉は、円柱を葉の本数で縦割りにほぼ等分した状態になっている。五葉松類の場合、五本一束の葉は一つの円柱を五等分にミカン割りした状態になっている（**図4**）。

図3　ゴヨウマツの葉と雄花の蕾　葉は一束5本である

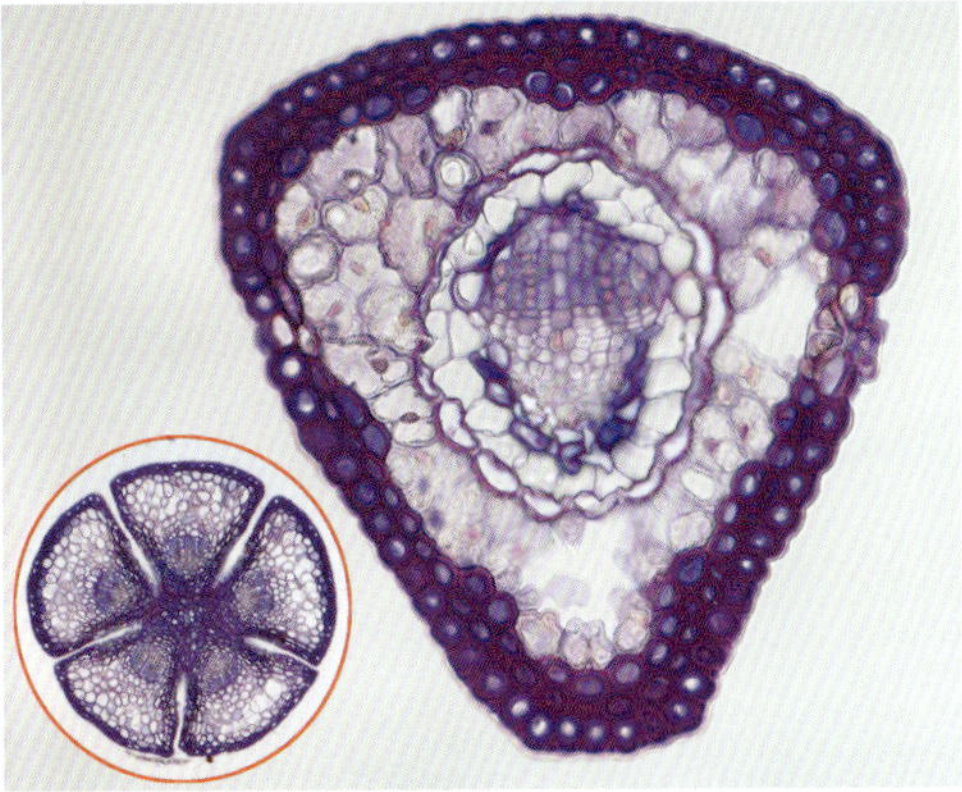

図4　ゴヨウマツの葉（1本）の横断面　円内は葉（1束）の付け根。個々の葉は円柱を5つに縦割りした形状である

ゴヨウマツ材は、アカマツやクロマツと似るが、これら硬松類よりも一年輪内での早材から晩材への移行が緩やかである。また硬松類よりも軽軟で、比重は針葉樹の中で中庸の部類に属す。顕微鏡で調べれば、放射仮道管という細胞における鋸歯状肥厚（突起）という微細構造物の有無により、硬松類とは区別できる。ゴヨウマツ材は、強度、耐久性、加工性とも中庸で、建具や天井板、欄間彫刻などの建築装飾材に使われてきたほか、曲物や彫刻、工芸にもよく使われてきた。ほかにも、高級品ではトウヒ類の独壇場であるが、響板など楽器の部材にも多用されてきた。また、盆栽や庭木として好まれる（**図5**）。庭に植える際、南の方位に配置するのは、「南松《なんまつ》」といって、「難待つ」と重なり語呂が悪いことから、真南からずらして植える風習がある。

日本産の五葉松類（軟松類）には、ゴヨウマツのほかに、キタゴヨウ（*P. parviflora* var. *pentaphylla*）、チョウセンゴヨウ（*P. koraiensis*）、ハイマツ（*P. pumila*）、ヤクタネゴヨウ（*P. armandii* var. *amamiana*）がある。漢字では、それぞれ北五葉、朝鮮五葉、這松、屋久種五葉と記される。いずれも名前の由来は葉の形状や樹形、産地で、文字通りの意味がある。キタゴヨウは、北海道と本州の中部以北に分布し、ゴヨウマツの変種に位置づけられる。チョウセンゴヨウは、かつて外来種と考えられていたが、百年あまり前より北関東や中部地方の山地で自生が次々と確認され、在来種と見做されるに至った。樹高三〇m、直径一・五mに達し、樹齢四百年を超える長命な木で、本州と四国の山地に散生するほか、朝鮮半島や中国東北部、ウスリーに分布する。ハイマツは、本州の中部地方以北と北海道のほか、千島列島、樺太、カムチャツカ、東シベリア、中国東北部、朝鮮半島に分布する。日本では高山に偏在し、ほとんど直立せず、地面を這うように幹枝を伸ばす（**図6**）。ヤクタネゴヨウは、屋久島および種子島特産の稀少種で、

図５　ゴヨウマツの盆栽（京都府立植物園）
他のマツ類とともに盆栽に多用される

図６　高山帯のハイマツ（北海道倶知安町、イワオヌプリ）　地面を這うように幹枝を伸ばす

絶滅危惧種にリストアップされている。

チョウセンゴヨウは、日本では産業的に利用されないが、多産地の朝鮮半島では種子が食用や採油に重用される。この種子は脂肪に富み高カロリーであるため、貴重な救荒食であった。また、不老長寿の効があるとも言われる。当地では古くから採果林業が営まれ、産業的に重要な樹種である。

日本のハイマツは、山上の高地でハイマツ帯と呼ばれる特異な群落を構成している。他国にも一見よく似た小さな針葉樹の群落が高山の樹林限界付近に見られることがあるが、それらは低地の樹林帯にも生育する高木が矮性化したものである。日本のハイマツ帯は、低標高域の樹林帯とは不連続に、樹林限界の上部に独立して現れる純林に近い低木群落であるという点で、特異である。最終氷期に陸続きであった千島列島を経由して南下したものが、その後の温暖化とともに高地へと分布域を移動させて成立したと考えられている。

日本のハイマツ帯の消長に深く関わっているのが、そこを住処としているライチョウやホシガラス、リスなどの小動物である。ハイマツの種子は、それら小動物の貴重な食糧である。例えばホシガラスの場合、ハイマツの球果を集めて貯蔵し、のちに回収・摂食する習性がある。その回収率を調べた研究によると、ホシガラスはなかなか記憶力がよく、収集・貯蔵したハイマツ球果の大半を回収・摂食するが、一～二割を回収しない。ハイマツは、そうして食べ残された球果の種が発芽することにより、分布域を広げていく。ハイマツは、小動物に食糧と天敵から身を隠す場を提供する見返りに、群落の維持・拡大を助けてもらっている。高山の過酷な環境下で大変などと思うのは人間の勝手な思いこみで、ハイマツは下界のつまらぬストレスを避け、ホシガラスなどのよきパートナーとともに山上の清浄な別天地で快適に生きているのかも知れない。

（佐野）

落葉広葉樹に混じるキタゴヨウの天然木（北海道様似町、幌満峡）　幾つかの群生地が知られ、天然記念物に指定されているものもある

図2　**サカキの玉串**　各種の神事で枝葉が神前に供えられる

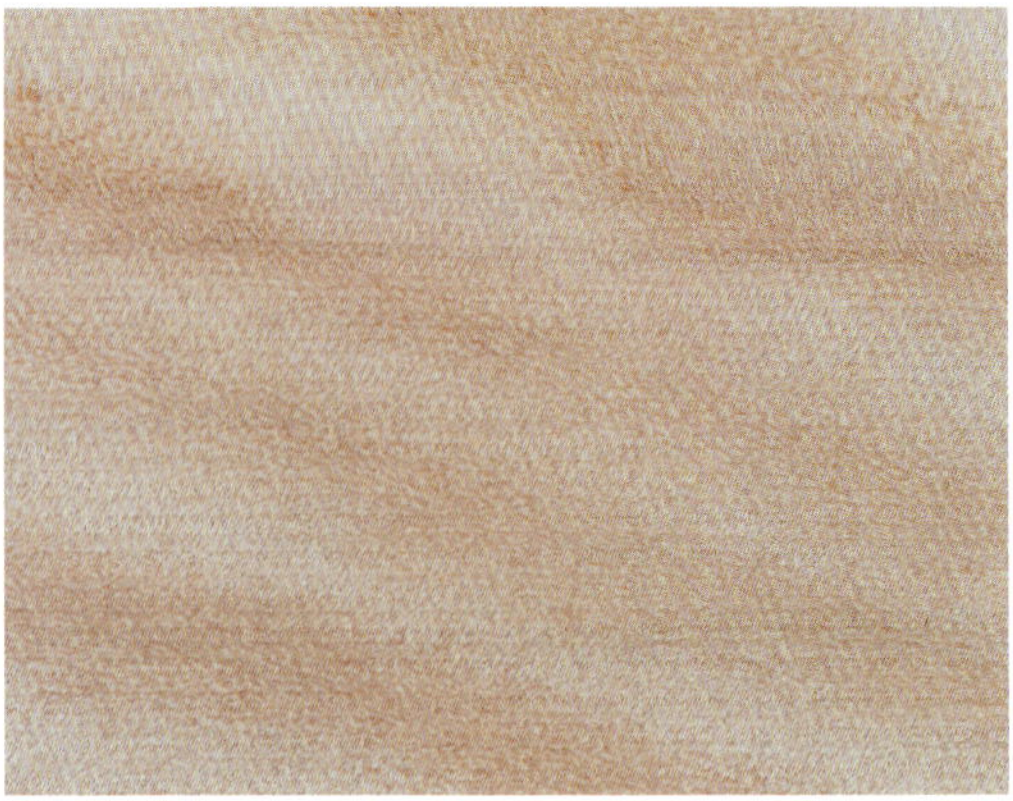

図1　**サカキの材面**(柾目)　強靭で割れにくく器具材・薪炭材に使われる

サカキ類(サカキ*・ヒサカキ**)

学名 *Cleyera japonica* Thunb.* *Eurya japonica* Thunb.** **漢字** 榊* 柃** **中国名** 紅淡比* 柃木**

英名 sakaki* Japanese eurya**

サカキは高さ一〇m程になる常緑の小高木で、茨城県、石川県以西に生育し、朝鮮半島南部や中国大陸、台湾にも分布する。六、七月頃、白色で花弁を五つ持つ直径一・五cm程の花を咲かせ、秋から冬にかけて黒紫色の丸い果実をつける。ツバキ科サカキ属の属名 *Cleyera* は江戸時代、長崎出島のオランダ商館館長だったA. Cleyerにちなんでつけられた。サカキの名は栄木(サカエギ)からの転訛とされており、昔はサカキ一種を意味するのではなくマツ、スギ、カシなど常緑樹を神事に用いたときの総称だったようである(**図2**)。これらの木が冬枯れの明るい林内で鮮やかな緑を茂らせている様子に人々は神性を感じたのであろう。日本神話の中でも有名な太陽神天照《あまてらす》が天の岩戸に隠れて真っ暗になってしまった世界をどうにかしようと神々が考えた際にも、「そうすると、思金神《おもいかねのかみ》という、いちばんかしこい神さまが、いいことをお考えつきになりました。みんなはその神のさしずで、さっそく、にわとりをどっさり集めて来て、岩屋の前で、ひっきりなしに鳴かせました。……そして、天香具山《あめのかぐやま》という山からさかきを根抜《ぬ》きにして来て、その上の方の枝《えだ》へ、八尺《やさか》の曲玉《まがたま》をつけ、中ほどの枝へ八咫《やた》の鏡《かがみ》をかけ、下の枝へは、白や青のきれをつりさげました。そしてある一人の神さまが、そのさかきを持って天の岩屋に立ち、ほかの一人の神さまが、そのそばでのりとをあげました(鈴木三重吉、古事記物語)」とサカキが舞台装置に使われている。

サカキは漢字にすると木偏に神で「榊」という字になるが、これは日本で作ら

図3　山の神を祭る(宮崎県椎葉村)　サカキを供え山の神に一年の安全を祈願する

図4　神楽の舞台につかわれるサカキ(宮崎県椎葉村)　重要無形民俗文化財、椎葉(大河内)神楽の一場面

れた国字である。平安時代に編纂された『古今和歌集』には「神垣《かみがき》のみむろの山の榊葉《さかきば》は神のみ前にしげりあひにけり」という歌があり、サカキそのものを指すのかはわからないが、榊に対する聖なる思いが込められている。現在でも伊勢神宮ほか多くの神社で神事に用いられている(**図3、4**)。各地の神楽や日常的にも神棚に枝葉を飾るなどして用いられているサカキは、一九七二年の日中国交正常化以降、当地で日本向けに生産が行われるようになった。今では国内消費の多くを中国産が占めるまでになっているようだ。ただ、日本全国どこでもサカキを利用しているわけではなく、福井県や静岡県以西、奄美諸島までが主な利用地域である。サカキは寒い地方では生育できないので、関東以北では主に同じ科のヒサカキが使われてきた。

サカキと同じツバキ科でヒサカキ属のヒサカキは樹高一〇mほどになる常緑の小高木で岩手県と秋田県以南の日本と朝鮮半島南部に分布し、やや乾燥した丘陵地に見られる。雌雄異株で、三〜四月に鐘形で直径三〜五㎜程の白色の花を咲かせ、秋から冬にかけて黒紫色の球形の果実をつける。サカキの葉は普通縁に鋸歯がないが、ヒサカキにはある。しかしいずれの種も冬芽が緑色で、先端が鉤のように曲がっており、両種の特徴になっている。

ヒサカキの名の由来は「姫サカキ(小さなサカキ)」とも「非サカキ(サカキに非ず)」ともいわれているが、各地で神事に使われているヒサカキを否定するのは忍びないので、姫サカキと考えるのがよいかと思う。サカキもヒサカキも材は重硬で器具材、薪炭材などに用いられるが、ヒサカキのほうが材質はやや劣るようだ。変わったところでは、国の伝統的工芸品に指定されている東京都八丈島の織物「黄八丈」を作製する際に、ヒサカキの灰がコブナグサで黄色に染められる糸の媒染剤に用いられている。

(内海)

図1　ヤマザクラの材面(柾目)　均質かつ緻密で割れにくい。版木や木活字などとして重用された

図2　ヤマザクラの樹皮　横長の線形皮目が目立つ

サクラ

学名 Subgen. *Cerasus* spp.(*Prunus*)　**漢字** 桜　**中国名** 李(類)　**英名** flowering cherry(類)

サクラは、バラ科サクラ属の中の一群である。サクラ属は、春の観桜で馴染みのある花木のサクラ類のほか、モモやアンズ、アーモンドなども含む、大きなグループである。分類学的には、それら花木や果樹などの小群を独立した属として分ける考え方もあるが、一般には一括りにサクラ属とし、それぞれの小群はさらに小さな補助的な分類単位の亜属として分けられる。こうしてサクラ属は一般に五つの亜属に分けられるが、花木として親しまれるサクラは、その中の一つサクラ亜属に含まれる落葉樹である。

花木のサクラには、国内にもともと自生する天然種のほかに、交配や変異により生じた個体を増殖することによって人為的に育成された園芸品種が数多くある。天然種には、ヤマザクラ(*P. jamasakura* **図2**)、オオヤマザクラ(*P. sargentii*)、エドヒガン(*P. pendula* f. *ascendens*)、オオシマザクラ(*P. speciosa*)などがある。園芸品種はサトザクラと総称され、その数は数百といわれる。

天然種のヤマザクラとオオヤマザクラは、樹高二五m、直径一mに達する高木である。ヤマザクラは、本州(宮城県、新潟県以南)、四国、九州に分布する。オオヤマザクラは、北海道、本州、四国のほか、千島列島や樺太にも分布し、北海道の山野で多く見られることからエゾヤマザクラの異名がある。エドヒガンは、樹高二〇m、直径一mに達する高木で、本州、四国、九州に分布するほか、済州島、中国、台湾にも分布する。サクラ類の中で最も長寿命といわれ、各地に名木となっている老木があり、推定樹齢が千年を超えるものも知られる。オオシマザ

図4　ソメイヨシノ（東京大学小石川植物園）　代表的なサトザクラである

図3　タカネザクラの花　長い柄の先に花を付けることはウメとの違いである

クラは、樹高一五m、直径一mに達する高木で、元々は伊豆諸島の特産種である。成長がよく、萌芽力が旺盛であることから、薪炭用に伊豆半島や湘南地方で植林されるようになり、現在では本土でも野生化している。このほかにも、タカネザクラ（*P. nipponica* **図3**）など、国内には九種の天然種が分布する。

サトザクラの代表は、何といってもソメイヨシノ（*P.* ×*yedoensis* **図4**）であろう。ソメイヨシノは幕末期に江戸の染井村（現在の豊島区駒込付近）の植木屋が、当初「吉野桜」の名で売り出したものといわれており、その起源は現在でも園芸学上のテーマである。一九一四年に種子島から樺太まで日本を縦断して植物調査をおこなった英国出身のプラントハンター・ウィルソンは、一九一六年に刊行した『The cherry of Japan』と題する自著の中でソメイヨシノについて、天然林ではまったく見られないこと、葉脈や軟毛がエドヒガンに似ている一方で萼がオオシマザクラに似ることから、これら二種の人為交配種であるという見解を記した。一九六二年には、エドヒガンとオオシマザクラを交配させるとソメイヨシノに酷似した雑種ができることが日本の植物遺伝学者・竹中要により発表された。千葉大学のグループによる最近の分子系統学的な研究では、オオシマザクラとエドヒガン系の園芸品種との雑種である可能性が高いという結果が得られている。百年近くも前に提唱された先達の見解は、大筋で間違いなさそうである。

このほかにも、多種多様なサトザクラが生み出され、風流な呼び名が付されてきた。これらは変異体や雑種であるため、一般に交配により繁殖することはない。従って、その増殖や保続は接ぎ木や挿し木によるが、活着のしやすさは品種により大きく異なり、中には保続が非常に難しい場合もある。このため、有名なサトザクラのなかには、後継樹を残すことができず、名前だけを受け継いで、別の品種に置き換わってしまっているケースも少なからずあるという。

図５　ヤマザクラの木器（椀）（一般家庭使用品）さまざまな器具類に多用される

図６　秋田県角館の樺細工（茶筒）（京都大学生存圏研究所所蔵）オオヤマザクラの樹皮を磨き、貼っている

多くの人は、サクラといえば、花見とともにサクランボと桜餅を思い浮かべることであろう。サクランボは、もともとセイヨウミザクラ（*P. avium*）と呼ばれる西アジア原産の外来種の果実である。明治時代に日本に渡来後、改良が進められ、佐藤錦、ナポレオンなど、多くの品種が作られた。これに対して、日本産の花木のサクラ類は、食用に供されるような実を付けない。

桜餅は、一七一七年以来、現在でも東京向島の同じ場所で桜餅一筋の和菓子屋を営む老舗「山本」の創業者・山本新六が考案したと言われる。考案当時の桜餅がどのようなものであったのかは不詳であるが、滝沢馬琴が同好の仲間と披露し合った奇譚や時の話題を収録した『兎園小説』の中には、幕府の役人・屋代弘賢（筆名は輪池堂）による「隅田河桜餅」と題する記事があり、この中に「葉数〆七拾七万五千枚なり」「餅一つに葉弐枚ずつなり」など、往時の桜餅の製造量や形状を窺うことのできる記述が見られる。現在では、もっぱらオオシマザクラの葉を塩漬けしたものが使われる。生の新鮮な葉には香りがないが、塩蔵しているうちにクマリンと呼ばれる芳香成分が醸成される。オオシマザクラは、葉が大きい上にクマリンの香りが強いので、桜餅に重用される。伊豆地方の松崎町が主産地で、採葉用の桜畑が造成され、全国の総生産量の七〇％を占めている。

サクラ類の材は、良材として定評がある。なかでもよく使われてきたのは、ヤマザクラとオオヤマザクラである。ほかにも、花木のサクラ類とは別のウワミズザクラ亜属に含まれるウワミズザクラ（*P. grayana*）やシウリザクラ（*P. ssiori*）の材もサクラの名で流通する。材の構造や性質は、ヤマザクラ類、ウワミズザクラ類とも似ており、中庸ないしやや重硬な部類に属し、均質かつ緻密で寸法安定性が高く、切削などの加工性がよい。材色は赤～桃色を帯び暖かみがあって、磨くと艶を発する。このような性質から、サクラ材は器具や玩具、楽器の部材、彫刻、

図7　サクラの名所（東京都、千鳥ヶ淵）　観桜の時期には花見客で賑わう名所が全国各地にある

工芸品、額縁、木活字など多くの用途に使われ（**図5**）、特に版木や定規、木型（菓子型など）に重用された。こうした用途には、ホオノキなど、性質の似た他の散孔材も使われたが、それらはサクラの代用品の扱いであった。仏典や経文、浮世絵、文芸作品の版木には、サクラ類の材が重用された。また、成長がよく萌芽力の強いオオシマザクラが薪炭材として利用されていた。

木材業界では、植物学的には別グループのカバノキの材にしばしばサクラの名が付され、流通する。サクラ類とカバノキ類では、材の色艶や性質が似ており、樹皮に線形皮目という横長の模様が目立つなど外見にも類似点がある（**図2**）。判別しようと思えば、サクラ材の方がカバノキ材よりも放射組織という柾目面に沿って伸びる条線が明瞭なので（**図1**）、慣れれば肉眼的にも識別することができる。また両者には、せん孔板と呼ばれる微細構造物の形状にはっきりとした違いがあるため、顕微鏡を使って調べれば、決定的に分けることができる。

ヤマザクラやオオヤマザクラ、ウワミズザクラの樹皮は、堅く丈夫で、磨くと鮮やかな紫色を呈し、金属的な光沢を発する。この樹皮は、剥がして薄板状に加工し、磨き上げ、器具等の装飾や保護材に使われる。塗装や合成の被覆材では醸すことのできない風合いがあるため、工芸にも重用される。角館（秋田県）の樺細工（桜皮細工ともいう）は、カバノキではなく、当地に自生するサクラ類の樹皮を使った伝統工芸である（**図6**）。

　ねがはくは花の下にて春死なんそのきさらぎのもち月の頃（西行法師）

サクラは古くから日本人の心を捉え、詩歌に詠まれてきた。観桜はもとより（**図7**）、祭事や神事にもよく使われ、自然暦や花占いの民俗も各地に伝えられている。軍国主義の象徴に祭り上げられた不幸な時代もあったが、古今の日本で最も愛でられてきた木の一つである。サクラの花は、人の心を豊かにしてくれる。花ばかりでなく、葉から実、樹皮、材にいたるまで、多くの幸を与えてくれる有用資源でもある。

（佐野）

図２　**サワラ林の林相**（札幌市、北海道神宮）　外見はヒノキに似る

図１　**サワラの材面**（板目）　ヒノキに似るが、軽軟で香気を欠く

サワラ

学名 *Chamaecyparis pisifera* (Sieb. et Zucc.) Endl.　**漢字** 椹　**中国名** 日本花柏　**英名** sawara cypress

サワラは、ヒノキ科ヒノキ属に含まれる日本特産の針葉樹である（**図２**）。樹高三〇m、直径一mに達する高木で、本州（岩手県以南）および九州に分布する。外見が同属のヒノキに似るが、気孔条と呼ばれる葉面の白い紋様や実の形状の違いにより、ヒノキとは明確に区別される（**図３**）。生育地も、ヒノキは尾根筋の乾燥地に多いのに対して、サワラは沢筋に多い。サワラとヒノキは、混生して雑種を作ることも報告されているが、一般にはあまり混在せず、棲み分けるように分布する傾向がある。

サワラの名は、古語の「爽らか（さはらか：すっきりしているの意）」に由来するというのが通説である。但し、サワラの何が爽らかなのかについては、異説がある。一説には、枝振りがヒノキに比べてすっきりとしていることに由来するといわれる。しかし、材の香りがヒノキよりも弱く爽やかであること、あるいは材の性質がヒノキに比べて軽軟で粘りがないことに由来するという説もある。

漢字では一般に椹と記され、サワラギ、ヒノキ、ヒバ、ナロなど、多くの地方名がある。文書で目にしたり、人から聞いたこれらの名称を現在の標準和名と解すると、とんだ誤解を招くことがある。筆者は、とある神社の境内にヒバ林があると聞き、てっきりアスナロ属のヒバ林と思い込んで見学に出掛けたことがある。ところが、そこにはアスナロ属のヒバは見当たらず、立派なサワラばかりがあって、苦笑したことがある。

図３　サワラ（左）とヒノキ（右）の葉　気孔条（白色の部分）や各鱗片葉の先端の形状により見分ける

図４　ヒヨクヒバ（東京大学小石川植物園）　庭木や生垣によく植栽される

同属のヒノキと何かと比べられるが、木材の性質はヒノキとはかなり異なる。サワラ材は、針葉樹材の中でもかなり軽軟な部類に属し、強度性能は低い。そのため、ヒノキのように建築の構造材（柱や梁）に使われることはまずない。しかし、木理が通直でクセがなく、加工性および寸法安定性にすぐれるため、建具や箱、漆器の木地として好んで使われてきた。また、割裂性がよいうえに曲げやすく、水湿にも強いことから、水桶やたらい、浴槽、その他水回りの道具類にも重用されてきた。ヒノキよりも木香が弱い故に好まれる用途として、飯櫃や経木、かまぼこ板など、食品の包装や扱いに関する道具類が挙げられる。このように、サワラはヒノキとは何かと比較されつつ、好対照な性質を備えることから、うまく使い分けされてきた有用材である。産地として名高い木曽地方では、藩政時代にヒノキ、コウヤマキ、アスナロ、ネズコ（クロベ）とともに木曽の五木に指定され、手厚く扱われていた。

サワラ材からは、強い殺ダニ性を示すピシフェリン酸など、いくつかの生理活性成分を含む精油が得られる。また、サワラニンと呼ばれるポリフェノールも単離されている。しかし、これらの抽出成分は産業的に利用されているわけではない。因みに、サワラ材にはヒノキ属の他樹種やアスナロ属の材に含まれるヒノキチオールなどの七員環化合物は含まれない。

関東地方では、サワラは広くヒバと呼ばれており、生垣として多用される。庭木にもよく使われ、多くの園芸品種が育成されているが、ヒヨクヒバ（*C. pisifera* cv. *filifera*; イトヒバとも呼ぶ：**図４**）、シノブヒバ（同 cv. *plumosa*）など、ヒバの名が付されることが多い。このほかにも、オウゴンサワラ（同 cv. *aurea*）、ヒムロ（同 cv. *squarrosa*）など、枝振りや葉の形状が特徴的な多くの品種が知られ、生け花にもよく添えられる。

（佐野）

図1　サンショウの材面(板目)　白色で緻密。樹皮のトゲのコルク質が肥厚し、独特の形になる

図2　サンショウの葉と実　葉は奇数羽状複葉であり、実はよく見ると小さなミカンのようである

サンショウ

学名 *Zanthoxylum piperitum* (L.) DC.　**漢字** 山椒　**中国名** 山花椒　**英名** Japanese pepper, prickly ash

サンショウは北海道、本州から九州(屋久島まで)、朝鮮半島の温帯、暖帯の山地によく見られる落葉低木で、通常樹高は三m程度だが、樹高五m、直径一五cmに達することもある。サンショウ属の樹木は世界の熱帯から温帯に約二〇〇種が分布しており、わが国にもカラスザンショウ(*Z. ailanthoides*)、イヌザンショウ(*Z. schinifolium*)など七種がある。サンショウ属の樹木は、葉が奇数羽状複葉で表皮が突出した棘を有しているのが共通した特徴である(**図2**)。カラスザンショウは比較的大きな樹になり山野で認識しやすい。イヌザンショウは、サンショウと同様に伐採跡などに生育するいわゆるパイオニア樹種で、しかもサンショウと似ているが、サンショウよりも一回り小さく、棘が互生になること、さわやかな芳香がないことで区別ができる。しばしば棘のないものがあり、これはアサクラザンショウと呼ばれ、棘のないのが好まれるため、園芸用に栽培される。

雌雄異株で、花は四〜五月頃に葉の付け根に、五mmほどの黄緑色の花穂となってつく。果実は、直径が五mmほどで、九〜一〇月ごろに赤く熟し、裂開して中に黒い種子が出てくる。サンショウの古名は、はじかみ(椒)だが、これはハジカミラからきたもので、ハジは果皮をはじかせるの意で、カミラはニラのように辛いことによると解釈されている。

材は淡黄色から黄色時に紅色を帯びる。学名の *Zanthoxylum* はギリシア語で xanthos(黄色)、xylon(材)から来ている。年輪はやや不明瞭で、肌目は緻密、比

図３　サンショウで作られた擂り粉木（一般家庭使用品）面に凹凸のある樹皮を残すことが多い

図４　サンショウの果皮　果皮が割れて開き、花のように見える。種類によって色や形が異なる

重は〇・八程度で強靱である。『木材ノ工藝的利用』には、「材堅緻なるを利用す」とされ、擂《す》り粉木《こぎ》、茶托、湯呑に用いられたとされているが、現在でもサンショウは同様に利用され、サンショウと言えば「擂《す》り粉木《こぎ》」を連想される方も少なくないと思われる（**図３**）。その他にも筆筒などの小物やステッキ、洋傘の柄などの器具に用いられる。カラスザンショウは直径六〇cmに達し、比較的大きな材がとれ、キリの代用として下駄の材料に用いられる地方もあった。また、箱根寄木細工の黄色味の一つにも用いられる。

サンショウの実や葉は、古来より日本において香辛料として用いられてきた。サンショウの葉は「木の芽」と呼ばれ、軽く叩いてお吸い物に添えたり、味噌と混ぜて木の芽味噌として、その香りが重用されてきた。これはミカン科植物の葉肉の中にある油点に含まれる油分によるもので、種類によって特有の香り・臭いがある。雄花は花山椒として食用にされ、雌花は若い果実または完熟したものを利用する。ことわざの「山椒は小粒でぴりりと辛い」は、この果実のしびれに似た苦味成分によるものである。果実は佃煮にされたり、果実の粉末は粉山椒と呼ばれ、ウナギ料理には欠かせない香辛料であるほか、七味唐辛子の材料の一つにもなっている。

中国ではサンショウ属の植物の果皮は花椒（ホアジャオ）と呼ばれ香辛料として用いられており（**図４**）、中でもカホクザンショウ（*Z. bungeanum* 英名 Szechuan pepper）の果皮は四川料理を中心とした中華料理に多用されている。乾燥粉末を料理の仕上げに加えると、四川料理の特徴といわれる舌の痺れるような独特の風味である。「麻」はまさにこの花椒の成分によるものである。また、日本薬局方ではサンショウ、サンショウ末が生薬として認められ健胃、鎮痛、駆虫作用があるとされている。

（安部）

図1　スダジイの材面（柾目）　狂いが出やすく耐久性もあまりよくないので材としての評価は高くない

図2　シイ林の春（宮崎県西米良村）　暖温帯性常緑広葉樹林の重要な一員である

シイ類（スダジイ*・マテバシイ**）

学名 *Castanopsis sieboldii* (Makino) Hatusima ex Yamazaki et Mashiba* *Lithocarpus edulis* (Makino) Nakai** **漢字** 椎* 馬刀葉椎** **中国名** 栲*（類） 石棶**（類） **英名** Japanese chinquapin* Japanese stone oak**

椎《しい》の木という名を耳にされた方は多いだろう。しかし、日本にはシイと名の付く木にブナ科シイ属のスダジイ、ツブラジイと同マテバシイ属のマテバシイなどがあるが、そのものずばりのシイノキという木は存在しない。シイの名の由来は「椎」の音読み「スイ」から転訛したもので、もともと椎の字は木槌を意味していたとの説がある。これらのシイ類はいずれも常緑の高木で日本の暖帯林の重要樹種の一つになっている（**図2**）。西日本では本来はこのシイ類などが優占する照葉樹林が広がっており、あくの少ないシイの種子は食用に常用されてきたと考えられている（**図3**）。『万葉集』には「片岡のこの向《むか》つ峰《を》に椎《しひ》蒔《ま》かば今年の夏の蔭《かげ》にならむか」という歌があり、シイの木陰で涼をとる風景が偲ばれる。しかし、現在では人間の土地利用が進み、天然性の高い照葉樹林は鎮守の森など限られた場所にしか存在していない。

スダジイは樹高二〇m、直径一mに達する。太平洋側と日本海側の両方の地域に見られ、福島県、新潟県以西の本州と四国、九州（屋久島まで）、朝鮮（済州島）にも分布する。ツブラジイ（*C. cuspidata*）は主に太平洋側の地域に見られ、関東以南から屋久島まで分布し、スダジイと比較するとより内陸に多く生育する。葉はいずれも長楕円型で長さ一〇cm内外で、先端は急に細くなって尾状になる。葉の先端側に鋸歯がある場合とまったくない場合がある。シイ属の学名

図3 スダジイの実 小粒ながらアクが少なく食用になる

図4 シイの花 先端が垂れ下がった花序は強いにおいを放つ

Castanopsis は「栗に似たもの」の意で、クリのように尾状に垂れ下がる花を五～六月頃咲かせ、林内には独特な臭気が漂う(**図4**)。一般的にはスダジイのほうがツブラジイよりも樹皮の縦の割れ目が顕著で、種子が大きいといわれている。しかし種子の大きさには中間的な形質を持つ個体が存在し、その変異が連続的であることから、厳密にどちらかを判別することが困難な場合がある。両者を区別せずにシイノキと呼ぶことも多く、日本各地にシイノキの名で天然記念物に指定された巨木が存在する。東京都御蔵島は巨樹が多い島で幹周り一三m以上もあるシイノキが存在している。

スダジイの材はツブラジイとくらべてタンニンの含有量が高いため、腐りにくく材質に優れるとされている。しかし、同じブナ科の常緑高木であるカシ類と比べると軽軟で構造用材としてはそれほど重要視されていない。これらのシイノキに生えるキノコで最も有名なのは椎茸だろう。マツによく生えるので松茸、エノキによく生えるので榎茸と「木の子」は親の木と密接な関係を持つ場合が多くある。ただし、椎茸の場合はコナラ属やカバノキ科クマシデ属の木にも良く生え、クヌギやコナラなどのほうが椎茸の原木としての耐久性が高いので、もっぱらこちらが利用されている。

マテバシイは日本特産で樹高一五m、直径六〇cmに達し、本州、四国、九州、琉球に広く見られる。葉は卵を逆さにした形で縁に鋸歯はなく、大きなものでは二〇cmに達する。ドングリには渋みが少ないので生でも食べられ軽く炒れば香ばしいおやつになる。マテバシイの種小名 *edulis* は「食用になる」と言う意味なので、本種の特徴を良く表している。シイの仲間の多くは熱帯から亜熱帯に生育し、幹は用材に種子は食用に利用されている。日本のシイ類はこれらの分布の北限になる。

(内海)

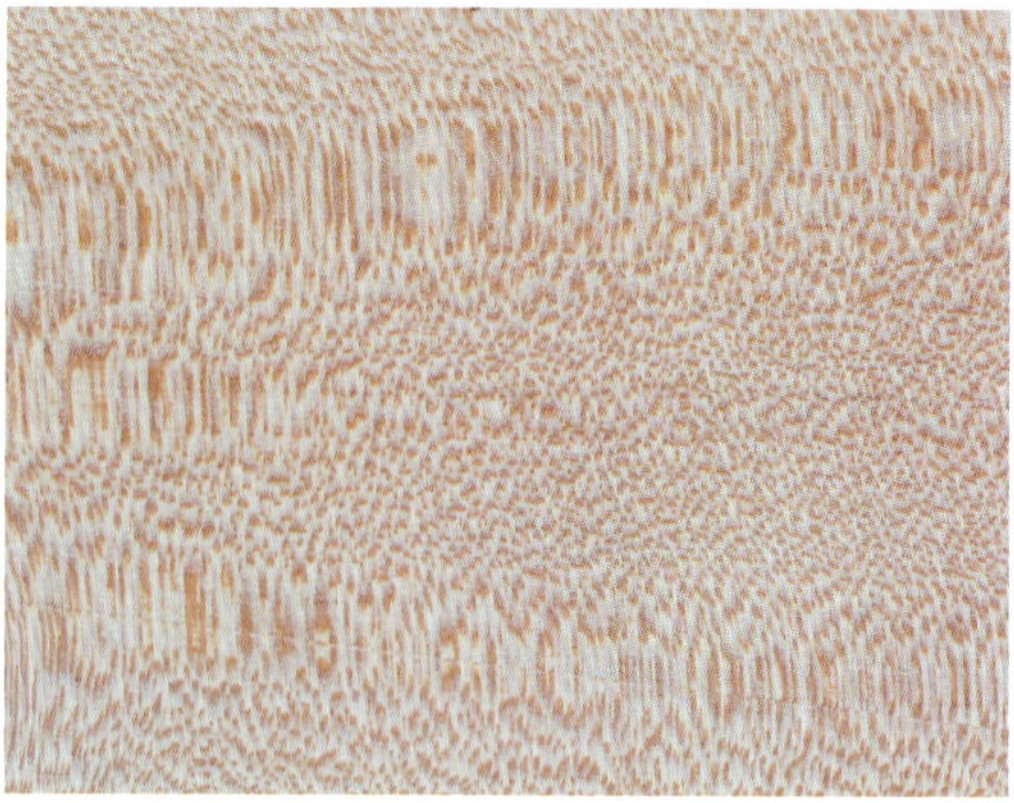

図１　シキミの材面（柾目）　硬さは中程度で寄木細工や施作材などに使われる

図２　シキミの花　ハナノキの別名はこの花が鮮やかに咲く様子から

シキミ

学名 *Illicium anisatum* L. **漢字** 樒 **中国名** 白花、八角（類） **英名** Japanese star anise, Japanese anise-tree

シキミは森林の中・下層に繁茂するシキミ科シキミ属の常緑樹で、樹高一〇m、直径三〇cm程度まで成長する。分類学的には被子植物基底群という古くから存在してきたグループに含まれる。別名をハナノキと言い、春になると一〇〜二〇の花被片をもつ多数のクリーム色の花が濃緑色の葉を背景に鮮やかに浮かび上がる（**図２**）。葉は互生して表面には光沢があり、葉脈は目立たず厚ぼったい感じで日に透かすと油点が見える。本州（宮城・石川以西）、四国、九州、中国大陸、台湾に分布する。全体に芳香があり、山中でもそれと気付くことがある。属名*Illicium*（ラテン語で「誘惑する」の意）はこの匂いからつけられたのだろう。シキミは昔は神事に用いるいわゆる榊《さかき》の一種として扱われていた。上原敬二は『樹木大図説』の中で神楽歌や新古今集、源氏物語などでは「榊」の葉に香りがあるとされているのに、現在のサカキには香りがない。よって昔の「榊」はシキミであり、シキミが清浄で香気があって不浄を除くので神に供していたが、仏教渡来後はシキミを仏前に供えるようになった。そして神仏の相違から神にはサカキを用い、シキミは仏にのみ使ったのではないかと述べている。現在では一般に仏前に供えられているのはシキミである（**図３**）。

シキミの名の由来は「悪しき実」から来ているといわてている。全体に有毒成分のアニサチンを含み、特に果実に多い。シキミの果実は径三cmほどの扁平な八角形をしており、食べると嘔吐、下痢、痙攣などを引き起こし、場合によっては死

図3　お供えされるシキミの葉（宮崎県椎葉村）　一般に仏前にはシキミを供える

図4　シキミの実　有毒成分アニサチンを含むので誤食に注意

に至ることもある（**図4**）。このシキミと近縁のトウシキミ（*Illicium verum*）の実は香辛料の八角として中華料理などに使われている。シキミとトウシキミは果実がよく似ているので間違えないよう注意が必要である。

近年、日本各地で増えているシカの植物への食害が問題になっているが、シキミの葉や樹皮は有毒のためにあまり食べられない。シキミは普通の森林内ではそれほど目立つ木ではない。しかし、シカの食害がひどい地域では他の植物が食害にあって無くなる中シキミが繁茂しているところも目立ってきた。シキミは有毒であると述べたがシキミに含まれる別の成分にシキミ酸という化合物がある。この物質はシキミだけでなくとても多くの植物に含まれ、各種のアミノ酸などを形成するのに重要な役割を果たす。この物質が最初に単離されたのがシキミであったためシキミ酸とよばれ英語でもshikimic acidになっている。最近ではトウシキミの実から得られたシキミ酸がインフルエンザ治療薬の原料にもなっている。木材の堅さは中庸で木がそれほど大きくならないので用途が限られるが、寄木細工や旋作材として使われ、かつては傘の柄や鉛筆材に用いられたこともあった。

京都にある愛宕《あたご》神社は全国八〇〇余社の愛宕神社の総本山で、防火鎮火の神様として有名である。参詣人はお札とシキミの枝をもらって帰る習慣があり、昔は持ち帰ったシキミの葉を一枚一枚かまどにくべる習慣があった。現在も愛宕神社では社殿のある愛宕山に自生するシキミが使われている。

同じシキミの名を持つミヤマシキミという植物は分類学的にはシキミの仲間ではなくミカン科で、葉に柑橘系の芳香がある。常緑でシキミのように芳香があることからミヤマシキミの名が付いたと思われるが、学名も*Skimmia japonica*と混乱を助長するような名になっている。

（内海）

図2　イヌシデの幹（つくば市、国立科学博物館筑波実験植物園）　樹皮表面の凹凸と裂目模様が特徴である

図1　イヌシデの材面（柾目）　重硬かつ緻密で、カエデと同様な用途に使われることがある

シデ類*・アサダ**

学名 Carpinus spp.*　Ostrya japonica Sargent**　**漢字** 垂*、四手*　**中国名** 鵝耳櫪（類）*　鉄木（類）**

英名 hornbeam（類）*　hop-hornbeam（類）**, ironwood（類）

シデ類とアサダはカバノキ科の落葉広葉樹で、それぞれクマシデ属、アサダ属に分けられている。日本産のクマシデ属樹木には、サワシバ（*C. cordata*）、アカシデ（*C. laxiflora*）、イヌシデ（*C. tschonoskii*）など五種がある。このうちイワシデ（*C. turczaninovii*）は高さ四mくらいまでの低木であるが、他の四種は高さ一〇～一五m、直径三〇～四〇cmまでの高木ないし亜高木である。一方、日本産のアサダ属樹木は、アサダ一種である。アサダは、高さ二〇m、直径八〇cmくらいまでの高木である。イワシデは西日本の山地の尾根筋や岩場に自生するが、他のシデ類とアサダは九州から東北または北海道までの広域に分布し、ナラ類やカエデ類などに混じって散生する。

シデ類とアサダでは、葉や花の形状は似るが、樹皮の形状が異なる。シデ類の多くでは、成木になると樹皮に縦方向の紡錘形ないし菱形の裂け目模様が生じる（**図2**）。これに対して、アサダ成木の樹皮は短冊状の薄片に断片化し、それぞれの薄片がしばしば末端から剥離して反り上がる（**図3**）。

アサダの名の由来は不詳である。一方、シデの名は、花穂および実の様子が神前に供える玉串やしめ縄に付ける装具＝四手に似ていることに由来すると言われる（**図4**）。アサダには樹皮形状に因むハネカワ、ミノカブリなどの別名があり、シデ類には、ソロ、ソノ、ソネ等の別名がある。

国外では、シデ類やアサダ類は材の重硬さに因んだ名称で呼ばれることが多

図３　アサダの幹　樹皮表面が縦に長く断片化し、各末端が反り上がるのが特徴である

図４　アカシデの梢　実はしめ縄に付ける四手を彷彿させる

い。シデの英名＝Hornbeamは、Horn（角）とBeam（イギリス古語で生きている木のこと）の合語で、堅い木を意味する。アサダの英名は、葉の形状がシデ類（Hornbeam）に似て、実はビール原料のホップ（セイヨウカラハナソウ *Humulus lupulus* var. *lupulus*）に似ることから、一般にhop-hornbeamと呼ばれるが、北米では他の幾つかの硬い木とともにironwood（鉄木の意）とも呼ばれる。また、中国でもアサダは硬さに因み鉄木と呼ばれ、アサダ属は鉄木属と称される。*Ostrya*というアサダ属の学名もまた材の堅さに由来すると言われ、語源はギリシア語で骨を意味するosteoであるという説がある。

アサダ材は、国産材の中でかなり重硬な部類に入り、緻密且つ強靭で割れにくく、耐久性が高い。切削などの加工性は不良だが、磨くと艶を発する。ナラとともに床板材として定評がある。合成素材・複合素材の普及以前には、杵、器具の柄、機械部品、漁具に使われ、北国ではイタヤカエデとともにスキーの板や橇《そり》の部材としても使われた。

シデ材の性質は、アサダと同様であるが、アサダよりも色が淡く艶が乏しい。器具、楽器の部材、挽物玩具、漆器の木地、家具、曲木、ステッキ、スキーなどに使われ、薪炭材やキノコ栽培のほだ木にも多用される。シデ材の特徴は、木口面を見ると、年輪界が波打っていることである。これは、年輪界が集合放射組織という構造物と交差する箇所で樹心側へ鋸歯状に凹んでいることによる。シデの丸太を剥皮すると、この部分は縦溝となって、材面に皺が生じたように見える。これに意匠性があるため、裂け目模様の顕著な皮付きの丸太とともに、磨き丸太が床柱として賞用される。また、イヌシデやアカシデは、ソロの名で盆栽に愛用される。

（安部・佐野）

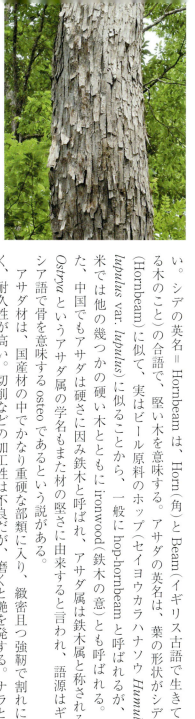

図1　シナノキの材面(板目)　白色で軽い。よく見ると材の表面にリップルマークと呼ばれるさざ波模様が見える

図2　シナノキの花　初夏に白っぽい花を多くつける。鞘のような形をした飾り花(包葉)が目立つ

シナノキ

学名 *Tilia japonica* (Miq.) Simonkai　**漢字** 榀、科の木、級の木　**中国名** 华东椴树

英名 lime wood(類), bass wood(類)

シナノキは、通常樹高一五～二〇m、胸高直径五〇～六〇cmに達するシナノキ科に属する落葉性の広葉樹である。北海道、本州、四国、九州、及び中国の温帯に分布しており、温帯地域では主に山岳地帯で見られる。シナノキ属の樹木は、北半球の温帯地域に約三〇種が分布しており、ヨーロッパでは街路樹、公園樹として親しまれている。シナノキの名前の由来については、「皮がシナシナする」こと、またはその皮が白いのでシロからきたなどといわれているが、元来シナは「結ぶ」「しばる」「くくる」というアイヌ語からきたものとされる考えもあり、どれが正しいか定かではない。

葉は円形に近い心臓形で縁に鋸歯があり特に特徴がない。樹形、枝振りもいわゆる誰もが想像する落葉性の広葉樹の典型で、広葉樹の絵を描くとシナノキのような絵になることが想像できる。筆者も山でシナノキの若齢木を見つけ、何の樹か分からず、持ち帰って調べたこともある。花は夏の濃い緑の中に咲くので目立たないが、よい香りがして、そこに蜜蜂が群れていることが多く、良質のハチミツがとれる蜜源植物である。秋には褐色の丸い実がなって、舌のような形をした飾り葉(包葉)とともに目立つようになり、シナノキであると認識することが容易になる(**図2**)。

属名の *Tilia* は「ボダイジュ」を意味するラテン語の古名であるが、語源は ptilon(翼)であると言われており、包葉が翼をイメージさせているためである。

図3　シナノキ合板の木箱（つくば市、ホームシックStyle Shop社）　白色で加工しやすいので大径のシナノキは合板に用いられる

図4　サケ皮の靴を締めるシナノキ樹皮繊維の靴紐（北海道、千歳サケのふるさと館）　ヨーロッパでもシナノキ属の樹木の樹皮は、衣類や紐に用いられていた

ボダイジュは漢字では「菩提樹」と書かれるが、日本でも同属のオオバボダイジュが北海道、本州に自生している。シューベルト作曲のボダイジュ（Linden Baum）もこのシナノキ属のナツボダイジュである。ヨーロッパではシナノキはかなり民衆の間にとけ込んだ樹木で、リンダ、リンドバーグ、リンドグレン、リンネなどの人名もLindenから由来している。ちなみに釈迦がその樹の下で悟りを開いたのは、全く別の樹で、熱帯性のクワ科イチジク属のインドボダイジュであり（アコウ・ガジュマルの項参照）、中国ではこの種を菩提樹と呼んでいる。

　シナノキの材は、白色で辺心材の区別は明瞭でなく、軟質の材で加工しやすい材である。『木材ノ工藝的利用』では、「材軽軟工作容易なるを利用す」として、時計枠、洋風建築の指物彫刻に用いられたという記載がある。版画板には、シナノキがよく使われている。繊維の配列が整っているため、板目の表面にはさざ波模様（リップルマーク）が現れる（**図1**）。その加工性から日本では、大径のシナノキは優良な合板の原料とされてきた（**図3**）。また、割り箸、アイスクリーム用の木さじなどにも用いられるが、現在、これらのほとんどが中国からの輸入品である。樹皮は繊維が強くまた耐水性があるため、縄文時代から縄や漁網等に用いられたほか、これで織られた布は、しな布、まだ布と呼ばれ利用された（**図4**）。現在でも山形県、新潟県の一部で作られるものは、羽越しな布として経済産業省指定伝統的工芸品となっている。ヨーロッパにおいてもシナノキ属の樹皮は大切な素材で、特にナツボダイジュ（*Tilia platyphyllos*）とフユボダイジュ（*T. cordata*）がよく用いられていた。一九九一年にイタリアとオーストリアの国境で発見された紀元前三三〇〇年頃に死亡したとされるアイスマン（Ice Man）が身につけていたマントと靴の紐はシナノキ属の樹皮の繊維で作られていた。また、スカンジナビアでは二〇世紀中頃までシナノキの繊維を使ったロープが使われていた。（安部）

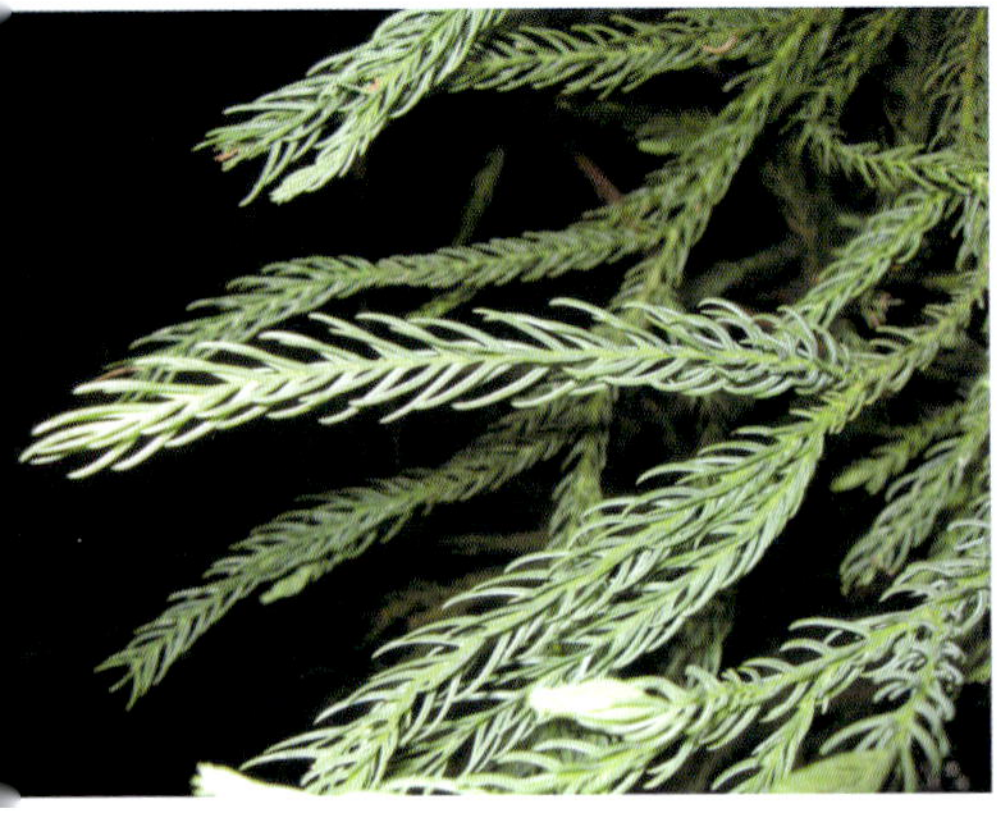

図2　柳杉の葉の形状（中国浙江省天目山）　日本産のスギより内側に強く湾曲するといわれる

図1　スギの材面（板目）　木目が通直で割りやすく、軽量で加工も容易で古来より多様な用途に用いられる

スギ

学名 *Cryptomeria japonica* (L. fil.) D. Don　**漢字** 杉　**中国名** 日本柳杉　**英名** Japanese cedar

スギは、スギ科スギ属の常緑針葉樹で、樹高四〇m、直径二〜五mに達する。樹冠は楕円状円錐形で、老木になると先端が丸みを帯びる。大きいものは高さ六五m、直径六・五mに達し、屋久島には推定樹齢三〇〇〇年を超えるものが生育している。スギの和名の由来には、①すくすくと成長する木、②スグ（直）な木、または、スナヲキ（直木）の転じたもの、③上へ進みのぼる木であることからススミキ（進木）の意味であるなどの諸説がある。学名で、cryptosは「隠れた」、merisは「部分」を意味するが、全体の意味は不明である。スギ属は、わが国と中国大陸に一種ずつ分布し、わが国にはスギ一種のみ生育している。中国の種類は柳杉（*C. fortunei*）と名づけられており、葉の形態は日本産のスギと酷似している（**図2**）。違いは柳杉では針葉が内側に湾曲しているのに対して日本のスギは湾曲度が少なく、どちらかというとまっすぐ伸びることにあると中国の樹木学者から聞いたことがあるが、筆者が見比べた範囲では余り違いがないようであった。森林総合研究所でも日本産のスギと中国産のスギ（柳杉）の比較のため葉緑体DNA上の四領域のシーケンスを使って調べられたが、両者の塩基配列に違いは見られなかった。両者の差異の有無を検出するにはもっと多くのDNA領域のシーケンスを解析しなければならないが、現時点では両者は限りなく近いようである。ちなみに、中国でいう「杉木」（中国語読みではサンムウという）は*Cunninghamia*属で、日本では広葉杉（コウヨウザン）属のことであるので混乱のないようにされ

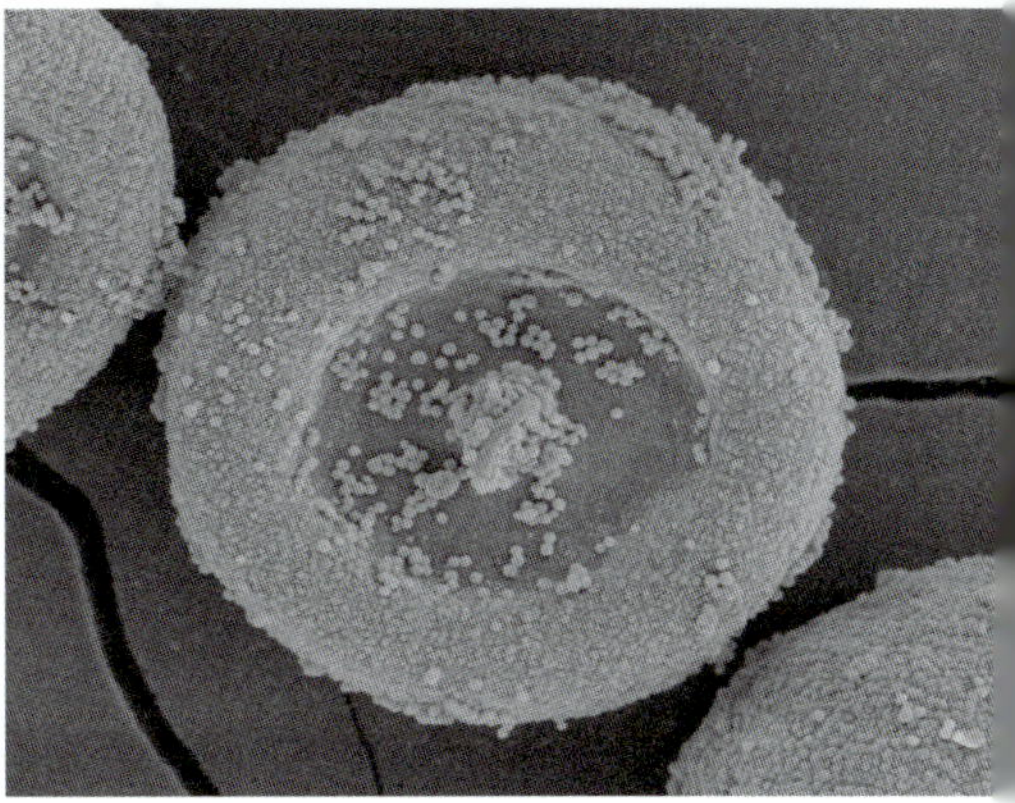

図３　スギの花粉（電子顕微鏡写真×1700）　早春（2～3月）に風が吹けば小麦粉を撒いたように花粉が飛散する

図４　スギの円盤（奈良文化財研究所所蔵）　辺材と心材の区別が明瞭

たい。

スギは日本の造林面積の四〇％を占め、わが国の樹木で最も多く植林されている樹種である。林業上大変重要な樹種である一方で、最近では花粉症の元になる木ということで問題になっており、花粉を余り生産しないスギの木の育成試験がおこなわれている（**図３**）。スギの天然分布図をみると北海道を除く地域ならどこにでも生えているが、とりわけ日本海側に分布が偏っている。主な天然スギの生育地および遺跡出土材や埋没材のデータを参考にすると、静岡県に所在する遺跡からスギの木製品が多く出土する例を除いては太平洋側の遺跡には少なく、以下のように日本海側の各地に多くスギが出土しているのがわかる。新潟県（千種遺跡、弥生のスギ）、富山県（杉沢、泊町大屋海岸（一五〇〇年前のスギ材）、魚津（二〇〇〇年前の埋没スギ林））、滋賀県（余呉湖周辺、赤野井湾遺跡、小津浜遺跡）、京都府（古殿遺跡）、兵庫県（袴狭遺跡：六五一点中三一六点、入佐川遺跡：三六八点中二三七点）、鳥取県（沖ノ山）、島根県（五反配遺跡：一一六点中八〇点）。このほかに、現生では秋田県（秋田杉）、山形県（羽黒山）、栃木県（日光）、京都の芦生などがスギの生育地として知られている。以上のように日本海側がスギのベルト地帯であったことが理解できる。スギは成長が早いこともあり、スギの適潤地が多く人工造林が盛んになり、日本の各地にスギの林業地が発展してきた。そのうちの一つに、京都には北山林業がある。紅葉で有名な高雄の地をさらに奥に進むと中川村（古くは中河村）があるが、この付近一帯が北山林業の盛んな地域だ。この村の山沿いの道の両側には見事に枝打ちされたスギの木が林立する姿が楽しめる。北山林業は和風建築に欠かすことのできない床柱や桁、垂木などの磨き丸太を生産するのが主目的である。丸太仕立てと、台杉仕立てとがあるが、時代の変遷と共に台杉仕立ては衰退し、昨今ではめずらしさが受けて庭園用

図5　秋田杉　赤褐色ないし暗赤褐色で、縦に長く裂け、細長く剥げる

図6　清酒造り用醪（もろみ）樽（京都市、月桂冠大倉記念館）

に利用されている。台杉というのは、もともと苗の不足を解消する一方法として始められたのであるが、枝打ちをおこなうときに、幹の根元付近の枝を切らずに次世代用に残しておく。磨き丸太用に主幹を伐採すると、翌年以降には残しておいた枝が大きくなり、いずれ磨き丸太として利用できるというわけだ。

スギは銘木として日本建築の床の間を飾る床柱、落掛、天井板などに利用されており、秋田杉、北山杉、春日杉、霧島杉、薩摩杉、吉野杉、屋久杉などと呼ばれ、珍重されている。スギ材は、年輪がくっきり目立ち、板に挽くとしばしば竹の子杢や笹杢というような装飾的価値のある木目パターンを示す。屋久杉のような年輪の緻密な材では鶉杢《うずらもく》が現れ、木工の職人さんたちには貴重な材料を提供する。スギの辺材は淡黄褐色、心材は赤褐色ないしは黒褐色となる（**図4**）。後者は「黒心《くろしん》」といって商品価値は下がるが、強度は赤心と大差はない。黒心は枝打ちや病虫獣害によってできる場合があるが、成因ははっきりしていない。スギの樹皮（**図5**）は縦に裂け目が入っていることもあり、剥皮しやすく、往時は屋根葺き用に用いられた。スギ材は独特の香気を有しており、そのため後述のように、古来酒樽用材として珍重されている。

『大和本草』に「種類多し、赤白あり、赤杉を良となす、鬼杉あり、木ねじけ木理ゆがみてあし、植うべからず、日本に昔は杉をマキと云、マキの戸など云、杉戸なり、凡杉は美材なり、柱とし、棺に作り、土に埋み桶とし水を入て久しく腐らず、屋をつくり、船につくり、帆柱とし、器を製す、甚民用を利す、枝を正二月に挿みて能く生ずれとも実をうへたるが正直に美材となるにしかず、山に宜しく黄赤土に宜し、沙土によろしからず、棺に作るには赤き油杉を用ゆ、油杉の香臭あるを酒家これを酒中に投じて気味を助く、合壁事類に倭国に出る者尤佳といへり、本草に時珍も倭国に出づることを云へり、昔日本より中国にわたりしにや」

図7　スギ玉（京都市、月桂冠大倉記念館）　もともと酒屋が新酒ができたことを知らせるために吊るされた

図8　赤杉町屋行灯　京指物の老舗、和田卯製の和風照明具。秋田杉と美濃和紙の使用にこだわる

（上原敬二著『樹木大図説』から転用）とある。以上のように、往時はスギを真木《まき》と呼んでいたことや戸、柱、棺、屋根、帆柱、器などスギの様々な用途が記されている。また先述のように、酒樽を造るのに向いており、材中よりある種の成分が酒中に浸出し、酒の香気を増すといわれる。酒樽は今でこそ規模が縮小しているが、その製造工程を知っておくことは意味があろうと思う。樽といえばウイスキーかワインなどのナラ材でできた樽が連想されるが、わが国ではやはりスギ材でできた清酒製造用の樽が主流だ（**図6**、醪樽《もろみだる》）。酵母に麹、蒸米、水を三回に分けて加え、約二五日間糖化とアルコール発酵をさせるいわゆる「醪仕込み」に使われるのが醪樽で、某酒造メーカーでは、かつて、直径一八〇cm、高さ一九〇cmととてつもなく巨大な樽が用いられた。スギ材は清酒に木香《きが》と色調とを与えかつそれを熟成させる作用があるので清酒用の用材として昔から好まれる。それゆえ、造り酒屋にはスギ玉が飾られる（**図7**）。清酒の樽の側板を束ねたものを「樽丸」という。樽丸の主たる生産地は奈良県の吉野地方である。樽丸の最も優れた材は樹齢八〇～一〇〇年、胸高直径三二～四〇cmのものが用いられる。伐倒したスギは枝葉を落とさず、まず利用部分の剥皮を行い、伐採部分の元口を切り株の上に乗せて葉枯れの効果をあげ[注1]、かつ材が傷つくのを避けるのである。さらに、樽丸の適材については以下のような説明がある。「樽丸の寸法は四斗樽が標準で、四斗樽の側板すなわち本丸又は正丸《しょうまる》と称せられるもの一枚は、長さ一・八尺、幅二～四寸、厚さ五分位、樽に組むために最初から年輪に沿って少々湾曲させて木取られ、各一枚に少なくとも二すじの年輪が全通していることが要件である。本丸の出荷は四斗樽六個分宛を一束とし、これを箍《たが》で締め付けると直径一・六尺くらいになる。この一束はだいたい一〇〇～一一三枚、延幅三四尺位である（佐藤彌太郎監修『スギの研究』から転用）」。

図9　伝統的木造住宅に普通なスギの板塀(京都市、月桂冠大倉記念館)

『大和本草』にも一部記されているように、スギは古来より様々な用途に幅広く用いられてきており、丸木舟の用材として適していることはすでに日本書紀に記されているところであるが、丸木舟以外の船舶についてもスギが用いられてきた。洋船にはチーク、ケヤキ、アカガシ、ナラなどの硬くて丈夫な材が用いられるのであるが、和船は洋船に比べて小型であり、古来スギやヒノキが用いられてきた。スギが最も広く用いられたのは建築用材としてであり、土台、柱、桁・胴差、梁、大引、根太、足固め、床板、敷居、鴨居、長押、天井板、竿縁、縁側、下見張、屋根板、建具材などとして用いられてきた。その他には、土木用材、車輌用材、容器、包装用材、漆器木地用材、器具用材(下駄、箸、折箱、杷柄用材など)、祭祀具、紡織具、食事具、田下駄、琴など多種多様な木製品に利用されてきた。スギ皮もヒノキ皮と同様に屋根、天井、囲い壁などに広く用いられてきた。表面を火であぶって炭化させたスギの板塀は子供の頃よく見かけ手にとげがささるので印象深いが今はだんだん見かけなくなっている(**図9**)。このようにスギは、わが国の歴史上最も利用頻度の高い木材であるといえる。

紙面の残りで伝統的工芸品としてのスギの利用例を紹介したい。京都の中心部近くに、京指物としての歴史と伝統のある店のひとつに和田卯(屋号)がある。和風照明具で知る人ぞ知るお店である(**図8**)。先代の和田卯吉さんが存命中にインタビューに伺ったことがある。材料は美濃和紙と秋田杉にこだわっているという。何故吉野杉など他の地域のスギではだめなのかを問うたところ秋田杉は材色が赤みがかっていて美しく、脂分が少なく材は緻密で加工しやすいという。また、秋田に行くと大館に伝統工芸の一つの「曲げわっぱ」がある。秋田杉の年輪が緻密にならぶ蓋は美そのものであった。職人は狭い年輪幅のリズミカルな変化を見逃さない。同じスギでも職人は木材のわずかな違いにこだわる。そこに伝統工芸の素晴らしさ、秘密があると感じさせられた。

(伊東)

注1：枝葉をつけたまま林地に放置することによって、材中にある水分をすみやかに蒸散できるので、現在のように人工乾燥技術が発達するまではこのような方法がとられてきた。

北山杉（京都市中川村）　幹の高さの半分以上枝打ちされたスギが並ぶ。生育中に幹の回りに 15 cm くらいの棒（木、プラスチック）を針金で巻きつけ、絞り目の出たしぼ丸太を生産するのに使われる

図1　アメリカスズカケノキの材面（柾目）　淡色であるが、広放射組織があるため、柾目ではナラ材のような虎斑が現れる

図2　冬のスズカケノキ　木に球状の実が多く垂れ下がる

スズカケノキ

学名 *Platanus* spp.　**漢字** 篠懸　**中国名** 懸鈴木（類）　**英名** sycamore（類）, buttonwood（類）, plane-tree（類）

スズカケノキはスズカケノキ科に属する*Platanus*属の樹木の総称で、樹高三〇m、直径一mに達する落葉性の高木である。北半球のヨーロッパ南東部、インド、インドシナ半島、北米からメキシコに六～八種が隔離分布している。スズカケノキは病虫害や大気汚染にも強いため街路樹としてもよく用いられ、一九〇七年（明治四〇年）、福羽逸人と白沢保美によって選定された「東京市行道樹改良按」の中で選定された一〇種の街路樹に含められ、現在でも主要な街路樹として植栽されている。日本語のスズカケは、秋に出来る集合果が山伏の着る篠懸の衣に付いている房の形に似ているところからその名が付いたと言われている（**図2**）。日本で最も多く見られるモミジバスズカケノキ（*Platanus* ×*acerifolia*）は、北米東部原産のアメリカスズカケノキ（*P. occidentalis*）と西アジア・南東ヨーロッパ原産のスズカケノキ（*P. orientalis*）との雑種といわれている。新宿御苑のフランス庭園のモミジバスズカケノキの大木の並木道は、美しさと壮大さで人々を魅了するが、これらは明治時代に導入されて、街路樹用に挿し木増殖の母樹となったもので、東京市街の街路樹に利用するモミジバスズカケノキがここで育樹されていた。また、その後に造成された日本各地のプラタナス並木も、新宿御苑のモミジバスズカケノキに由来している。スズカケノキと言うよりもプラタナスという呼び名の方がなじみのある方もいると思われる。白と緑が鹿の子まだらになった樹皮とカエデの葉をひとまわり大きくしたような葉が特徴で、公園や

図3　公園でスズカケノキの落ち葉で遊ぶ子供(つくば市)　葉は大きく一斉に落ちる。樹皮ははげやすく鹿の子まだらになっている

図4　スズカケノキ(左)とモミジバフウ(右)の実　遠くから見ると似ているが、実の形や付き方が異なる

歩道でもすぐにそれと認識できる(**図3**)。アメリカスズカケノキは一九〇〇年に日本に導入されたが、あまり広まっていない。スズカケノキは明治初めに渡来し、小石川植物園に植えられた。スズカケノキの英語名plane-treeは、ラテン語のPlatanusから来ているもので、元々はギリシャ語の大きな葉という意味から来ていると考えられている。秋に大きな葉が一斉に落ちる様は印象深く、俳句ではスズカケノキの葉は秋の季語になっているほか、昭和の歌謡曲でも歌われている。また、落ち葉は量も多く、子供たちの格好の遊び道具となるが、ヨーロッパでは片付けが大変な厄介者ともなっている(**図3**)。スズカケノキによく似たマンサク科のフウ属(*Liquidambar* spp.)のフウ(*L. formasana*)やモミジバフウ(*L. styraciflua*)も街路樹として一般的で、秋にはスズカケノキと同じような大きさの集合果を付けるので、見間違えることもあるが、実の付き方や形、樹皮の形状が異なっていることで見分けがつく(**図4**)。モミジバフウは秋になると紅葉し、寒い朝などは真っ赤になった通りがきれいであるが、成長が早く、頻繁な剪定が必要である。中国ではフウには「楓香樹」の字を当てる(カエデの項参照)。

スズカケノキの仲間は痩せ地でもよく成長し、公害にも強く、刈り込みにも耐え、冬の初めに剪定されて丸裸になっても、次の年にはもとの様な樹形になる。そのため、世界各地で街路樹として植栽されている。材の辺材は黄白色、心材は赤白色、緻密でやや重硬、比重は〇・六〜〇・八、ろくろ細工などの器具として用いられることもある。通常、成長の速い樹は材は軽くなる傾向があるが、スズカケノキは成長が速く、材も重いという特徴がある。また、lacewoodとよばれ、ピアノの部品にも用いられていたようである。材の放射組織が発達しているため、柾目に虎斑《とらふ》(silver grain)(**図1**)というナラやカシによく似た木目が現れ、ヨーロッパなどでは珍重されているようである。

(安部)

図1　センダンの材面(板目)　平安時代初期に仏像彫刻に多用された

図2　センダンの外観(京都府立植物園)　現在では緑化樹としてよく植栽される

センダン

学名 *Melia azedarach* L. var. *subtripinnata* Miq.　**漢字** 梅檀　**中国名** 苦楝　**英名** bead tree

センダンは、センダン科センダン属の落葉広葉樹である(**図2**)。大きいものは樹高二〇m、直径一mを超える高木である。元々日本には分布せず、かなり古い時代に渡来した外来樹と言われるが、現在では南西諸島、九州、四国、小笠原諸島、本州の伊豆半島以西の太平洋沿岸に広く自生する。また、とくに西日本で緑化樹としてよく植栽されている。近縁種に、中国、台湾、インドシナ半島、ヒマラヤ山麓に分布するトキワセンダン(*M. azedarach* var. *azedarach*)がある。両者は葉や実の形態上の違いから変種として分けられているが、その違いは連続的で、明確に区別するのは無理とも言われる。

センダンは元々オウチ(あふち)と呼ばれており、『万葉集』にも登場する。「センダン」の名がいつ頃から現在のセンダンの呼称として定着したのかは、はっきりしない。「センダン」は、本来は南アジアに分布するビャクダン(*Santalum album*　ビャクダン科)の呼び名であった。その由来は、梵語でchandanaと呼ばれていたのが音訳され、次第にセンダンに転訛したというのが通説である。いつの時代にセンダンからビャクダンに転じたのかもまた、はっきりしない。

大成する人物は幼時より優れた能力を見せることを喩えて、「梅檀は双葉より芳し」と言われるが、この梅檀はビャクダンのことである。しかし、ビャクダンの双葉が実際に香気を発するわけではない。双葉にも本葉にも芳香はなく、芳香を発するのは傷害や病虫害により香気成分が沈着した材部だけである。センダン

図３　センダンの花　清楚で芳香がある初夏の花で、「あふち」の名で万葉集にも詠歌がある

図４　多くの実を付けたセンダンの梢端(円内は実の拡大)　有毒成分を含み、中毒の事故も多い

も花には香気があるが、葉や材は匂わない(**図３**)。

センダンは、平安時代に京の都で刑場前に植えられ、生首を枝に掛けてさらすのに使われたことで知られる。なぜセンダンが使われたのかについては、インドや中国ではセンダンには魔除けの力があるという伝承があることから、それが日本にも伝えられ、斬首された人の霊を鎮める意味で選ばれたのではないかという、南方熊楠の論考がある。現在でも、墓場に植栽し、屋敷の敷地に植えるのを忌む風習を伝える地方がある。また、枝葉が厄祓いに使われることもある。

センダンの材は、重さ硬さは中庸の部類に属し、木目が明瞭で加工性が良い。心材は赤みを帯びた淡黄褐色を呈し、光沢がある。細工物や工芸の適材で、造作、家具、彫刻、寄木によく利用されてきたほか、和楽器や木魚にも使われてきた。また平安時代初期(貞観時代)に限って、仏像に多用されていた。しかし、センダン材の耐久性は低いらしく、この時代のセンダンの仏像は他樹種の仏像に比べて劣化がかなり進んでいるという。

世界的にみると、センダン科の樹木には良材として名高いものが知られる。中南米産の*Swietenia*属樹木はマホガニーと呼ばれ、欧米で家具や造作、工芸用の高級材として珍重されてきた。アフリカ産の*Khaya*属樹木、中国産のチャンチン(*Toona sinensis*)は、それぞれ欧米ではAfrican mahogany, Chinese mahoganyと称され、今では稀少になったマホガニーに代わって珍重されている。

センダンの実と樹皮は、それぞれ苦楝子《くれんし》、苦楝皮《くれんぴ》と呼ばれる生薬に用いられていた。駆虫の効能があるが、有毒成分を含み、副作用があって処方しにくいとも言われる。この有毒成分はメリアトキシンという物質である。センダン類は緑化樹として亜熱帯～暖温帯域の各地に導入されているが、その実を食した家畜や人の中毒例も報告されている(**図４**)。

(佐野)

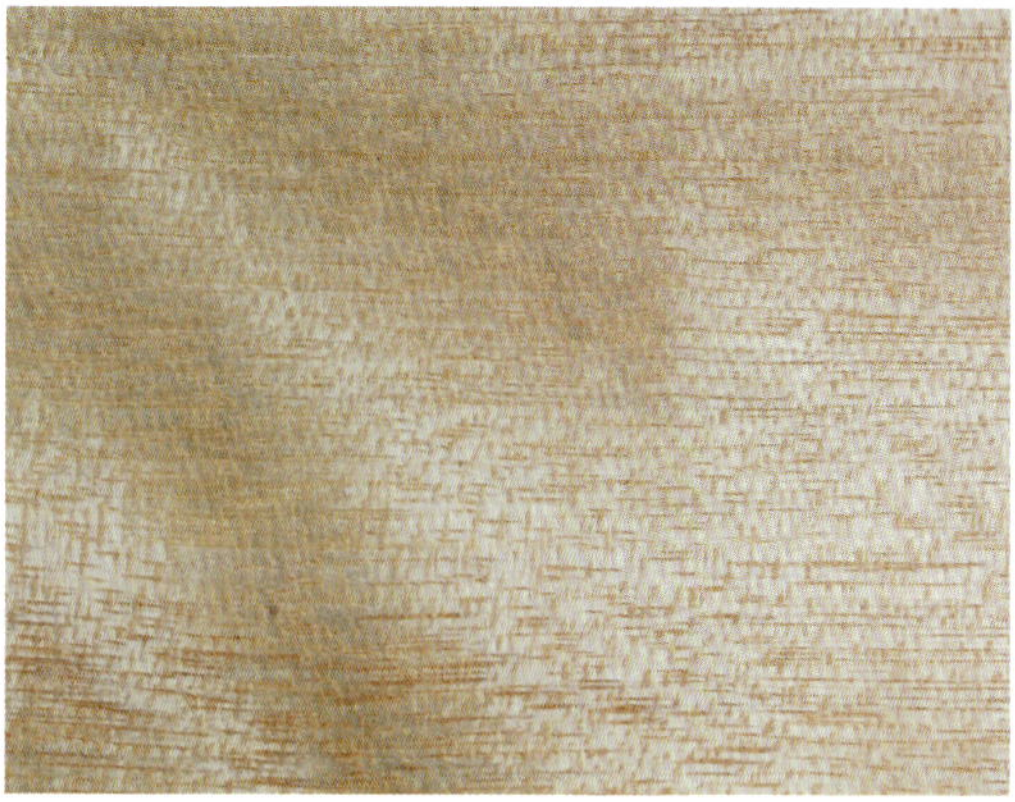

図1　タブノキの材面（柾目）　割れにくく家具材、器具材などに使われる

図2　タブノキの樹形（福岡県篠栗町）　大きく枝を広げ、時に林冠を占有する

タブノキ

学名 *Machilus thunbergii* Sieb. et Zucc.　**漢字** 椨、玉樟　**中国名** 紅楠　**英名** なし

タブノキは樹高二〇m、直径一m以上の大木になるクスノキ科タブノキ属の常緑樹で本州、四国、九州、沖縄、朝鮮南部に分布し、シイ類やカシ類とともに日本の照葉樹林を代表する木である。暖かいところでは内陸にも見られるが、東北地方では沿海地に限られ、宮城県の八景島と椿島のタブノキを中心とした暖地性植物群落は国の天然記念物に指定されている。タブノキは大きな樹冠を形成して迫力のある樹形になるので山の主といった風情を感じさせる（**図2**）。空から降ってきた雨のなかで枝葉につかまり幹を伝って流れる水を樹幹流というが、伊豆七島の利島や三宅島では昔このタブノキの樹幹流を集めて牛などの飲み水にしたそうだ。大きく広がるタブノキの樹冠（樹幹にあらず）は集水効率が高いのだろう。春に咲く花は黄緑色で小さく地味だが、赤い花柄はよく目立ち、夏には直径一cm程で黒紫色の果実をつける。また赤みがかった新葉が一斉に展開する春には旧葉との対比は見事である。葉は互生で長さ約一〇cm、幅四～五cmで二cm程の葉柄がつき、表面がてらてら光った艶やかな濃緑色で、裏面はやや粉白色になる（**図3**）。冬芽は楕円形で径約五mmと大きく、淡紅緑色を帯びるのが特徴である。

タブノキの名の由来は定かではないが、『万葉集』の大伴家持《おおとものやかもち》の歌に「礒《いそ》の上のつままを見れば根を延《は》へて年深からし神《かむ》さびにけり」というのがある。「つまま」とはタブノキの古名で、タブノキが海沿いに生育することがこの歌からも窺われる。この木は耐塩性や耐風性があるので、海岸沿いの防風・防潮樹に適する。

材はやや軽軟なものから多小重硬なものまであり、割裂性は小さく建築材や家

図３　タブノキの葉と実　赤い果柄が特徴的で、緑の実はやがて黒熟する

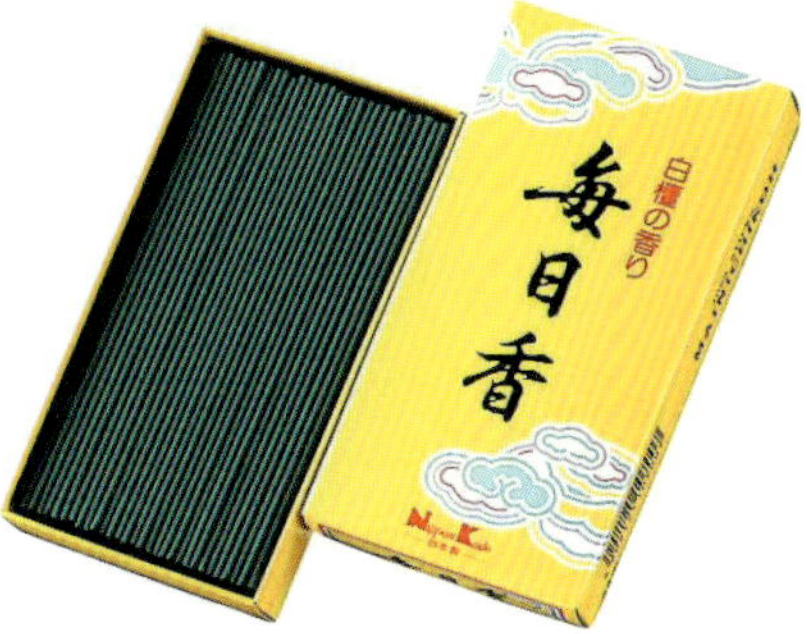

図４　線香（日本香堂）　粘結材として樹皮を粉末にしたタブ粉が使われている

具材、船舶材などに利用される。タブノキの材はその色から紅タブと白タブに区別されることがある。明治時代に出版された『木材ノ工藝的利用』ではタブノキには「紅タブと白タブとあり白タブ虫蝕し易きも紅タブは然らず」とあり、一般には紅タブのほうが良材とされている。タブノキに限らず樹木は生まれたあと年を経るに従いその幹の内部に心材と呼ばれる全ての組織が死んだ部分が形成されてくる。この心材の形成時に、それまで生きていた細胞の内容物が心材物質と呼ばれるものに変化して、材の耐久性を高めると考えられている。紅タブは白タブに比べて心材物質の量が多かったため、見た目も赤く耐久性が高いのかも知れない。

面白い使われ方としては樹皮の染料としての利用がある。伊豆諸島の八丈島では黄八丈と呼ばれる紬織《つむぎおり》が有名だ。この黄八丈は黄色、樺色（赤味のある茶色）、黒色の三色の草木染めを基本としているが、その中の樺色を染めるのがタブノキの樹皮である。四〇～五〇年生の木の幹を晩秋から冬にかけて採取したものが最適といわれ、樹皮を細かく削って窯で煮た後、さらに煎じかすの樹皮を焼いた灰を混ぜて染色液が作られる。これに一晩糸を浸し、翌日天日で乾燥させる作業を繰り返し、途中に何度か木灰による媒染を行うことで美しい樺色に染め上げられる。同様に黄八丈の黄色はイネ科の一年草のコブナグサ（八丈刈安）の煎汁を、黒色はシイ類の樹皮の煎汁を用いる。いずれの材料も島に生育しているものを用いるので独自の風合いを保っているのだろう。また、タブノキの樹皮に粘性があることを利用して線香の粘結材に用いられてきた（**図４**）。樹皮を粉末にしたものを「タブ粉」といい、これを香料と混ぜ合わせ、細い棒状にしたのが線香である。近年は国内のタブノキだけでなく東南アジアから輸入されたものも広く使われている。

（内海）

図1　ハリギリの材面（柾目）　材色が淡く、木目は明瞭で加工しやすい

図2　タラノキの外観（北海道、野幌森林公園）　羽状複葉を付ける低木である

タラノキ*・ハリギリ**

学名 *Aralia elata* (Miq.) Seemann*　*Kalopanax pictus* (Thunb.) Nakai**　**漢字** 楤*　針桐**

中国名 楤木*　刺楸**　**英名** angelica tree（類）*　sen**

タラノキは、ウコギ科タラノキ属の落葉広葉樹である。樹高六m、直径一〇cmくらいまでの低木で、日本全土、樺太、朝鮮半島、中国東北部、シベリア東部に分布する（**図2**）。典型的な陽樹で、日当たりのよい伐開地や林道縁に見られるが、上層を高木の枝葉が覆う薄暗い林内にはまず見られない。

春に開芽して間もない縮れた葉、いわゆるタラの芽は美味で名高く、山菜の王者とまで言われる（**図3**）。同じく山菜として親しまれるウドは、同じタラノキ属に含まれる多年草である。タラノキは、手の指くらいの根片を土に埋めて再生させる、根挿しという方法で増殖できる。今日売買されているタラの芽は、そうして生産された栽培品である。

タラノキには、タランボ、ウドモドキなど、百を超える別称があると言われる。通常は全身に鋭い刺を纏うが、なかには茎にも葉にも刺のない個体がある。刺のあるものとないものは、それぞれオニダラ、メダラと呼び分けされる。米国中南部に分布するアメリカタラノキ（*A. spinosa*）には、Devil's walking stick（悪魔の散歩杖）の呼び名がある。杖のような太い梢に鋭い刺を纏う姿から与えられた呼び名であろうが、刺をまとう木によくオニ（鬼）と冠する日本人と共通する心性が感じられる。

タラノキは大きくならないので、材利用の話をあまり聞かないが、地方によっては鋸の柄や擂り粉木に重用されていた。柄をすげる場合、刺を払い、鋸本体の

図3　タラノキの開芽　「タラの芽」と呼ばれる代表的山菜である

図4　ハリギリの開芽　タラの芽と間違われることも多い

こみ（柄を付けるために細長く突き出た部分）をこの木の太い髄に差し込み、割れ防止の補強をすれば、ほどよい柄になる。

　樹皮は、オレアノール酸などの薬効成分を含むため、薬用に用いられてきた。とくに根の樹皮の煎じ薬は、タラ根皮またはタラ木皮《ぼくひ》と呼ばれ、胃腸病や糖尿病の民間薬として知られる。アイヌ民族もまた、タラノキをアユシニ（刺を纏う木の意）と呼び、胃病のときに根を煎じて服用した。また、刺を密生させる姿に呪力を信じ、病気が流行したときなど、魔除けとして戸口に差したり、水汲み路に立てたりしたという。

　タラノキと同じウコギ科に含まれる樹木にハリギリがある。その名の由来は、キリのような大きな葉を付け、鋭い刺を纏うことにあるというのが通説である。ハリギリ属にハリギリ一種が現生し、日本を含む東アジア一帯に分布する。ウコギ科には低木や草本が多いが、ハリギリは高さ二五m、直径一mに達する高木である。葉の形状が独特で、長い葉柄の先に天狗の羽団扇のような掌状の大きな葉を付ける（**図5**）。タラノキとは対照的に、木漏れ日が僅かに射すくらいの薄暗い林床にも稚樹が見られる。

　ハリギリとタラノキは、梢の太さや刺の大きさ、芽の形状などから、葉がなくとも慣れれば容易に見分けることができる。しかし、芽吹いて間もない頃、山菜採りに不慣れな人に、ハリギリの芽はタラの芽と間違えられることも多いようである。間違えても、食用できるので心配はない（**図4**）。ハリギリは、タラノキと比べて苦味やあくが強く、味は劣るというのが定評だが、地域によってはタラの芽に勝ると評価されている。生育地によって苦味成分や渋味成分の含有量に変異があるのかも知れない。こうしたタラノキとの類似から、アクダラ、イヌダラ、ミヤコダラなど、タラの付く地方名があり、ほかにもセンノキ、ニセケヤキなど

図5　ハリギリの葉　大きな掌状の葉に因み、テングノハウチワの別称もある

図6　ハリギリ製の木鉢（京都大学生存圏研究所所蔵）
加工しやすく、刳物にも使われる

数多くの別称がある。林業関係者や木材を扱う業者の間では、センノキあるいは単にセンという別称の方が通用している。

ハリギリ材の重さは広葉樹材の中で中庸な部類に属し、切削などの加工性は中位である。ニセケヤキの異名があるとおり、木目はケヤキに似る。しかし、ケヤキの材面が橙色を帯びるのに対し、白みが強い。また、ケヤキよりも軽軟である。顕微鏡的に調べれば、小径の道管における「らせん肥厚」という微細構造物の有無などにより、両者は決定的に識別することができる。

ハリギリ材のように大きな道管が年輪の初めに並ぶ環孔材は、針葉樹材一般とは逆に、年輪幅が狭いほど軽軟になる。木材業者の間では、年輪が狭めのわりあい軽軟なハリギリ材を「ヌカセン」、年輪幅が広く硬めのハリギリ材を「オニセン」と呼ぶ。ハリギリ材は、生活用具（**図6**）や家具、細工物、和太鼓の胴などに使われてきたが、細工物にはヌカセンが好まれた。

北海道は良質なハリギリ大径木の産地として知られていた。アイヌ民族は、ハリギリをタラノキと同じくアユシニと呼び、材を臼や盆などの生活用具、丸木舟などに多用していた。中～近世に渡来した渡《わたり》と呼ばれる本州出身者にはケヤキに似た材が採れる良木と映ったらしく、『松前志』（巻六・七）に「木色白くて木理欅《けやき》に異ならず」「漆以てこれをふけば欅にまがう処なし」と記されている。近代には、道産ハリギリはミズナラなどとともにヨーロッパへ盛んに輸出された時期があった。とくに合板の原木として評価が高く、その製品は木目の美しさから現地でSen plywood（セン合板）と称され珍重された。現在では、道内でも林野の土場《どば》（伐採した丸太の集積場）などで大径材を見かけることはめっきり減ったが、札幌市の円山や藻岩山の遊歩道沿いのような身近なところでも見事な大木が残っているし、建築の内装や工芸に使われているのもよく見かける。

（佐野）

ハリギリの大木（札幌市、藻岩山）右下は樹皮の外観。北海道は良質なハリギリの産地として知られていた

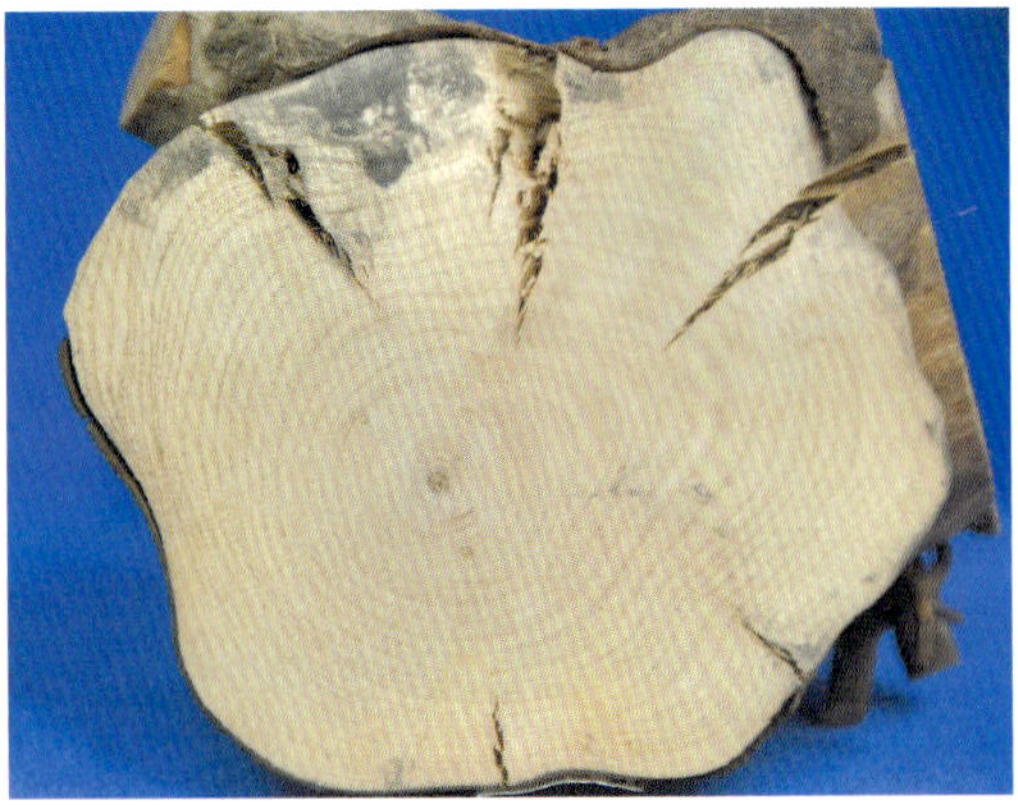

図1　チャノキの材面（木口）　大きい材は得られないが、緻密な良材で、工芸の部材などに使われる

図2　茶畑（宇治市）　整然と植栽され、こまめに遮光できる仕掛けも設置されている

チャノキ

学名 *Camellia sinensis* (L.) O. Kuntze　**漢字** 茶　**中国名** 茶　**英名** tea

チャノキは、ツバキ科ツバキ属に含まれる外来の常緑広葉樹である（**図2、3**）。樹高四mまでの暖地性の低木で、原産地は中国の四川省から雲南省にかけての一帯というのが通説である。しかし、古くから栽培されているため、本来の分布域ははっきりしない。国内では北海道を除く広域で露地栽培が可能だが、産業的な栽培は関東地方までに限られる。都道府県別の栽培面積を見ると、静岡県が二位の鹿児島県を大きく離して断然の第一位である。

チャノキには、日本でも栽培されている小振りの基本種（中国種と呼ばれる）のほかに、紅茶に適した性質を備えるアッサム種（*C. sinensis* var. *assamica*）と呼ばれる大振りの変種が知られる。アッサム種の主産地はインドやスリランカなど南アジアを中心とした地域である。日本では南九州以南でのみ露地栽培が可能とされ、産業的な栽培は行われていない。これらチャノキ類は、かつては分類学的にチャノキ属（*Thea*）という独立した小群として扱われることもあったが、現在ではヤブツバキやサザンカとともにツバキ属に統合されている。

原産国の中国において飲茶が普及したのは唐代と言われ、朝鮮半島など陸続きの近隣地域へ広まったのもこの時代と言われる。日本への伝来もこの時代で、平安時代初期に遣唐使として派遣された最澄が持ち帰ったのが嚆矢《こうし》と言われる。しかし、平安時代のうちは儀式や祭礼に使われるに限られていた。日本で茶を飲む習慣が普及したのは、鎌倉時代初期（西暦一一九一年）に臨済宗の開祖・栄西が茶の製法や文化を宋より伝えてからのことである。

図3　チャノキの若葉　製法は多岐にわたり、世界の半数の人が常飲していると言われる

図4　チャノキの実　近縁のヤブツバキとともに採油に使われる

　飲み物の茶には様々な成分が含まれるが、これを特徴づける主要成分として、カフェインとカテキン、テアニンが挙げられる。カフェインはアルカロイドと総称される物質群の一種で、苦味があり、神経興奮作用がある。カテキンはフラボノイドと総称される物質群の一種で、製茶の過程で化学変化を起こし、渋味や苦味の元になる。テアニンはチャノキに特有なアミノ酸の一種で、茶にうま味(甘味)を与える。茶の味は主にこれら三種の成分によって決まる。各含有量は、変種や品種によって異なり、土壌や光などの生育環境によっても変化する。

　飲用の製品としての茶は、その製法により不発酵茶と発酵茶に大別される。この場合の発酵とは、微生物の働きによる厳密な意味での発酵ではない。葉を摘んだ後の加工の過程で、葉の中に元々含まれる酸化酵素の働きにより、含有成分に生じる酸化反応が引き起こす変化である。不発酵茶は、その酸化酵素を失活させるために、摘葉後速やかに殺青《さっせい》と呼ばれる加熱処理を行う点に特徴がある。煎茶や抹茶、ほうじ茶は、いずれも不発酵茶に類する。一方の発酵茶は、摘み取った葉を加熱処理せず「発酵」させながら仕上げていく。紅茶は代表的な発酵茶である。発酵茶、不発酵茶とも、幾つもの工程を経て仕上げられるが、各工程毎に様々なやり方が考案されている。さらに、原料となるチャノキの品種の違いに加えて、採取の部位や時期にも変化があり、摘葉前に一定期間遮光するなどの前処理が行われる場合もある。その製法は多種多様に発達している。現在、こうしたチャノキ由来の飲料は、世界のおよそ半数の人々に飲まれていると言われる。

　チャノキの材は硬くて緻密、強靭で、辺・心材とも灰白褐色を呈する。ツゲと同じような用途に使える良材と言われ、櫛や細工物などに使われることがあるが、大きくならないため産業的に使われるわけではない。種子は油分を多く含み、近縁のヤブツバキなどとともに採油に使われる(**図4**)。

(佐野)

ツガ

学名 *Tsuga sieboldii* Carrière　**漢字** 栂　**中国名** 鉄杉（類）　**英名** Japanese hemlock

ツガは樹高三〇m、幹の直径が一mにもなるマツ科ツガ属の常緑針葉樹である。福島県以南の本州と四国、九州の山地に生育する。冷温帯を代表するブナ・ミズナラ林と暖温帯を代表するシイ・カシ林の間には暖温帯落葉樹林または中間温帯林とよばれる林が形成されることがあり、ツガはモミやイヌブナなどと共にこの林を構成する主要な樹種となる（**図2**）。ツガとモミは一見すると似ていて、近くに生えていることが多いので混同するかも知れないが、ツガの葉は線形で長さが一～二cm程度、幅は二mmほどで先端が浅くくぼむのに対して、モミの葉は特に若いときには先端が二つに鋭く分かれるので区別できる。またツガの樹皮は灰赤褐色で、不規則に深く裂けるのに対して、モミの樹皮は平滑か浅く割れる程度である。球果は長さ二cm程の楕円形で下垂する（**図3**）。立地的にはツガは比較的尾根筋に、モミはより湿潤なところでよく見られる。林冠が高木で塞がれて暗くなっている森では細身のツガの姿をよく見かける。上空を覆っている高木が倒れて明るくなるのをじっと待っているのだろう。このような木を輪切りにして年輪を見てみると年輪幅が狭く一年あたりの成長量が小さいことがわかる。

　ツガの名の由来はトガからの転訛とされており、現在でもトガと呼び習わしている所が各地にある。しかし、地域によってはモミやイチイなどを「トガ」と呼ぶこともあり、呼び名からだけでは樹種を判断できない場合がある。『万葉集』にも「トガ」を詠んだ歌があるが、必ずしもツガを意味しているとは限らないようだ。学名 *Tsuga sieboldii* の属名には日本名の「ツガ」がそのまま使われている。

図1　ツガの材面（柾目）　やや重硬で強度があり、建築材に使われる

図2　ツガの樹皮　不規則に深く割れがさついた感じになる

図3　ツガの球果　同所的に生えるモミの球果よりだいぶ小さい

図4　ツガ材を用いた家屋（宮崎県椎葉村）　国指定重要文化財、那須家住宅

種小名 *sieboldii* は鎖国時代の長崎、出島におけるオランダ商館医で博物学者のシーボルトにちなむ。世界で最初の日本植物の本格的な彩色画集であるシーボルトの『日本植物誌』にも収録されている。

ツガの材色は淡く、針葉樹の中ではやや重硬で強度があり、柱や土台などの建築材に賞用される。特に良材を使っての住宅建築は関西ではヒノキよりも上等なものとして扱われることがあり、本種が多く自生する山間部ではスギやモミよりもツガを好んで建築材に使ってきた（**図4**）。先ほど年輪の話をしたが、ツガに限らず針葉樹の木部は仮道管とよばれる細胞で主に構成され、春の形成初期には径が大きく薄い壁をもつ細胞からなる早材というものを、成長後期になると次第に径の小さく厚い壁の細胞からなる晩材というものを作るようになる。これを横断面から肉眼で見ると早材と晩材の細胞の密度と厚さの違いにより濃淡が生じ、前年の晩材と今年の早材の境が年輪界として認識される。ツガの場合、早材から晩材への移行が急激であるため、濃淡の差が顕著になり、これを柾目でみると木目あざやかとなる（**図1**）。明治末の書物『木材ノ工藝的利用』にも「材白色脂少ク殊ニ柾物ノ雅致ヲ利用ス」と書かれており、この特徴を利用して床柱や長押、天井板などに利用されてきた。現在は全国的に天然林の伐採が少なくなったため、人工植栽されることのほとんどないツガの材が市場で取り扱われる量は少ない。そのため銘木と呼ばれる直径の大きな天然木は高値で取引されている。昭和の中頃からはツガの仲間のベイツガ（*T. heterophylla*）が北米から輸入されるようになった。ベイツガはツガと比べて比重が小さく、強度が低いため材質的にはそれほど高い評価を受けておらず、丸太の価格も当初はスギよりも安かったのだが、近年はスギを上回りヒノキに匹敵するほどの値段が付けられている。

（内海）

図1　ツゲの材面（板目）　緻密で硬く将棋の駒の高級品の材料となる

図2　古処山ツゲ原始林（福岡県）　石灰岩地に生じた特殊な林で国の特別天然記念物に指定されている

ツゲ

学名 *Buxus microphylla* Sieb. et Zucc. var. *japonica* (Muell. Arg. ex Miq.) Rehder et Wils.

漢字 黄楊、柘　**中国名** 黄楊（類）　**英名** Japanese box

ツゲは樹高二～三m程のツゲ科ツゲ属の常緑低木でまれに一〇mを越えることがあり、関東以西の本州と四国、九州、屋久島に分布する。葉は一～三cmほどの小さく細身の卵形で先端が少しへこむ。時に純林を作り、福岡県古処山の群落は国の特別天然記念物に指定されている（**図2**）。葉の形が似ているモチノキ科のイヌツゲ（*Ilex crenata*）のことを単にツゲと呼ぶこともあるが、両者は全く別の科で類縁関係は近くない。イヌツゲは葉を互い違いに出し、ツゲは二つ対になって付けるので見分けることができる。春先に小さな淡黄色の花を咲かせ倒卵形で先端に三本のつのを持つ果実をつける。

名の由来は葉が密に次々につくことの「次ぐ」からついたとするものなど諸説ある（**図3**）。ツゲ属の仲間はアジアだけでなく広くヨーロッパやアフリカ、アメリカ大陸に分布し、英語ではbox treeまたは単にboxと呼ばれている。また英名の示すとおりツゲ属の材は小箱などの細工物や西洋家具の装飾材として利用される。ヨーロッパではセイヨウツゲ（*B. sempervirens*）が彫刻材や器具材、楽器材に重用され、庭園の生垣にもよく用いられる。彼の地で動物や幾何学模様などにこれらの生垣が刈り込まれた庭園を目にした方も多いのではないだろうか。日本で園芸上よく用いられるのはツゲの基本種のヒメツゲ（*B. microphylla*）で、樹高が一m程と全体に小型で密に分枝し、葉も小さく薄い。

かつて鹿児島では娘が生まれるとツゲを植え、年頃になるとその育った木を

図３　ツゲの葉と実　葉は対になって密につく

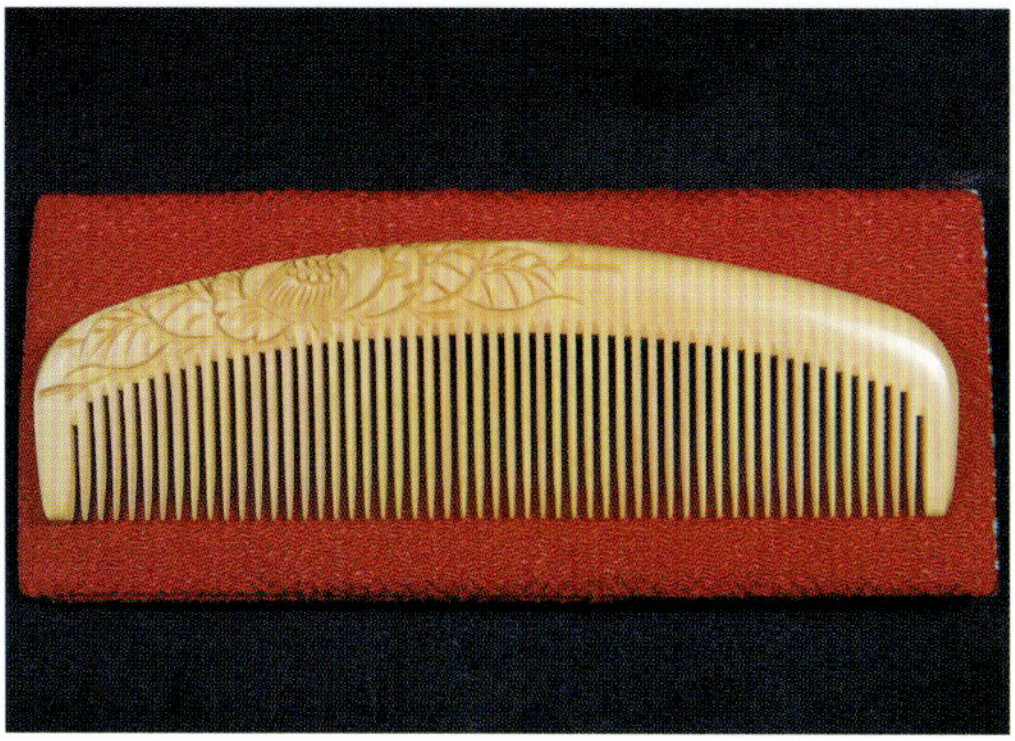

図４　椿の花を彫り込んだツゲの櫛（薩摩ツゲ）　万葉の昔から使われてきた

売って嫁入り支度を整えた。一方、イギリスのイングランドではツゲ属の木の小枝を棺に入れる習慣があった。同じツゲ属の木が人の生と死の場面をそれぞれ演出していたのは文化の違いによるものだろうか。

ツゲの材は黄みを帯びて美しく、緻密で硬く狂いが少ないため賞用されてきた。広葉樹の材は水を通す道管と、養分を蓄える柔細胞、体を支える木部繊維という細胞で主に構成される。多くの種では水を通す道管の細胞がほかの細胞と比べて大きく、材の横断面から肉眼で見ることができる場合もある。しかし、ツゲの場合は道管の大きさが日本産材中最も小さいとする報告もあり、材を構成する要素が比較的小さく均一に分布している。そのため肌触りがなめらかになるのだろう。広葉樹は一般に傾いた幹や枝を支えるため、その上側に引張あて材と呼ばれる幹枝を上方に引き上げる組織を形成し、針葉樹は逆に下側に圧縮あて材と呼ばれる幹や枝を下支えする組織を形成するが、ツゲは広葉樹の中では変わっていて、引張あて材を作ることなく、幹枝の下側に圧縮あて材に相当する組織を作って体を支えている。材は櫛、印材、ブローチ、彫刻、そろばん玉、将棋の駒、数珠などに用いられている。特に櫛材としての利用は古くから認められ、『万葉集』にも「君なくば何《な》ぞ身装《みよそ》はむくしげなるつげの小櫛《をぐし》も取らむとも思《も》はず」といった歌などが詠まれている（**図４**）。将棋の駒の材料としても最上とされており、伊豆諸島の御蔵島産のものを島ツゲ、鹿児島県産のものを薩摩ツゲとして特に重用し、名品になると一〇〇万円以上の高嶺の花になる。そのためシャムツゲという材が安価な代替品として市場に出回っている。シャムツゲとはシャムの名のとおりタイに産するが、ツゲとの類縁関係が遠いアカネ科のクチナシの仲間の材である。シャムツゲの材はツゲの材と外観が似ているものの、狂いが出やすいため材質は劣るとされている。

（内海）

図2　ツツジの庭園（福岡県須恵町、皿山公園）　野生種から様々な品種が作られてきた

図1　ヤマツツジの材面（木口）　硬く緻密だが大きな材が得にくく、あまり利用されない

ツツジ類（ヤマツツジ*・レンゲツツジ**）

学名 *Rhododendron obtusum*(Lindl.) Planchon var. *kaempferi*(Planchon) Wilson* *Rhododendron japonicum*(A. Gray) Suringar** **漢字** 山躑躅* 蓮華躑躅** **中国名** 鈍葉杜鵑* 杜鵑（類）** **英名** torch azalea* Japanese azalea**

ツツジは日本を代表する花木の一つであり、日本に生育するツツジの仲間は五〇種以上になる（**図2**）。様々な種がある中で日本各地に広く分布するものもあるが、狭い分布域を持つもののほうが多い。便宜的に落葉するものがツツジ、常緑のものがシャクナゲに分けられることもあるが、シャクナゲ類以外のツツジにも常緑や半落葉の種があり葉の性質だけで区別するのは難しい。

シャクナゲの仲間は日本に六種類あるが、それぞれの分布域は広くない。エンシュウシャクナゲ（*R. makino*）は静岡県と愛知県の山地にしか生育しておらず、絶滅危惧種に指定されている。いずれの種も低木で、枝の先端に花が集まり、その下に常緑で革質の葉が数枚つく。生育地が深山にあることが多く、春から夏にかけて鮮やかな花を咲かせて山に入る人たちを楽しませている。

ヤマツツジは樹高が三m程になる半落葉性の低木で北海道南部から九州までの広い分布域をもち、古くから多くの人々に親しまれてきたツツジの一つで、長雨の季節に前後して山中の渓間や日向の岩場に朱色から明るい紫色の花を咲かせる（**図3**）。平安時代から使われている色名の躑躅《つつじ》色は明るい赤紫色を意味しており、このヤマツツジの花の色から取られたのかもしれない。『万葉集』に「山越えて遠津の浜の岩つつじ我が来るまでに含《ふふ》みてあり待て」と歌われた「岩つつじ」もヤマツツジのことだったのだろうか。現在でもヤマツツジのことを「いわつつ

図３　ヤマツツジの花　日本各地の山野を彩る代表的なツツジ

図４　レンゲツツジの群落（宮崎県椎葉村）　花は美しいが有毒で家畜が忌避する

じ」と呼び習わしている地方がある。花は径四㎝程の五裂ロート状で美しく、昔から多くの園芸品種を生み出してきた。春に芽吹いた大型の春葉は晩秋に落葉し、夏から秋に出る小型の夏葉で越冬する。

ツツジ科ツツジ属の属名 *Rhododendoron* は「バラ rhodon」＋「樹木 dendoron」の意からつけられた。和名の「ツツジ」の名は花が筒状であることから「つつしべ」から来たとも、花が続いて咲く「つづきざき」から来たともいわれている。一方、漢名の「躑躅」はヒツジがこれを食べて躑躅（足踏みの意、この場合「てきちょく」と読む）することからつけられたとする説がある。ツツジの仲間の植物には毒を含む種類が多く含まれる。ツツジの葉を食べたヒツジが毒によって足下がおぼつかなくなり、足ぶみをしたように見えたのかも知れない。

例えば、樹高が一・二mほどで大きなオレンジ色の花を咲かせるレンゲツツジは北海道から九州まで分布し、群馬県では県花に、同県嬬恋村《つまごい》にあるレンゲツツジの群生地は天然記念物にそれぞれ指定されているが、全体に毒を含む（**図４**）。そもそも嬬恋村の群落は明治年間に家畜の放牧によりレンゲツツジ以外の多くの植物が食べられ、毒を持つレンゲツツジが生き残ったため形成された。しかし近年では家畜の放牧頭数の減少に伴い牧草地が再び森林へと遷移を始めたため、レンゲツツジ群落の衰退が見られるようになった。現在は牛馬の代わりに人がレンゲツツジ以外の植物を刈り取ることで群落を維持する努力が行われている。人がレンゲツツジの保護をやめれば、森林はより多様な樹種を育むことになり、レンゲツツジ以外の多くの生き物にとっては生きやすくなるかもしれない。どちらが良い、悪いというのは人間の景観、自然に対する価値観により様々だろうが、時間をかけて形作られた風景は、その歴史を好ましいと思う人々がいる限り維持されてもよいのではないかと思う。

（内海）

図２　トガサワラの樹皮（京都府立植物園）　灰褐色で、壮令期以降は不規則に縦裂を生じ、多少鱗片状に剥げる

図１　トガサワラの材面（柾目）　辺材と心材の違いが顕著

トガサワラ

学名 *Pseudotsuga japonica* (Shirasawa) Beissner　**漢字** 栂樅　**中国名** 黄杉　**英名** Japanese Douglas fir

トガサワラは日本特産種であり、針葉樹マツ科の常緑高木で、樹高三〇m、直径一mに達する（**図２**）。トガサワラ属は世界で六種生育するが、わが国にはトガサワラ一種が分布し、本州の紀伊半島と四国の高知県魚梁瀬《やなせ》地方にのみ生育する希少種である。一八九三年に和歌山県の山林内で初めて本種が発見された。言葉の由来は、葉がツガ（トガとも呼ばれる）に似ていて、材がサワラに似て赤みがかっていることによる。別名サワラトガとかマトガと呼ばれたりもする。ツガの葉とトガサワラの葉を比べるとき、その横断面をみると明らかな違いがある。すなわち、ツガは横断面の中央に樹脂道が一個あるのに対して、トガサワラは横断面の左右両側に一個ずつ樹脂道がみられる。

わが国で絶滅が危ぶまれている植物の一つである。国際的な自然保護団体であるＩＵＣＮ（the International Union for Conservation of Nature; 国際自然保護連合）が絶滅の恐れのある生物のリストを出版したとき、レポートの表紙を赤色にしたことから、絶滅の危機に瀕する生物種のリストをレッドリストと呼ぶようになった。また、個々の種について詳細な解説文をつけた本はレッドデータブックと呼ばれる。絶滅の危険度が高い順に絶滅、野生絶滅、絶滅危惧（ＩＡ類、ＩＢ類、Ⅱ類）、準絶滅危惧、情報不足に分類される。この表に従えば、トガサワラは絶滅危惧Ⅱ類にリストされる。

トガサワラ材は辺材が黄白色、心材が淡紅褐色となり、辺心材の区別は明瞭で

図３　トガサワラの葉（京都府立植物園）　葉の先端は鈍くモミの葉に似る。裏面に白色の気孔帯が２条ある

図４　ベイマツの丸太（つくば市）　北米から輸入される巨大なベイマツ原木が製材後わが国の木造住宅建設に多大の貢献をしている

ある。かなり強靭な材であるが、保存性はあまり高くない。往時の材の利用について、明治末に発行された『木材ノ工藝的利用』を調べたが、これには一切記述がみられない。前述のように分布が限られているのであまり広くは利用されず、産地など限られた地域でしか利用されなかったからだと思われる。建築材や船のほか桶や棺などの器具材、さらには枕木に用いられてきた。トガサワラはカヤ、イヌガヤと共に構成細胞の仮道管にらせん肥厚と呼ぶ構造を有するのが顕微鏡でみた姿であるが、とりわけ、トガサワラのらせん肥厚はほぼ水平に狭いピッチで巻いているのが際立った特徴となる。

大抵の方はベイマツ（米松）という名前を耳にされたことがあると思う。別名、ダグラスファーとかオレゴンパインとも呼ばれる。さらに比重の低いものはイエローファー、高いものはレッドファーとも呼ばれる。わが国の市場ではメリケン松または米マツという名前で取引される。多くの方はマツの一種と思っておられるのではないかと想像するが、学名は*Pseudotsuga menziesii*で、マツではなく、前述のトガサワラと同じ仲間である。鮮明な年輪の様子が日本のアカマツやクロマツに似ていて、米国から持ち込まれたということで米マツと名づけられたと思われる。この例のように、名前（和名）と植物学上の分類とが異なる例がほかにも多々あるので注意が必要である。樹高は六〇mときに九〇m、直径は一・五mときには三mに達する。材質はスギとマツの中間で、強度はマツに匹敵するとみなされる。アメリカやカナダの西部に広く分布しており、その蓄積量も豊富であることから、多量に日本に輸入されており、わが国の木造住宅に広く利用される。住宅部材として柱、床板、戸、窓枠などあらゆる部位に利用されているが（**図４**）、建物以外に、電柱、橋梁、枕木などの土木材として、貨車や馬車の車両材として、船舶、合板、包装、製紙パルプなど広い用途がある。

（伊東）

図１　トチノキの材面（追柾）　赤みを帯びた肌色で、やや緻密。様々な杢が現れることがある

図２　遠くから見たトチノキ（つくば市、森林総合研究所）　大きな白い花序が遠くからでもよく目立つ

トチノキ

学名 *Aesculus turbinata* Blume　**漢字** 栃　**中国名** 日本七葉樹　**英名** Japanese horse-chestnut

トチノキは、樹高二五m、直径一mに達する落葉性の広葉樹である。トチノキ属には世界に二三種あり、主に北半球の冷温帯に分布しており、日本では、北海道西南部から九州にトチノキ一種が自生している。沢筋や谷沿いなどの土壌・水分状態の良好な場所を好み、ふたつの沢が出会うようなところにできる平坦な地でトチノキはよく成長し、各地で巨樹、巨木として登録されている。日本最大と言われるトチノキは、石川県にある太田の大トチノキと呼ばれるもので、幹周りが一三mにも達し、国の天然記念物にも指定されている。トチノキの葉は、長さ五〇cmに達する掌状複葉で小葉は七枚前後なので、七葉樹の別名がある。五～六月に大型の房状の円錐花序を付け、白い花を咲かせ、四つある白色の花弁は基部中央が淡い紅色になっていて大変美しい（**図２**）。秋になれば、直径が三～五cmに達する果実を付け、それらが落下し、割れて中から種子が現れる（**図３**）。果実の中にはふつう種子が一つあり、表面はつやつやして光沢もあるが、下半分は黄褐色で光沢がなく、栗によく似ている。そのため、ヨーロッパに自生するセイヨウトチノキはフランス語ではmarronnier（マロニエ）や英語ではhorse-chestnut（ホースチェスナット）と呼ばれ、ともに語源は栗から由来している。

材は、全体に淡い紅黄白色から淡黄褐色をしている。材面には絹のような光沢があり、板目面に著しいリップルマーク（さざ波模様）が現れる。軽軟で木肌は緻密で、表面仕上がりは良好であるが、木理が不規則になるため、狂いやすく、また腐りやすいので、建築材と言うよりはむしろ、家具材、器具材、楽器材、椀や

図３　トチの実　一見クリの実のようである

図４　トチノキで作られた茶櫃(京都大学生存圏研究所所蔵)　材が独特の杢を持つものは、意匠性がある

盆などに用いられてきた(**図４**)。成長が早いトチノキからは大径の材がえられるが、現在では直径が五〇㎝を超えるような広葉樹の丸太材はトチノキを除いて容易には手に入らないこともあり、捏ね鉢や盆づくりに重用されている。また、材面に波状杢や縮杢等の杢が現れたものは工芸的価値が高く、食器や茶道具の材料として珍重されている(**図１、４**)。

種子も食用として利用されており、秋にはたわわに実る種子は縄文時代から貴重な食糧源であったが、種子にはサポニンやアロインなどの物質を含んでいて毒性があり、苦味が強く、そのままでは食べることはできない。古くから山村では独自の製法でトチの実を食していた。基本的には、水にさらして虫抜きし、種子の中身を刻んで採取した澱粉を一～二週間流水にさらしサポニン等の毒性物質を取り除き(この時多量の泡が発生するようである)、その後、あく抜きのため木灰を混ぜた熱湯で処理し、水洗いする。これらの工程でトチの実のデンプンが得られる。その後はセイロで蒸し、さらに米を混ぜて餅にしたり(とち餅)、そばや小麦と混ぜて麺(とち麺)にしたりして食す。現在は、山の中の温泉宿の土産として見かけることもある。また、トチの実で作られるせんべいは明治中頃から岐阜県の下呂温泉で作られるようになり、当地の名物となっている。トチノキの花からは良質の蜜(とちみつ)がとれる。果肉に含まれるサポニンが石けんの代用として用いられ、樹皮や種子は日干しにしたものを、生薬の七葉樹(しちようじゅ・葉の若芽、樹皮、種子)といい、下痢止め、しもやけ、痔などに煎じて服用されていた。パリの街路樹としてマロニエが有名だが、トチノキ類は街路樹としても植えられており、日本でも明治四〇年に選定された一〇種の日本の街路樹種にも入れられている。しかし、大きな果実が落下し、樹下に駐車している車のボディを傷つけてしまうと言うトラブルもあるようだ。

(安部)

図1　ドロヤナギの材面(柾目)　色艶は冴えないが、マッチの軸木に重用された

図2　ドロヤナギの外観(北海道、樽前山)　幹が通直で、樹形は端正な円錐形になることが多い

ドロヤナギ*・ヤマナラシ**

学名 *Populus maximowiczii* A. Henry* *Populus sieboldii* Miq.** **漢字** 泥柳* 山鳴**
中国名 遼楊、楊(類)* **英名** poplar(類)* aspen(類)**

ドロヤナギとヤマナラシは、ヤナギ科ヤマナラシ属に含まれる落葉広葉樹である。ヤマナラシ属は植物分類学的にドロヤナギ類とヤマナラシ類に分けられ、英語では慣用的にもそれぞれポプラ(poplar)とアスペン(aspen)に呼び分けされる。ドロヤナギは、本州の中部地方以北、北海道に自生するほか、朝鮮半島北部、アムール、樺太、千島列島、カムチャツカにかけて広く分布する。川沿いの湿地に多く見られ、高さ三〇m、直径一・五mの大木になる(**図2、3**)。ヤマナラシは、北海道、本州、四国に分布し、やや乾燥した日当たりの良い台地や山腹に見られる。大きさはドロヤナギよりも一回り小さく、高さ二〇m、直径六〇mくらいまでである。

ドロヤナギはドロノキとも呼ばれ、むしろこの方が通用している。ドロの名の由来については、河岸の泥洲に生えること、老齢になると肌(樹皮)が泥を塗りつけたような形状に転じること、材が泥のごとく役立たずであることなどの説がある。ワタノキ、ワタドロ、デロなど多くの別称があり、アイヌ語では「駄木」を意味する「ヤイニ」の呼び名が広く通用していた。

ヤマナラシの名は、葉柄が長く、しかも葉身近くで葉面に対して直角方向に扁平になっているため葉がとても横揺れしやすく、微風でも隣り合う葉が互いに擦れ合ってさわさわと音を鳴らすことに由来する(**図4**)。このときの葉の動きが顔を左右に揺らすのを連想させることから、ツラフリヤナギの方言もある。こ

図4　ヤマナラシの葉　円内は葉柄の断面。葉柄が葉身に直交するように扁平でしなりやすい

図3　ドロヤナギの樹皮　樹皮は白く平滑だが、老齢になると粗く灰色に転じる

の特徴はヤマナラシ類に共通し、国外の広い地域でも名前の由来になっている。中国産のヤマナラシ(*P. adenopoda*)にも、葉擦れの音に因み「風響樹」と名付けられているものがある。ユーラシア、アフリカ北部の広範に分布するtrembling aspen(*P. tremula*)は、学名の種小名、英語の慣用名とも「ふるえる」を意味する。ヤマナラシには、ハコヤナギの別名があり、広く通用している。ハコヤナギの名は、京都で扇箱に使われたことに由来するといわれる。

ドロヤナギ、ヤマナラシとも、材の重硬さは軽軟ないし中庸の部類に属する。均質で切削などの加工性は良好であるが、毛羽立ちやすくて耐久性も低い。また、一部の構成細胞内に無機結晶(カルシウム塩)が頻出するため、材は軽軟なのに刃物を痛めやすい。いくつかの古文書に記載が見られるが、とくにドロヤナギ材の評価は軒並み低く、『松前志』(巻六・七)では「悪木之　板となして釘のしまりなく」「木性柔かにして朽やすし」などと記されている。このように用材としての評価は低いが、ドロヤナギ、ヤマナラシとも、マッチの軸木としてサワグルミとともに重用されてきた。このほか、パルプ材、包装箱やまな板、下駄、楊枝、経木などの生活用具に、評価の低さの割りには多用されてきた。

ヤマナラシ属の樹木は、ヨーロッパで楽器の部材や木型などに多用され、中国の砂漠地帯などでも建材や生活用具全般に使われてきた。また、成長の早さと挿し木や萌芽による増殖のしやすさから、パルプ用の造林樹種として有望視され、特に欧米で植林や品種改良の歴史がある。現在の日本では、ヨーロッパから移入した外来のヤマナラシ属樹木が、公園や街路に緑化樹として好んで植栽され、ポプラと通称されて親しまれている。ポプラ類の種子は、綿毛をまとい、風に乗って遠方へと散布される。今では、初夏の候に市街の植栽木から飛散したそれら純白の綿毛が薫風に漂う様子は、すっかり季節の風物詩になっている。

(佐野)

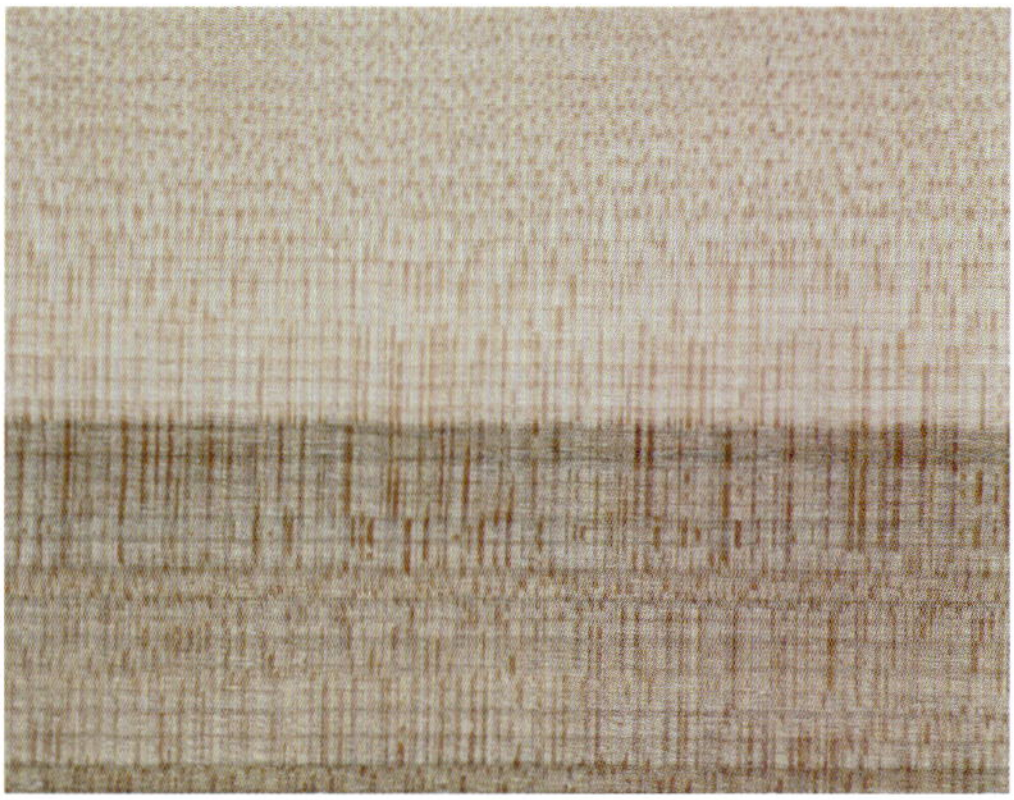

図1　ナナカマドの材面（柾目）　緻密な良材だが、あまり使われていない

図2　ナナカマドの並木道（札幌市）　北海道では街路樹として最も多く植栽されている

ナナカマド

学名 *Sorbus commixta* Hedl.　**漢字** 七竈　**中国名** 花楸（類）　**英名** mountain ash（類）

ナナカマドは、バラ科ナナカマド属に含まれる落葉広葉樹である。高さ一〇m、直径四〇cm止まりの亜高木で、樹齢八〇年くらいまでのわりあい短命な樹木である（**図2**）。九州の山地、本州、北海道、南千島、樺太、朝鮮半島に分布し、落葉広葉樹林や針広混交林に散生してモミジなどとともに秋の山を真赤に彩る。

国内に自生するナナカマドの仲間は、本州中部以北の亜高山帯に自生するタカネナナカマド（*S. sambucifolia*）など、数種を数える。また、ナナカマドの近縁種に、アズキナシ（*S. alnifolia*）がある。アズキナシは現在では分類学的にアズキナシ属（*Aria*）という別の小群に分けるのが一般的である。アズキナシは北海道から九州までの山地に分布し、性質や利用法にナナカマドと似た点が多い。

ナナカマドの名は、かまどで七回焼いても残るほど燃えにくいことに由来するという説がまことしやかに流布している。ナナカマドの生木がたっぷり水を含み、燃えにくいことは確かである。そのため、アイヌ民族は冬季に雪上で暖をとるときに火床としてナナカマドを敷き詰めて焚き火を起こし、また地方によっては焼き肉の串に使ったという。しかし、同程度に十分乾燥させた多くの材の比較燃焼試験によれば、多少は火持ちがよく、燃え尽きにくいものの、特別に着火しにくいわけではない。そのほかに、炭焼き釜で七日間焼くと極上の堅炭になることに因んでナノカカマド（七日竈）と呼ばれるようになり、やがて転訛したという説もある。何かと話題になるこの標準名のほかに、ヤマナンテン（山南天）、ヤマザンショウ（山山椒）、ライデンボクなど、多くの別名がある。一方のアズキナシは、

図3　ナナカマドの花　分岐した花柄の先に純白の小花を数多く咲かせる

図4　ナナカマドの実　有毒成分を含むが、真冬を過ぎる頃には分解され、野鳥が食べるようになる

小豆に似た暗赤色のナシ状の実を付けることに由来するというのが通説で、ヤマナシ、マメナシ、ウシコロシなど、多くの地方名がある。

ナナカマドの材は、重硬で強靭、緻密、割れにくいなど、用材としてすぐれた性質を備えるため、道具の柄や台木、細工物に使われてきた。また、堅く火持ちのよい炭が得られるため、薪炭材にも重用された。アズキナシの材もナナカマドに似た良材である。強度の必要な道具の柄などに、特別に重用してきた地域もある。しかし、両樹種とも大木にはならず、しかも天然下では散生し、資源量が乏しいことから、産業的に広く使われてきたわけではない。

熟して間もないナナカマドの実には強烈な渋みがある。この渋味成分は、アミグダリンと呼ばれる物質で、低温にさらされると分解される。そのため、秋には鳥獣も食べないが、冬を越すと食べられるようになる。この実は、ヒヨドリやキレンジャクなどの貴重な食糧源で、厳寒期を過ぎるとこれらの野鳥がさかんに啄むようになり、街路樹のナナカマドの実がいつの間にかすっかり無くなっているのに気付くことがある。ロシアではこの実が食用や薬用に使われてきた。現地でそれを見聞した人たちが北海道内で試しに約八百本のナナカマドの実を毒味したところ、適度な酸味と甘味を備えた生食できそうな実をつける個体が三本だけ見つかったという記録がある。

ナナカマドとアズキナシは、北日本で街路樹や庭木に用いられる。なかでもナナカマドは、北海道において街路樹として最も多く植栽されており、多くの自治体で市町村の木に選ばれている。両樹種とも、初夏には可憐な花を楽しめ（**図3**）、秋から冬にかけては色彩の乏しい季節を彩る真っ赤な実が人目を引く（**図4**）。四季を通じて楽しみが絶えないこととともに、大きくならず管理の手間が掛からないことも、緑化樹として好まれる理由であろう。

（佐野）

図2　ミズナラの実(ドングリ)　コナラ属は、ドングリの殻斗の形状によりコナラ亜属とアカガシ亜

図1　ミズナラの材面(柾目)　大きな放射組織が柾目面で虎斑となって現れる

ナラ類

学名 *Quercus* spp.　**別名** ツルバミ　**漢字** 楢　**中国名** 栎(類)　**英名** oak(類)

ナラは、ブナ科コナラ属のなかの一群である。コナラ属のうち落葉性のものがナラ(楢)と呼ばれ、常緑性のものはカシ(樫)と呼ばれる。落葉性のコナラ属樹木をさらにナラ類とクヌギ類に分ける場合もあるが、ここではナラ類を落葉性のものの全般として扱う。植物学的には、殻斗《かくと》(ドングリを包む帽子状の部分)の形状に基づき、コナラ属はコナラ亜属とアカガシ亜属に大別される(**図2**)。ナラ類とカシ類は、この分類学的な区分にかなり一致するが、ぴったり一致するわけではない。備長炭の原木として知られるウバメガシは、コナラ亜属に含まれるが、常緑性なのでカシ類に分けられる(カシ類の項を参照)。

日本に自生するナラ類には、ミズナラ(*Q. crispula* **図2、3**)、コナラ(*Q. serrata*)、カシワ(*Q. dentata* **図4**)、ナラガシワ(*Q. aliena*)、クヌギ(*Q. acutissima*)、アベマキ(*Q. variabilis*)がある。大きさは、最も大きくなるミズナラで高さ三〇m、直径一mに達し、他の五種はそれよりも小ぶりである。ミズナラは、ブナと並んで日本の落葉広葉樹林を代表する樹種で、北海道、本州、四国、九州のほか、樺太や南千島、朝鮮半島に分布する。コナラは、北海道(南部)、本州、四国、九州のほか、朝鮮半島に分布し、日当たりのよい山野に見られる。カシワは、北海道、本州、四国、九州のほか、朝鮮半島、中国、台湾に分布し、海岸などで純林をつくることがある(**図4**)。カシワは天然下でミズナラ、コナラと雑種をつくりやすく、その雑種はカシワモドキと呼ばれる。ナラガシワ、クヌギ、アベマキは、本州(北限は山形〜秋田県)、四国、九州のほか、朝鮮半島、台湾、中

図3　ミズナラの成木（札幌市、円山）　日本産のナラ類のうち最も大きくなる

図4　初冬のカシワ林（北海道早来町）　葉は枯れても落ちにくい

国、東南アジアに分布する。

ナラの葉は晩秋にはすっかり枯れるが、落ちにくい（**図4**）。ナラという呼称は、枝先に残った枯れ葉が寒風に揺すられて鳴る（ナル）ことに因むとも言われる。別名はあまり聞かないが、『万葉集』などによく出てくる「つるはみ（つるばみ）」という古名が知られる。

ナラの英名はoak（オーク）である。英和辞典ではoakの訳語としてカシだけが記されていることがある。しかし、oakはナラ類も含むコナラ属の樹種全般に対する呼び名である。従って、原文が落葉性のoakを述べているのが明らかな場合には、ナラと訳すべきであろう。コナラ属の学名＝*Quercus*の語源については、諸説あるが、一説にはケルト語のquer（良質の）quez（材木）に由来すると言われる。この名にふさわしく、ナラは様々な用途に供される有用樹である。

ナラ材は、重硬且つ緻密で、強度が高い。木目は明瞭で、幹の横断面で放射状に延びる明瞭な条線が見られることが特徴である。この条線は、広放射組織（または複合放射組織）と呼ばれる構造物に由来する。柾目面では、この組織が猛獣のトラの体表に似た縞模様を呈する（**図1**）。この模様は、虎斑《とらふ》あるいは銀杏《ぎんもく》と呼ばれ、珍重される。このように、強さと装飾的価値を兼ね備えていることから、ヨーロッパではナラ材は床材や家具材として古くから重用されてきた。これに対して日本では、ミズナラが雪国で雪橇など特殊な用途に重用されていたが、近代まではあまり使われていなかった。戦後になり、欧米の様式の影響を受けた工芸家に使われはじめ、ナラの家具がよく調和する洋式の住宅が普及するなど生活様式の変化もあって、家具や床板、内装の高級材としてお馴染みになった。

日本産のナラ類のうち用材として最も多用されるのはミズナラである。コナラもミズナラに混じって取引されるが、他の樹種は用材としてはほとんど使われて

図5　ミズナラの榾木から生じたシイタケ ナラの皮付き小径丸太はシイタケの露地栽培に好適である

図6　ナラのウイスキー樽（北海道、ニッカウヰスキー余市蒸留所）　製作には良質の材料と高度な木工技術を要する

いない。また、近世の近畿地方や関東地方では、クヌギやカシワ、コナラが大都市のエネルギー需要を賄うのに不可欠の資源であったと考えられている。ナラ類は、火持ちのよい薪炭材である。若齢のクヌギやコナラは、伐採すると切り株からひこ萌《ば》えが次々と生じて旺盛に成長する。株立ちしたナラは、太さの揃った扱いやすい薪になる。江戸の郊外では一〇～一五年サイクルでナラ林から幹が収穫され、燃料として流通していたと言われる。この株立ちした幹は、キノコ栽培の榾《ほだ》木にも絶好で、シイタケの露地栽培に重用される（**図5**）。

ナラ材ならではの用途として、ウイスキーの樽がある（**図6**）。ウイスキー樽に要求される性能は、丈夫さとともに、液漏れのしにくさである。生きたナラの幹内部では、根から吸い上げた水を葉まで運ぶ道管というパイプ状の組織が、水を運ぶ機能を失うと、隣接する生きた細胞が産生するチロースという構造物に閉塞されるため、透水性が著しく低下する。さらに、ナラ材にはウイスキーの味、香り、色を醸成するのに不可欠の成分が含まれる。昔からスコッチウイスキーの醸造家やブレンダーの間では、「三年寝かせてウイスキー」という金言が伝えられてきたが、近年には樽詰めしてから三年目になると樽材からの溶出成分が一気に増えることが科学的にも裏付けられている。現在ではホワイトオークと総称される米国産のナラ材が多用されるが、国産のミズナラ製の樽で熟成させたウイスキーも本場英国で高く評価されている。樽の製作には、無節で木目の通った良質な原木とともに、高度な木工技術が必要である。

ナラ類の樹皮や実に含まれるタンニンは、媒染や魚網の防腐剤に使われ、工業的に抽出されていたこともある。カシワの葉は、現在でも柏餅の包みとして馴染み深い。コルク質がよく発達するアベマキの樹皮は、第二次大戦中にコルクの輸入が途絶えたときに代用された。

（佐野）

ミズナラの大樹(札幌市、円山)　根を張りどっしりと生立する

図1　ナンテンの材面（木口、外観）　木口面で中心から放射方向に白い筋が走るのが特徴（図3参照）

図2　ナンテン（京都市嵐山）　冬期に鮮やかな赤色の実をつける

ナンテン

学名 *Nandina domestica* Thunb.　**漢字** 南天　**中国名** 南天竹　**英名** heavenly bamboo

ナンテンはメギ科の常緑低木で、一属一種。樹高一～三m、直径二cmくらいであるが、ときに高さ三～五m、直径五～六cmに達する。西南日本の暖帯に自生するが、本来の自生かどうかは明白ではないとされる。和名の由来は漢名の南天燭、南天竹、南天竺の南天による。中国の中部以南に産するので南天といい、燭はその実が燭火つまりともし火のように赤いから、また竹が語尾につくのはその株立ちの姿が竹に似ているからだという。属名の*Nandina*はナンテンを意味し、種小名の*domestica*は「国内の、その土地でできた」という意味である。季題は夏を意味する。ナンテンは昔から「難を転ずる」という意味を含むとして、縁起のよい木とされる（**図2**）。一般には庭木として植えられることが多く、不浄を清めるという意味で、昔ながらの和風建築では便所の手水鉢付近に植えられたり、敷地の東北隅に、災難からまぬがれるようにという意味を込めて植えられる。また、食あたりを防いで、長寿になるという意味で南天の箸が使われる。葉は三回羽状複葉で、幹の先端付近に集まってつき、先端の間から花序が上に伸び、初夏に白い花を咲かせる。わが国以外では、中国大陸に分布が見られる。ナンテンは根際より多くの茎が直立し、あたかも竹の株立ちのように見える。それゆえ、南天竹、蘭天竹、国天竹、天竹、聖竹などと竹に関わる名称をもっている。また、英語ではHeavenly bambooと呼ばれる。材の中心部はベルベリンが多く、黄色を呈する。

ナンテンの葉はできたての赤飯などの上において、飾りと同時に腐るのを防ぐ

図４　ナンテンの床柱（京都市、金閣寺）　金閣寺境内にある茶室、夕佳亭（せっかてい）の床柱がナンテンといわれる

図３　ナンテンの香合（メヒティル・メルツ氏所蔵）　直径４～５ cm のナンテンを用いて作られた

ことを意図して利用される。これは、葉に含まれる毒素が熱い赤飯の上で熱と水分とにより腐敗防止作用のあるチアン水素に分解されることによる。毒素の含有量はわずかであるので危険性はほとんどない。ただし、同じく葉や実に含まれているドメスチン（アルカロイドの一種）は鎮咳作用があり、多量に摂取すると知覚麻痺や運動神経麻痺を引き起こすので、注意が必要になる。通常目にする実は赤色であるが、白色の実もある。これらの実を乾かして薬用にしたものを南天実《なんてんじつ》と称して賞用される。

中国では、ナンテンの枝葉を薬用として下痢止めに用い、眠気を除き、筋肉を強くし、気力を増強するといわれる。ナンテンの葉を米に混ぜて食べると白髪が黒くなり、老人は若返るといわれ、仙人の食べ物とされた。その一方で、ナンテンを植えると妻君の嫉妬心を強めるといって嫌われた。

ナンテンの植栽については迷信がかったところがあり、地方によって意味が異なるようである。例えば、紀伊、伊勢、鳥羽ではナンテンが家の軒より高くなると家運が衰えるといわれ、羽前では逆に長者になるといわれる。また、近江ではナンテンが算盤珠の音を嫌うので、商家に植えても育たないといわれる。成長は遅く、五cmを超える太さになるにはかなりの年数を要するので希少価値がある。このような材を利用して木工芸の職人によって造られた棗を知人にみせていただいたが、実に見事な作品であった（**図３**）。また、古来床柱にすれば一家安泰であると言われることから、太い幹は好んで床柱として賞用されてきた。京都、金閣寺の夕佳亭《せっかてい》の床柱は南天だそうだ（**図４**）。間近で見ると通直とは程遠いので正真正銘のナンテンかどうかいささか疑問が残る。

（伊東）

図2　ニガキの花　花期は4～5月

図1　ニガキの材面(板目)　辺材、心材ともに黄色だが、心材は色が濃くそのコントラストに意匠性がある

ニガキ

学名 *Picrasma quassioides*(D. Don)Benn. **漢字** 苦木 **中国名** 苦楝樹 **英名** bitter wood(類), quassia(類)

ニガキは樹高一二m、直径四〇cmに達する落葉性の広葉樹で、わが国では北海道から沖縄までのほぼ全域、また、朝鮮半島、台湾、中国からヒマラヤに分布する山野に普通に見られる(**図2**)。葉は羽状複葉、雌雄異株で、四～五月に、両株とも黄緑色の小さな花をつける。葉腋から花序を出し、それが一斉に開花するため、開花時はよく目立ち、普段見慣れた山野においても、そこにニガキがあることを気付かされることがしばしばある。ニガキ属の樹木は熱帯から温帯にかけて約八種が分布し、ニガキの名の由来は、樹皮や葉、材などがすべて苦いことによる。各地の方言でもほとんどの地域でニガキはニガキと呼ばれている。中国名も苦楝樹であり、やはり木が苦いことによる。また、学名の*Picrasma*もラテン語のpikrasmon「苦み」から来ている。『大和本草』には、ニガキについて「槐に似たり、皮淡黒白斑多し、黄柏(きはだ)、秦皮(あおだも)、苦木(にがき)、此の三物は葉相似て弁じ難し」という記述がある。

材は辺材が黄白色、心材が帯紅帯黄色、比重は〇・五～〇・七で年輪は明瞭であり、肌目は粗くなる傾向がある。そのため、材は特別な用途に使われることがなく、曲物、箱、農具といった器具に利用されている。『木材ノ工藝的利用』に「材色を利用す」とあるように、寄木細工や黄色味をなす材で用いられる。材中には苦み成分のクワッシンを含んでいるため、日本薬局方でも材を乾燥したものは苦木、ニガキ末としてあげられ、健胃剤として用いられる。樹皮、根皮も同様

図３　ニワウルシ（つくば市、森林総合研究所）　６月中旬に撮影。開花した雌花が中央についている

図４　ニワウルシ材（追柾）　淡色で環孔性である

に薬効がある。煎汁は、かつては家畜や農作物の殺虫剤として用いられたこともある。「良薬は口に苦し」とはまさにこの木のためにある言葉なのではないか。世界的にもにニガキ科の樹木はクワッシンを含んでいるため苦く、bitter wood, quassia と呼ばれ、薬用として用いられている。

熱帯地方には、数種類のニガキ属の樹木が自生していて、同様に薬用に用いられている。西インド諸島の、ジャマイカニガキ（*P. exelsa*）は、健胃薬としてヨーロッパに輸出されている。また、中南米原産のニガキ科の樹木シマルバ（*Simarouba amara*）は、木材として日本にも輸入されている。樹皮は薬用になるが、この木材を馬の寝床に敷いたところ馬がかぶれたという報告がある。材の薬効成分が馬には強すぎたのかも知れない。

わが国でよく見かけるニガキ科の樹木として、ニワウルシ（別名シンジュ）（*Ailanthus altissima*）がある（**図３**）。中国原産の落葉高木で、樹高二五m、直径一mに達する。漢字では、神樹、樗と書き、中国名は臭椿、英名は tree of heaven と呼ばれ、ヨーロッパ経由で日本に導入された数少ない樹種である。一八七五年に明治政府が並木や公園樹、養蚕の目的でオーストリアから導入したと言われている。学名の *Ailanthus* は、インドネシアのアンボン語の aylanto（天をつく木）に由来し、この意味から英語の tree of heaven になり、ドイツ語の神ノ木という意味のゲッテルバウムとなり、このドイツ語を神樹と訳したようである。中国から輸入されている木材製品の中にたまにシンジュで作られているものが見られる（**図４**）。樹皮と根皮は殺虫剤になる。通常単木で点在するが伐ると根から群状に芽が出てたちまちヤブになってしまう。伐ってはいけない木である。

また、ニガキ科の樹木には、近年強壮剤として利用されるようになったトンカットアリ（tongkat ali（マレー語）*Eurycoma longifolia*（学名））がある。（安部・山口）

図1　ハルニレの材面（柾目）　放射組織が柾目面でレイフレックと呼ばれる明瞭な縞模様となって現れる

図2　ハルニレの木立（北海道大学植物園）　枝葉を広げ、どっしりとした重量感がある

ニレ類

学名 *Ulmus* spp.　**漢字** 楡　**中国名** 楡（類）　**英名** elm（類）

ニレは、ニレ科ニレ属の樹木の総称である。日本産のニレには、ハルニレ（*U. davidiana* var. *japonica* 図2）、アキニレ（*U. parvifolia*）、オヒョウ（*U. laciniata*）の三種がある。ハルニレとオヒョウは、高さ三〇m、直径一mに達する高木で、北海道から九州にかけて分布するほか、朝鮮半島や中国東北部にも分布する。アキニレは、ハルニレとオヒョウよりもやや小ぶりの高木で、本州の中部地方から南西諸島までのほか、朝鮮半島、台湾、中国南部に分布する。

ニレの語源については、接着剤に使うためにこの木の樹皮を水で練って得た粘液をネリ、ネレなどと呼んでいたものが、やがて転訛したというのが通説であるが、異説もある。ハルニレ、アキニレの名に付くハルとアキは、花期がそれぞれ春と秋であることに因む。オヒョウの名の由来は不明である。ハルニレには、アカダモなど多くの別称がある。地域によっては、逆にモクセイ科のタモ類（ヤチダモなど）をニレと呼ぶところがある。オヒョウには、葉縁の先端側が矢筈状に凹むことに因んだヤハズニレなどの別称がある（図3）。アキニレには、イシゲヤキ、ニレケヤキなどの別称がある。

ニレ材は、やや重硬で強度が高く、粘りがあって割れにくい。切削性や寸法安定性は不良で、色艶は冴えない。木目がケヤキに似るので、その代用材として器具や家具の部材などに使われることもあるが、ケヤキには及ばぬ並材というのが定評である。ところが、『和漢三才図会』（巻第二十四・百工具）には手斧《ちょうな》の柄は「楡《にれ》を以って上と為し槐《えんじゅ》欅《けやき》之に次ぐ」という記述がある。これに関連して、ア

図3　オヒョウの葉　オヒョウには、この葉の形状に因んだヤハズ(矢筈)ニレの異名がある

図4　アイヌ民族が愛用したアツシ織(北海道大学植物園所蔵、同植物園提供)　オヒョウの樹皮から採った繊維で織っている

イヌ民族が火きり杵にハルニレ材を用いていたことは興味深い。材面が粗く、摩擦がよく効くため、擦れば盛んに発熱し、振り回してもすっぽ抜けたりし難いところが、火きり杵や手斧の柄に適するのかも知れない。

ニレ類は、材よりも樹皮の利用が知られる。全国各地で、樹皮の繊維組織が水に浸して叩きほぐすなどして分離され、縄や紐の材料に用いられていた。アイヌ民族がオヒョウの樹皮を製糸して作ったアツシと呼ばれる織物は、丈夫で肌触りのよいすぐれた生地として知られる(**図4**)。また、若枝の内樹皮をつき砕いて粉末にしたものは、漢方の収斂剤として使われ、食物のつなぎ粉として利用されたこともあったという。樹皮を水に浸して得られる粘液は、古くから接着剤として常用されていた。正倉院文書で使われた楡紙は、ニレの内樹皮を水に浸して得た粘液を和紙原料に添加して作られた。

アキニレは、ケヤキニレの名で盆栽に使われる。北日本では、ハルニレが緑化樹に使われる。ハルニレは、春先に目立たぬ花を咲かせ、葉が開く頃には円盤型の平たい実を付ける。この実は楡銭《にれせん》と呼ばれ、初夏の季語になっている。初夏の候、楡銭が薫風に煽られて街路樹よりひらひらと路面に舞い落ち、かささと音を立てて流れる様子には、風情がある。

ニレは肥沃で適湿な土地を好み、痩せ地や乾燥地にはあまり見られない。米国の建国間もない頃の入植者は、ニレが育つ土地は肥沃であることを北米東海岸の先住民から教えられたという。おそらく北海道開拓を指導したお雇い外国人からこの北米先住民譲りの知恵を授けられたのであろうが、明治時代に北海道庁殖民課により編集された『北海道移住問答』という入植者向けの手引き書では、水辺の樹林で開墾適地を簡易に判定する基準として、ハルニレやヤマグワが育ち、林床にコゴミやイラクサが生える土地を最適と教えている。

(佐野)

図2　ネズコの樹形（つくば市、森林総合研究所）　下枝が太い

図1　ネズコの材面（板目～追柾）　木目が通り、スギに似ているがやや黒みを帯びる

ネズコ

学名 *Thuja standishii* (Gord.) Carrière　**別名** クロベ　**漢字** 黒檜、黒部、鼠子
中国名 日本香柏　**英名** arborvitae（類）

ネズコは樹高三〇m、直径八〇cmに達する常緑の針葉樹で、日本中北部に多く（北限は秋田県）、また、それより以西では、関西の一部、島根県と隠岐の島、四国の中央山地に点在している。樹幹は通直だが、往々にして低いところから分枝する傾向があり、樹形は円錐形になる（**図2**）。樹皮は赤褐色から灰褐色で、幅広く縦に裂ける。葉はヒノキよりも大きく、アスナロよりも小さく、上面は新緑で、下面に灰白色の気孔が見られる。ネズコの名は材色が薄黒くねずみ色っぽいところからという説が一般的のようである。木曽五木の一つにあげられており、木曽では単にネズと呼ばれている。別名のクロベは「黒檜《くろび》」から来たものと言われ、葉がヒノキよりも少し黒ずんでいるためとか、材色がヒノキよりも黒ずんでいるためとか諸説がある。富山県には多く分布しているが、富山の地名の黒部とは関係がないようである。

ネズコの材は、辺心材の区別が明瞭で、辺材は帯黄白色、心材は灰褐色から黄褐色で、やや黒ずんでいる。早晩材の移行がやや急で、スギのようにも見える。やや軽軟で強度的には強くないが、収縮率が低く、加工性はきわめてよく、軽いわりに耐久性が高いのが特徴である。用途としては、建物の天井板、長押、羽目板などの材が表面に出て意匠性が必要な部分や、ふすまや障子の枠といった建具など、いずれも日本の在来建築では無くてはならない部分に用いられている（**図3**）。また『木材ノ工藝的利用』には、「材の曲従性を利用す」として、日光飯櫃、

図3　ネズコの突き板を張った柱（東京都、日本住宅・木材技術センター）　一見スギ材のように見える

図4　コノテガシワ（つくば市、森林総合研究所）　小枝が垂直に立って葉の裏表がはっきりしない。庭木や生垣に用いられる

栗山桶に用いられたという記述がある。材色の淡さと軽軟さから下駄や家具指物に用いられていた。

ネズコ属の樹木には用材として利用されている北米産のベイスギ（アメリカネズコ *T. plicata*）があり、おそらく現在の日本ではネズコよりも多く用いられていると思われる。北米から初めて日本に輸入された木材で、明治一七年には東京の木場で取り扱われたという記録が残されている。高価な秋田杉の代用として、主に天井板として用いられていた。ベイスギは樹高六〇m以上の大木になり、軽軟で耐久性が高く、材中に様々な殺菌性の強い成分が含まれているため、現地では屋根板や外壁に用いている。ベイスギ材は木材を扱う製材工場などで、従業員が皮膚炎や鼻炎などを引き起こす原因になっているという報告例があるがアレルギーの原因物質の特定には至っていない。

また、コノテガシワ（児手柏）（*T. orientalis*）は、コノテガシワ属（*Platycladus*）として扱われることもあるが、日本では園芸用として知られている樹である（**図4**）。この樹は中国原産の樹高五～一〇mになる常緑の小高木であるが、園芸用の樹木として古くからわが国に渡来し、『万葉集』にも「奈良山の児手柏《このてがしわ》の両面《ふたおもて》にかにもかくにも佞人《わじけびと》の徒《とも》」の歌が詠まれている。小枝が垂直に立って、まるで子供が手を挙げているように見えることからこの名がつけられたと言われる。また葉も垂直になり、葉の表裏がないことからフタオモテ（二面）の別名もある。成長が遅く刈り込みに強いため庭木や垣根に多く用いられ、北海道南部から沖縄まで広く植えられ、多くの品種がある。シーボルトは、コノテガシワの樹皮と葉は止血剤になるとされていると記述しているが、実際の効用はわからない。（安部）

図1　ネムノキの材面(板目)　心材は暗色で、辺材とのコントラストがある。肌目は粗い

図2　ネムノキの花　初夏に白とピンクの花が一斉に咲く

ネムノキ

学名 *Albizia julibrissin* Durazz.　**漢字** 合歓木　**中国名** 合歓　**英名** silk tree(類)

ネムノキは樹高一二m、直径五〇cm程度になる落葉性のマメ科の広葉樹である。ネムノキ属の樹木は、東南アジアやアフリカの熱帯を中心に約一五〇種が分布しており、日本はその北端に位置している。ネムノキは本州、四国、九州、沖縄の全域に自生し、朝鮮半島から中国、台湾を経て南アジア、さらにインド、イラン北部ときわめて広い地域に分布している。葉は二回羽状複葉で、長さ六〜一二mmの小葉が一五〜四〇対も対生して羽片を形成し、それらがさらに五〜一五対も対生するため、一枚の葉は長さが二〇〜三〇cmにもなる。ネムノキは、夜になるとこの羽片が、合わされる就眠運動をするため、その様がまるで眠るようなので「眠りの木」と呼ばれ、「ねむの木」へと変化していったと言われている。中国でもこの状態から合歓と表現され、わが国でもこの呼称の「こうか」という名に近い名で呼ばれる地域がある。花には、三・五〜四cmの長さの雄しべが多数存在して、それらが糸状に長く突き出し、下方が白色、上方に行くに従って薄紅色から紅色になっている(**図2**)。数個の頭状花序に一〇〜二〇個の花がつき、それらが数個集まって咲くため、開花時には牡丹刷毛《ぼたんはけ》の様に美しい様相になる。英語ではSilk treeとも呼ばれ、開花時の様子が絹の様に見えるためであると考えられている。こうした樹の特徴と花の美しさから、古くから日本人にも親しまれ、『万葉集』にも「昼は咲き夜は恋ひ寝る合歓木《ねぶ》の花君のみ見めや戯奴《わけ》さへに見よ」(紀女郎)と「吾妹子が形見の合歓木は花のみに咲きてけだしく実に成らじかも」(大伴家持)の贈答歌が歌われているほか、俳句にもしばしば登場し、ねむの木の

図3　ネムノキの実　平べったいマメ状のサヤである

図4　南洋材モルッカネムの材面（柾目）　木の成長が早く、材は淡色で軽い

花は夏の季語になっている。果実は平べったいマメ状のサヤである（**図3**）。

材は辺材が黄白色、心材が帯黄灰褐色から淡褐色で、肌目が粗い。比重は〇・五～〇・六で、木が大きく生長しないので、木材としては定まった用途は無く、一般的な家具や建築の一部、器具などに使われている程度である。『木材ノ工藝的利用』には「材の木理桐に似るを利用す」として胴丸火鉢に、「材の手当たり柔らかなるを利用す」として婦人用鎌の柄に、「材乾湿変化に堪ゆるを利用す」として対馬では屋根板に用いられていたという記載がある。漢方では、樹皮は合歓《がっしょう》皮《ひ》、花蕾を合歓花《がっしょうか》と呼び、鎮痛薬や健胃薬として用いられてる。また、街路樹や庭木としても用いられ、痩せ地でも成長するため、肥料木として砂防クロマツの植栽の前植にも用いられている。

ネムノキ属の樹木は全般に成長が速い。特に東南アジアを中心にした熱帯地域に植林されているモルッカネム（*Paraserianthes falcataria*　別名ファルカタ、バタイ等）は、モルッカ諸島、ニューギニア、ソロモン諸島が本来の生育地だが、成長が速く、紙パルプの原料や木材として利用されているほか、合板や集成材の原料としても用いられるようになった（**図4**）。造林面積も増加傾向にあり、さらなる資源としての利用が有望視され、世界の環境を考えていく上で重要な樹種である。また、レイントゥリーやモンキーポッドの別名があるアメリカネム（*Samanea saman* または *Enterolobium saman*）は、大手電機メーカーのテレビCMで「この木何の木、気になる木」で有名である。この木は、熱帯アメリカ原産で、樹形が見事なことから、世界の熱帯地域に庭園樹や街路樹として植栽されているが、実はこの樹もネムノキのような花が咲く。フィリピンではこの木の木材がアカシア（acacia）として扱われることもある。

（安部）

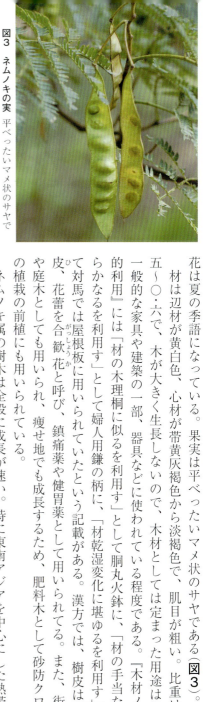

図2　ハゼノキ（つくば市、森林総合研究所）　葉は奇数羽状複葉であり、表面にてりがある。秋には赤く紅葉する

図1　ハゼノキの材面（板目）　心材は黄色く、辺材とのコントラストが美しい

ハゼノキ*・ヌルデ**・他のウルシ科樹木

学名 *Rhus succedanea* L.* *Rhus javanica* L. var. *roxburghii* (DC.) Rehder et Wils.** **漢字** 櫨*、黄櫨**　白膠木** **中国名** 野漆*、紅包樹、木蝋樹　塩膚木**、塩麸木、五倍子樹 **英名** wax tree* Japanese sumac**　Chinese sumac

ハゼノキは、関東以西から琉球の山野に見られる落葉性の広葉樹で、樹高一〇m、直径六〇㎝に達するものもある。葉は羽状複葉で、表面に光沢がある。五～六月に葉腋から円錐状の花序を出し、黄色い小さな花を咲かせる。秋には紅葉するとともに、小さな実を多くつける（**図2**）。元々日本に自生していたわけではなく、蝋を採るために戦国時代に中国から琉球に伝わり、薩摩、九州を経て本州に広がったとされている。自生地は台湾、中国からインドシナ、タイ、マレーシア、ヒマラヤに至っており、日本に自生していた山櫨《やまはぜ》（*R. sylvestris*）と区別するために、唐櫨《からはぜ》と呼ばれていたこともある。『万葉集』に大伴家持が「……神の御代より梔弓《はじゆみ》を手握《たにぎ》り持たし……」と歌ったが、これもハゼノキではなくヤマハゼ、ヤマウルシ（*R. trichocarpa*）であったと思われる。万葉時代には「はにし」の呼称もあり、また『古今集』でも「櫨紅葉」が歌われているが、これもヤマハゼだと思われる。

ハゼノキの材は環孔材で、辺材は灰白色であるが心材は淡黄色から鮮やかな黄色で、辺心材の境界は明瞭である（**図1**）。また、比重が〇・六～〇・七と比較的重硬である。『木材ノ工藝的利用』では、「材色を利用す」として、寄木細工、木像嵌、挽き物、定規、紙切り、筆立て、筆軸、小皿等の小物の黄色味として利用されていたと記録されている。また、「材膠着可にして弾力あるを利用す」として、

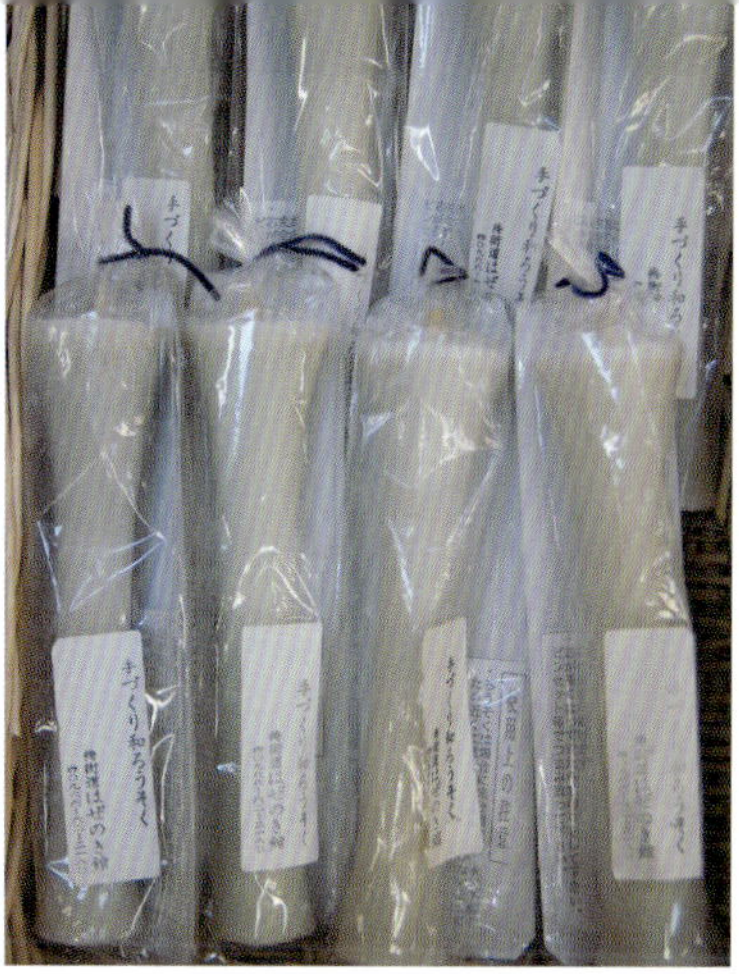

図3　ハゼ蝋で作られたロウソク（熊本県水俣市）
パラフィン製のロウソクに押され現在ではあまり見られなくなった

図4　ヌルデの花（宇治市、京都大学生存圏研究所）
夏に白い花をつけ、野山でよく目立つ

和弓の側木《そばき》として用いられる。これは、三層構造をしている和弓の中層部の竹材を両側から挟んでいる木のことである。

ハゼノキの利用としては、主に果実が木蝋の原料として用いられている（**図3**）。九州、四国、中国地方が櫨蝋《はぜろう》の主産地で、大正から昭和初期に最盛期を迎え、昭和一〇年には栽培面積一万ha、果実生産量四万トンを超えていた。戦後、パラフィンろうそくの普及によって生産量は激減し、ハゼの実生産は、現在は九州各県と愛媛県で細々と行われている。櫨蝋は蝋燭だけでなく、びんつけ、艶出し剤、膏薬などの医薬品や化粧品の原料として幅広く使われていた。日本の国技である相撲で、力士が髷を結うのに用いる鬢付け油には、激しいぶつかり合いでも髪型が保たれる櫨蝋が用いられる。また、クレヨン、色鉛筆、食品、医薬品、口紅など化粧品のほか、トナー、インクリボンなどの印刷用にも使われている。髪を束ねてバラバラにしない働きとべとつかないという、相反する働きを両方持つ天然材料が木蝋なのである。櫨蝋を守るためには、天然材料の性質の良さを活かして利用するための、さらなる研究が必要である。

ヌルデは北海道の石狩平野以南から琉球までの日本の山野に自生し、樹高五～一〇m、直径三〇cmに達する。世界的にはヒマラヤ地域からモンゴル、中国、朝鮮半島、インドシナに分布している。陽性の樹木で、二次林や近所の空き地などでよく目にすることができ、春先には芽吹く葉が赤みを持つので、その存在が認識できる。また、八～九月の晩夏から初秋にかけて開花する。ヌルデの花は黄白色の小さな花を多数つけた花序であり、この時期は他の樹木の花が多くない時期なので、その白さは山野でひときわ目立つ存在となる（**図4**）。葉は他のウルシの仲間同様奇数羽状複葉だが、小葉と小葉の間の中軸に翼があり、この翼が葉の先端に近づくほど幅が広くなる傾向がある。

図5　ヌルデの虫こぶ（能城修一氏提供）　これからタンニンを採取する

図6　マンゴーの実と花　花序の形はヌルデに似ている

ヌルデの名前は、樹皮を傷つけると白い乳液が分泌され、それを塗ったことに由来すると言われている。また、カツノキ、シオノミ、フシノキなどの呼び名が各地に残っている。カツノキは、『万葉集』にも「足柄《あしがり》の吾《わ》を可鶏《かけ》山のかづの木（可頭乃木）の吾をかづさねもかずさかずとも」と歌われ、御門棒《おっかどぼう》に用いるので、「門の木」と呼ばれる説と、聖徳太子がこの木を用いて四天王像を製作して、先勝祈願をしたからであるという二説がある。シオノミは、果実の表面に白い粉が吹き、これが塩辛いため、「塩の実」と呼ばれ、かつて一部の地域では塩の代用に用いられたこともあると言われている。フシノキは、葉などに出来る虫こぶは「五倍子（ごばいし、ふし）」と呼ばれて、日本薬局方でも認められており、重要なタンニンの原料として用いられていることに由来する。アブラムシの一種のヌルデノミミフシが、葉などについて、袋状の虫えいが形成され、それがいくつか集まったものがみみぶしと呼ばれて、上等品として扱われている（**図5**）。主成分はガロタンニン酸で薬や染料として用いられたほか、革鞣《かわなめし》、インクの原料、また、鉄と混ぜて既婚婦人のお歯黒にも用いられていた。五倍子の主産地は中国・四国地方であったが、現在はほとんど大陸中国から輸入されている。

ヌルデの材は環孔材で、比重は〇・五〜〇・七。辺材は灰白色、心材は光沢のある灰褐色で辺心材の境界は比較的明瞭である。他のウルシ属の木と違って、材の色に鮮やかさが無く、また、かぶれの原因となる成分を多く含まないため、材としても古くから利用されてきた。特に、神事や仏事といった宗教的な行事にはヌルデが使われ、前述の御門棒もその一つで、関東から伊豆地方で見られる魔除けの棒である。『木材ノ工藝的利用』には「材軽軟水を吸う事少なきを利用す」として、浮子に用いられる記述、「材を炊くときの爆発音を利用す」として護摩木として用いられたという記述、「材軽軟工作容易なるを利用す」として、挽き物に

図7　カシューナッツの実と花　黄色くふくらんだ部分は花柄であり、その先端に実がある。その中に食用とされるカシューナッツがある

図8　レンガスの材　心材は鮮やかな赤色で、輸入材のなかでもひときわ目立つ

も利用されたという記述がある。

日本固有のウルシ属の樹木には、ヤマハゼ、ヤマウルシ、ツタウルシ（*R. ambigua*）があり、紅葉の季節になると葉が赤くなりひときわ目立つ。俳句では櫨紅葉《はぜもみじ》が秋の季語となっており、高浜虚子の「櫨紅葉稲刈る人に日々赤し」など多くの句に詠まれている。ツタウルシはつる性で、樺太、南千島、北海道、本州、四国、九州、台湾及び中国の亜寒帯から暖帯まで分布し、ウルシ属の樹木の中では最も北に生育する種である。わが国にはその他にウルシ科の樹木としてチャンチンモドキ（*Choerospondias axillaris*）が九州の一部に生育しており、比較的大木になる。中国南部では比較的多く見られるようであるが、日本では環境省のレッドデータブックに絶滅危惧種として登録されている。

また、ウルシ科の樹木は世界に約六九属八五〇種あり、主に温帯地域を中心に熱帯から亜熱帯に広く分布し、有用なものを多く含んでいる。例えば、果実が食用となるマンゴー（*Mangifera* spp. **図6**）や種子が食用となるカシューナッツ（*Anacardium occidentale* **図7**）、ピスタチオ（*Pistacia vara*）が有名なほか、*Campnosperma* 属（テレンタン、キャンプノスペルマ）、*Dracontomelon* 属（ダオ）、*Gluta* 属（レンガス）、*Mangifera* 属（マンゴー）、*Spondias* 属（アムラノキ）の木材が主に東南アジア地域から日本に輸入されている。また、総じてかぶれの原因となる物質を含んでいる。たとえば、マンゴーを食べてかぶれるという方もいるし、カシューナッツやピスタチオも生産地で十分に火入れされていないものを食べるとかぶれる人もいる。木材は総じて心材は黄色から黄褐色を呈し、材をみるだけでいかにもかぶれそうな色をしている。前述した東南アジアから輸入される木材のうちレンガスは、その心材色が赤から橙赤色で、ウルシよりも鮮やかな色をしているが、この材もしばしばかぶれの原因になることがある（**図8**）。

（安部）

図1　**ハンノキの材面**（柾目）　材は淡色だが赤みを帯びる。広放射組織があるため、柾目ではナラ材のような虎斑（silver grain）が現れる

図2　ハンノキ　ハンノキは湿地に生え、時に純林を形成する。左下：春先の雄花序と前年の果実

ハンノキ

学名 *Alnus japonica*（Thunb.）Steud.　**漢字** 赤楊、榿、橎、榛　**中国名** 日本榿木
英名 alder（類）

ハンノキはカバノキ科ハンノキ属に属し、樹高一五m、直径六〇cmに達する落葉性の樹木である（**図2**）。北海道から九州の北部まで自生し、本州中部以北、北海道では所々に純林がみられる。南千島、朝鮮、中国東北部、台湾にも分布している。また、ハンノキ属の樹木は北半球を中心に約三〇種分布している。ハンノキ属は分類学的にハンノキ亜属とヤシャブシ亜属とに分けられ、日本にはハンノキ、ヤマハンノキ（*A. hirsuta* var. *sibirica*）、ヤシャブシ（*A. firma*）、ヒメヤシャブシ（*A. pendula*）等、両亜属の樹木が約一〇種生育している。ハンノキは、湿潤で肥沃な土壌を好み、河川流域、湖畔などの水湿地に群生し、関東地方などの水田地帯では、刈り取った稲をかけておくためのはさ木として、ハンノキを植えてある所もあるが、これも水田化された湿地で生育しやすい性質のためと思われる。ハンノキは漢字で赤楊、榿、榛と書く。名前の由来はハリノキ（榿ノ木）から来ているが、このハリノキの語源はよく分かっていない。ハンノキ亜属にはハンノキの他にケヤマハンノキを中心としたヤマハンノキのグループがあり、ハンノキと違ってやや乾燥した二次林に多く見られる（**図3**）。ハンノキ属の樹木の根には放線菌が共生しており、根粒を形成していることが知られている。この放線菌は空気中の窒素を取り込む能力があり、この性質もハンノキが荒れ地や湿原といった栄養の少ない環境においても高木として生長できる理由と考えられている。三月ごろ、葉の出る前に小さい花をつけ、雌雄同株で雄花は紫褐色で長く垂

図3　ケヤマハンノキ（北海道京極町）　ヤマハンノキの仲間は乾燥した二次林に見られる

図4　アルダーを用いた椅子（つくば市、ホームシック Style Shop 社）　材はやや赤みを帯び、洋風家具にマッチする

れ下がる尾状花序、雌花は緑色の松の果実に似ているが、秋には熟して松かさ状になる（図2）。ヤシャブシ亜属の樹木には、ヤシャブシ（*A. firma*）、オオバヤシャブシ（*A. sieboldiana*）等があるが、どれも小高木で木材としてはあまり利用されない。しかし、痩せ地に良く育つ性質から、山地砂防の目的で崩落地などに植栽されることがある。

木材は、辺材は淡い黄褐色、心材は灰褐色で、伐採直後の新しい材面は空気に触れると、紅色を帯びてくる。そのため、古代のイギリスでは火に関係づけられたり、出血を連想させるため、伐採が控えられたと言われている。木質は中庸からやや軽軟、木肌は緻密で、加工性も悪くない。年輪ははっきりせず、放射組織が集まった組織があるため、板目や柾目ではオーク（oak）のような模様が見えることもある。材としての利用は、ハンノキよりも一回り大きいヤマハンノキの仲間（高さ二〇m、直径八〇cmに達する）の方が一般的である。『木材ノ工藝的利用』では、「材精緻にして工作容易なるを利用す」とあり、漆器の木地、挽物、そろばん枠、杓子などの器具として用いられたほか、材の赤みが寄木細工の赤色に用いられたり、その炭は黒色火薬の原料として用いられていた。アイヌの人たちはケヤマハンノキでおしゃぶりを作った。近年、北米から同属のアルダー（alder アメリカハンノキ、*A. rubra*）が輸入されるようになり、家具や内装用材に使われている（図4）。また、このアルダーは高級な電子ギターのボディー材として重用されている。ハンノキ属の樹木の樹皮や球果はタンニン分を多く含んでいるため、染料や皮なめしに用いられたり、解熱や止血のための民間薬として用いられてきた。共生する菌が空中の窒素を固定する能力を持っているため生葉は肥料となり、水田周辺に植えられたハンノキは、水田における効率のよい窒素リサイクルシステムと考えられている。

（安部）

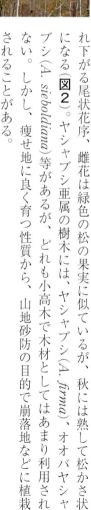

図2　ヒノキの林（長野県、木曽赤沢）　掲示板のように千本生育するかどうかは定かでないが直径

図1　ヒノキの材面（柾目）　大径材が得られ、肌目は緻密で色・つやがよく、強靭ながら加工しやすく、古来よりわが国で最高の良材として知られる

ヒノキ

学名 *Chamaecyparis obtusa* (Sieb. et Zucc.) Endl.　**漢字** 桧（檜）　**中国名** 日本扁柏
英名 hinoki cypress

ヒノキはヒノキ科の常緑高木で、樹高三〇m、直径一・五mに達する（**図2**）。ヒノキ属は世界に六種分布し、わが国にはヒノキとサワラの二種がみられる。他には北米に三種、アラスカヒノキ（別名ベイヒバ、標準和名はアメリカヒノキ）（*Xanthocyparis nootkatensis*, Nootka cypress, Alaska cypress）、ローソンヒノキ（別名ベイヒ）（*C. lawsoniana*, Lawson cypress, Oregon cedar）、ヌマヒノキ（*C. thyoides*, white cedar, swamp cedar）、台湾に一種、ベニヒ（*C. formosensis*, 紅檜）がある。台湾にはベニヒのほかにタイワンヒノキ（*C. obtusa* var. *formosana*）が知られるが、この種はわが国のヒノキの変種であるので種としてはヒノキと同じ仲間となる。日本のヒノキが枯渇して各地寺院修復時の用材調達に難を生じているが、かつて、薬師寺西塔再建の折には多くのタイワンヒノキやベニヒが利用された。ヒノキは、スギに次ぐ重要造林樹種で、わが国の野山に広く植林されている。『大和本草』では、ヒノキを錐でもめば火を生ずるゆえ火の木というとある。

ヒノキの歴史を大和朝廷以降の日本の歴史の中に概観すると、以下のような過程をたどってきたと思われる。太古の時代には気温穏和で適量の雨のため、樹木の生育はよく、ヒノキも他の樹種と共に山野に自生し鬱蒼たる森林を構成していた。ヒノキが太古の時代より建築用材に適していたことは弥生時代の遺構にあたる池上曽根遺跡から検出された高床式大型建物に直径七〇cmものヒノキの柱が多数用いられた例からも裏づけられる。『日本書紀』の巻一に、「神代の素戔嗚尊《すさのおのみこと》」

図３　式年遷宮用に準備されたヒノキ材（三重県、伊勢神宮）木口面に将来の用材使用部位が墨書きされている

図４　法隆寺金堂（奈良県斑鳩町）　世界最古の木造建築の中心的な建物

の説話があり、「檜は以て瑞宮《みずのみや》（宮殿）を為《つく》る材にすべし」と記述され、ヒノキ材が宮殿を造営するための用材として推奨されていたことがわかる。古事記には皇女の邸宅の宮門や板戸がヒノキで造られているという記述のあることから宮殿のみならず上流階級の邸宅にヒノキが使用されていた。橿原宮（現在、奈良県にある橿原神社の地にあったとされる神武天皇の宮、正しくは、畝傍橿原宮）、飛鳥浄御原宮、藤原宮、平城宮への遷都とともに大和中心に多くの大建築が造営され、大量のヒノキが用いられた。実際に藤原宮造営にあたり、近江の田上山のヒノキを宇治川に流して運んだといわれる。天武天皇（六七三年即位、皇居は飛鳥浄御原宮）の時代より二〇年ごとに式年遷宮をおこなうのが慣わしとなっている伊勢神宮は総檜造りの造営で知られる（**図３**）。さらに、佛教の伝来と共に宮廷・官衙・豪族の邸宅が中国にならって規模壮大となり日本各地よりヒノキが供給された。法隆寺、東大寺、正倉院、薬師寺、唐招提寺など現存する大寺院がヒノキで造られていることがこれを物語っている（**図４**）。宮廷や寺院でない建物の板戸や橋梁もヒノキが用いられ、普遍的にヒノキが使用された。平安遷都により都が奈良から京都に移り、役所や様々な邸宅の建築が増え、諸大寺の創建も続き、ヒノキの需要は一層高まったと考えられる。加えて、平安時代に入って、仏像彫刻にヒノキが用いられる風潮が強まった。当時、奈良から京都への交通の主要な橋梁に山崎橋と宇治橋がかかっていたが、橋梁材としてもヒノキが用いられたことを物語る歌が万葉集に見られる。鎌倉時代以降は禁伐林や私領林の伐採が進み、深山幽谷の地が伐採の対象となった。平安時代末期に源平の争乱で焼失した東大寺大仏殿の復元にはヒノキ材を周防国（山口県）に求めたことは周知の事実である。

以上のように、わが国の歴史上ヒノキは建築用材として大変重要視されていたことがわかる。三〇年以上前のことであるが、筆者は平城宮跡の発掘調査により

図５　平城宮跡（奈良市）から出土した柱根
太さは 60 ～ 70 cm

図６　ヒノキで造られた仏像（江里康慧氏制作、鷹野晃氏撮影）　お像の顔はヒノキの柾目面で表現されており、木目が目立たないので柔らかい表情

出土した宮殿建物柱根の樹種調査の依頼を受けた。五〇〇点以上の柱根試料から無作為にサンプリングして樹種を同定した。同時に御子ヶ谷遺跡の官衙跡柱根、太宰府史跡柱根、藤原京跡および同寺院跡柱根についても樹種を調べたところ、以下のような結果を得た。

平城宮跡柱根（一一四点）：ヒノキ（六四点）、コウヤマキ（四五点）、モミ（二点）、ツガ（二点）、二葉マツ（一点）

藤原京跡および同寺院跡柱根（七点）：ヒノキ二点、コウヤマキ四点、カシ一点

太宰府史跡柱根（六点）：コウヤマキ六点

御子ヶ谷遺跡の官衙跡柱根（七〇点）：ヒノキ五二点、イヌマキ一二点、イチイ一点、シイ五点

この結果からわかるように、平城宮の宮殿建物に使用された用材はヒノキがほぼ六割、コウヤマキが四割であることが判明した（**図５**）。太宰府史跡では調査試料はわずか六点であるが、すべてコウヤマキであった。このように、発掘された大型建造物の用材として第一にヒノキが多用されたが、コウヤマキも平城宮、大宰府天満宮、藤原京および周辺遺跡などに広く用いられていたことが明らかになった。結果は前述のようにスギはまったく利用されていなかった。この件はコウヤマキをもっぱら木棺用材と認識していた既往の考えを改める契機を与えてくれた。建築用材以外では、小原二郎氏の著書『木の文化』に記載されているように仏像の用材としてヒノキが重視されていたことがわかる。京都の国立博物館の中に財団法人美術院があって、そこで全国の木彫仏の修復がおこなわれているが、修復に使用される用材は尾州ヒノキだ。また、現在の仏師の工房では木彫像に第一にヒノキ材が多用される。仏像の顔の柔らかい表情を表現するのに、木目が緻密でやわらかい感じを与える尾州ヒノキの柾目面が向いているそうだ（**図**

図7　ヒノキの樹皮（京都府立植物園）　灰褐色ないしは赤褐色で縦に薄く長く裂ける

図8　桧皮葺（京都市、清水寺）　ヒノキの皮を図のように上方に少しずつずらしながら重ねていく。屋根の厚みは樹皮を何十枚と重ねて完成する

6）。ヒノキはカヤやヒバと同様に年輪部分の黒い筋がきわめて細く、目立たない。これがマツ類やスギなどになると黒い筋が太くて目立つので、このような材料を木彫像の顔を表現するのに用いると柔らかい表情を表現できないというわけだ。筆者は遺跡から出土する木製品のデータを整理してきているが、ヒノキはありとあらゆる木製品に利用されているのがわかる。また、木製品の用途を無視して、利用件数の多い樹種を検索してみると他の樹種に比べて高い割合でスギとヒノキが検出される。主な用途としては、社寺建築や木彫仏以外に、家具、仏壇、漆器木地、櫃、曲物、指物、風呂桶、桶類、祭祀具、棺、橋梁、船舶、各種彫刻、経木などがあげられる。これはヒノキ材が強度的性質に優れている上に、通直で、加工性がよく、光沢があり、いい香りがすることによると思われる。加えて、心材は化学的にはヒノキチオール、ヒノキニン、ヒノキオールなどの成分を含んでおり、耐朽性や保存性は高く、水湿にもよく耐えることも利用上欠かすことのできない特性である。ヒノキの樹皮の利用も特筆される。すなわち、ヒノキの樹皮は縦に裂け目ができていて剥皮しやすいこともあり（**図7**）、桧皮葺《ひわだぶき》という名で知られるように、寺社の建物の屋根葺きに用いられる。樹齢七〇年生以上のヒノキの立木から剥いだ皮を、長さ約七〇cm、幅三〜一五cmの大きさに切りそろえて、これを少しずつずらしながら重ねていきその都度竹釘で止めて完成させる（**図8**）。

日本を訪れたドイツ人シーボルトもこのあたりの事情を熟知していたようで、「材は白く、きめ細やかで緻密であり、絹のような光沢をもっている。日本人がヒノキを太陽の女神に捧げるにふさわしい木と考えたのは、まさしくこのような卓越した性質によるのである。この女神を祭った拝殿や寝殿は、ヒノキの木材のみで建てられる。また、宮廷で用いられる木製の器具の大半もこの木の材木を切り出して作られ、ウルシなどを塗らず木地のままである」と記している。（伊東）

図２　ヒマラヤスギの樹皮（京都府立植物園）　樹軸方向に多数の割れ目が目立つ

図１　ヒマラヤスギの材面（柾目）　スギという名前がつくがマツに近い種である

ヒマラヤスギ

学名 *Cedrus deodara* (Roxb.) G. Don **漢字** 雪松 **中国名** 雪松 **英名** Himalayan cedar

ヒマラヤスギはマツ科ヒマラヤスギ属の常緑高木で、樹高五〇m、直径三mに達する。枝はほぼ水平に伸び、樹幹下方の先端部では小枝と共に下垂し、上方では弓形になって上向きとなり、老齢の樹冠は美しい広い円錐形となる（一八七頁参照）。樹皮は灰褐色で縦に割れ目ができる（**図２**）。本来雌雄同株であるが、それぞれ雄花ないし雌花のみをつける傾向の株がある。球果は直立し、卵形または卵状長楕円形となる（**図３、４**）。わが国には本来自生はないが、シリア、ヒマラヤ地方、カシミール地方に自生する。わが国には一八七九年（明治一二年）に渡来し、芝増上寺の門前に植えたものが最初とされる。現在では、わが国に適応して広く生育しており、成長もよく、巨大なヒマラヤスギを街路樹あるいは庭園樹としてよく見かける。和名の由来は言葉が意味するようにヒマラヤ産のスギで、葉の形がスギに似ているところから来ている。属名の *Cedrus* はアラビア語の「力を意味する kedron」からきており、香りのよい樹木のギリシャ名「cedros」にちなむと言われる。種小名の deodara はインドのヒンズー語で「神の樹」の意味で、古くから神聖な木とされる一方で、インドでは貴重な薬木として知られる。ヒマラヤスギ属は世界に四種分布している。ヒマラヤスギ以外には、レバノンスギ（またはレバノンシーダー）（*C. libani*）、アトラススギ（またはアトラスシーダー）（*C. atlantica*）、キプロススギ（またはキプロスシーダー）（*C. brevifolia*）がある。ただし、キプロススギをレバノンスギの変種とする研究者もいる。シーダーという呼称は本来、ヒマラヤスギ属のものを指すが、現在では、イトスギ、ネズコ、ビャ

図３　若い球果（安本善次氏撮影）　当年に生長した球果は緑色をしている

図４　成熟した球果（安本善次氏撮影）　１年以上経過した球果は褐色となる

クシン、セコイアなどの属に広く使われる。ユダヤの人々は男子が生まれると家の前にシーダーを、女子が生まれるとモミを植える習慣があり、子供が成長し、将来必要になる家具を作るのに備えるという。これは日本のキリに対する同様の習慣と相通じるところがあって興味深い。ヒマラヤスギは樹脂分を多く含むため耐朽性が大きく、シロアリにも強い。乾燥は容易であるが狂いが生じやすく、塗料のつきもよくないとされる。材の利用としては、軸組材、壁板、床板、野地板などの建築材、造作材をはじめ、家具、器具、建具、船具、に加え、木煉瓦、枕木、橋梁などの土木材、箱材など用途は広い。

ヒマラヤスギと同属のレバノンスギはレバノンやシリアに分布し、高さ二五～四〇ｍに達し、直径三ｍにもなる。レバノンスギは往時にはレバノン山脈全域に広く自生していたとされるが、良質の材を提供するので、長い年月の間に多くが伐採された。今ではレバノンの山間部のカディーシャ渓谷（世界遺産に登録されている）その他に若干程度生育するのみで、手厚い保護の対象となっている。このようにレバノンスギはレバノンの人々にとっては特別な存在として親しまれており、同国の国旗の中央にレバノンスギが描かれている（**図５**）。日本には明治の始めに渡来し、新宿御苑に大木がみられる（**図６**）。ヨーロッパや北アメリカ東部などでは、ヒマラヤスギより生育がよく、多く植えられている。レバノンスギは聖書にもしばしば登場する有用樹木で、古代エジプトではソロモン神殿の建築材、船その他多くの用途に用いられた。レバノンスギは甘いような、それでいて非常に強い香りのする精油を含んでいる。古代エジプトでは死者を埋葬するときに、布にレバノンスギから搾り取った精油を含ませ、これでミイラを包んで保護し、その上レバノンスギで造られた棺に埋葬したとされる。旧約聖書エゼキエル書三一には「アッシリアはレバノンの香柏《こうはく》の如し、その枝美《うるは》しくして生茂り、そ

図5　レバノン国の国旗　国旗に樹形がデザインされた唯一の国で、国民のレバノンスギへの強い思いが想像される

図6　新宿御苑（東京都）に生育するレバノンスギ

の丈高くして其嶺《そのいただき》雲に至る……神の園の香柏これを蔽《おほ》ふことあたはず、樅《もみ》もその枝葉に及ばず槻《けやき》もその枝に如《しか》ず、神の園の樹の中《うち》その美しき事これに如《しく》ものあらざりき、我これが枝を多《おほく》してこれを美しくなせり、エデンの樹の神の園にある者皆これを羨《うらや》めり」とあるように、聖書の中に「レバノンの香柏」としてしばしば記されている。

このように、古代エジプトではレバノンスギ（香柏）は特別視され、栄光、力、高さ、富の象徴としてあがめられた。同時に、良材であり、様々な用途に利用されたが、エジプトにはこの木の自生はなく、遠くレバノン国から運ばれたようで、エジプト第三王朝の最後の王スネフル（紀元前二九〇〇年）はレバノンに四〇隻の船隊を送りレバノンスギ材を求めたという記録がある。すなわち、古代エジプト人はレバノンへ頻繁に出兵したらしく、レバノンの山から切り出した香柏を地中海に面するビュブロスという港町に運び出し、そこから船でエジプトに運んだ。また、ギルガメシュ叙事詩には伝説的英雄ギルガメシュが斧でレバノンスギを切り倒し、筏に組むくだりがある。以上のことから推測して、古代エジプトでは、レバノンの山で切り倒した木材を地中海まで運び、そこから船または筏に組んでエジプトに運び、ナイル川を遡ってギザその他にあるピラミッドの近くで陸揚げして運んだということになる。これは、奈良の東大寺大仏殿造営に際して周防国（山口県）の山林から切り倒したヒノキ材を筏に組んで瀬戸内海を経由し、木津川を遡って大仏殿近くで陸揚げして運んだときの方法ときわめて類似している。時代はかなり開きがあるものの、遠い昔に、地球上のまったく違う場所で、ほぼ同様の方法で木材を運搬する知恵を共有していたことは大変興味深い思いがする。

（伊東）

ヒマラヤスギ（京都府立植物園）　樹形の美しい針葉樹として知られる

図1　**オヒルギの材面**（柾目）　重硬で建築材や薪炭材に用いられる

図2　**オヒルギの胎生種子**　親木についたまま発芽成長する

ヒルギ類（オヒルギ*・メヒルギ**・オオバヒルギ***）

学名 Bruguiera gymnorrhiza (L.) Lam.*　Kandelia candel (L.) Druce**　Rhizophora mucronata Lam.***　**漢字** 雄漂(蛭)木*　雌漂(蛭)木**　大葉漂(蛭)木***、**中国名** 木欖*　秋茄樹**　紅茄冬***　**英名** Burma manglove*　Asiatic manglobe***

マングローブという言葉を一度は耳にされた方も多いだろう。マングローブとは熱帯から亜熱帯の海岸や河口の海水に浸る土地に生える植物または植生の総称である。つまりマングローブ林というのはスギ林やヒノキ林といった単一の樹種で構成される林ではなく、海と陸との境に生育する様々な植物から構成される林を意味する。マングローブの成熟した天然林としては沖縄県八重山諸島のものがほぼ北限になる。このマングローブの中には漢字で漂木《ひるぎ》と書くヒルギ科の植物がある。漂木の由来について大正・昭和期の高名な林学博士、上原敬二は「ヒルギすなわち漂木の義にして其子潮流に従って漂流するをもって也」と述べている。日本に生育するヒルギの仲間で高木になるオヒルギやメヒルギ、オオバヒルギの種子は胎生といって親木についたまま発芽・発根するので、親木から離れた時点で既に稚樹としての形態、機能を備えている。そして親木に近い場所で成長することもあるが、波にさらわれて遠くまで運ばれることもあるのでこの名がついた。ただ、親木から離れて生きるのがこれらの種子の本意であるのかは定かではない。時に群落からぽつんと海側に離れて立つマングローブ樹種を見かけるが、本人(木)としてはもう少し良い環境で生きていきたいと思っているのではないかと感じてしまう。海は広く地球の表面を取り囲んでいるので、オヒルギやオオバヒルギは日本だけでなく、アジア東南部、オーストラリア、果ては東アフリカの

図3　オヒルギの林(沖縄県西表島、榎木勉氏撮影)
比較的通直で短い支柱根と多数の気根を持つ

図4　オヒルギの気根　地面より上で膝のように曲がっている

沿岸にまで分布する。

オヒルギは樹高二五mに達する通直な幹を持つ常緑高木で、沖縄から台湾、中国大陸南部、東南アジア、太平洋諸島、オーストラリア、アフリカに分布する。先端がくし状に裂けた長さ三cm程の赤い花をつけ、これが良く目立つのでアカバナヒルギの別名がある。種子は樹上で発芽し、長さ二〇cmくらいまで成長する(**図2**)。幹の基部を支えるように箒状に伸びる支柱根は短く数も多くはない(**図3**)。オヒルギに限らずマングローブは遠浅の汽水域に生育するので土壌は泥質で定期的に水中に没するため酸素不足になりやすく、呼吸のための根を地表に覗かせている種が多くある。オヒルギの場合は地下根から屈曲した膝のような形をした根を地表に延ばす(**図4**)。メヒルギはオヒルギより小さな常緑樹で高さ四〜七m程になる(**図5**)。鹿児島県薩摩半島以南、沖縄、台湾、中国大陸南部、東南アジア、南アジアに生育する。鹿児島県喜入町の群落はヒルギ科の分布の世界的な北限でもあり、当地ではリュウキュウコウガイと呼ばれ群落が国の特別天然記念物に指定されている。五つの花弁を持つ一cm程の白色の花が咲き、種子は落ちる前に発芽し、大きいもので四〇cmくらいになる。オオバヒルギはヤエヤマヒルギともいい、日本では樹高一〇m内外だが熱帯では高さ三〇mに達するものがある常緑高木である。沖縄と台湾、中国大陸南部、東南アジア、太平洋諸島、オーストラリア北部、アフリカ東部に分布する。太い枝から伸びた気根は海中に入って支柱根となる(**図6**)。長さ一cm程の花は白色であまり目立たず、種子はオヒルギやメヒルギと同じく胎生である。

マングローブの高木の材は一般的に密度が大きくシロアリなどの害に強いとされ日本産のマングローブでは特にオヒルギの抗蟻性が大きいとする報告がある。樹皮から得られるタンニンは獣皮をなめすために用いられ、ポリネシアではタパ布という木の皮から作られる伝統的な布を黒色に染める際に用いられる。日本でも以前は染料としての用途があったが、自然保護の観点から最近は用いられなくなっている。世界的には建築材としての利用のほか、薪炭材にも重用されている。バングラディシュでは数十万人が生活の糧をマングローブ林に求め、国内年間生産量の半分近い材木をマングローブ林から得ている。日本のホームセンターで売られているレジャー用の炭にもマングローブの木を原料にしている物がある（**図7**）。このようにマングローブ林には人々の生活を支える側面があるが、アジアの各地ではエビの養殖池を造成するための伐採などでその面積を減じている。タイではここ二〇～三〇年の間にマングローブ林の半分近くが養殖池に変わり、その影響が危惧されている。（内海）

図5　メヒルギの樹形（沖縄県西表島）　短い支柱根を出し、ずんぐりむっくりしている

図6　水に漬かるオオバヒルギ（沖縄県西表島）
上：満潮時、下：干潮時

図7　マングローブ炭　ホームセンターなどでよく売られている

マングローブ林（上：マレーシア、ペナン州、下：沖縄県西表島）

図1　フジの材面（木口）　道管が大きく、肉眼でも確認できる。材に木部と師部が交互に形成される

図2　フジの花　蝶型の花が房状になり、時には2mにも達する

フジ

学名 *Wisteria floribunda* (Willd.) DC.　**漢字** 藤　**中国名** 多花紫藤　**英名** Japanese wisteria

フジは、日本特産のつる性の木本植物で、本州、四国、九州の平地に広く分布しており、ノダフジの別名があるが、この名は大阪市福島区野田にある藤の宮にちなんでいると言われている。フジ属は、東アジアと北米に約一〇種が分布し、日本にもフジによく似たヤマフジ（*Wisteria brachybotrys*）が生育しており、つるの巻き方がフジは右巻き（上から見て時計回り）、ヤマフジは左巻き（反時計回り）ということで区別ができる。フジの葉は大きく、卵形で先端のとがった小葉が九〜一九枚で構成される奇数羽状複葉で、長さが二〇〜三〇cmに達する。茎は、最初柔軟で、他の植物に巻き付きながら成長し、その後肥大成長する。太いものでは直径数十cmにもなる。フジは四〜五月頃に花をつけるが、藤棚に仕立てられることが多く、花序は房状花序で長く垂れ下がり、蝶型の花を多数つける（**図2**）。花序の長さは二〇〜五〇cmのものが普通であるが、栽培されている園芸品種の中では、二mに達するものもある。藤色という呼び名があるように紫色のものが普通だが、白や赤などの園芸品種もある。果実は他のマメ科の植物同様、さや状で、一つのさやに数個の種子が入っている（**図3**）。果皮は硬化し、冬に空気が乾燥するとはじけて種子が飛び散る。

　フジは日本文化の中にとけ込んでいるため、地名、人名にも多く使われている。奈良から平安時代に栄えた藤原氏は有名であるが、それから派生した佐藤、伊藤、加藤など「藤」を用いた名字はたくさんある。植物の名でも、つる性、花が穂状、あるいは小さな花が寄り集まっているなど、形状がフジと似ているところから、

図3　フジの実　ソラマメのようなサヤである。果皮は乾燥して堅くなり中から実がはじける

図4　フジ蔓を使った篩(京都大学生存圏研究所所蔵)　蔓は丈夫で、古くから椅子や籠などに用いられていた

フジキ、フジバカマ、フジウツギなど多くの植物でフジの名が使われている。家紋にも用いられ、下り藤《さがりふじ》、上り藤《あがりふじ》、三つ藤巴《みつふじどもえ》等多数ある。また、『万葉集』にはフジの歌が十二首あるほか、『源氏物語』にも棚仕立てのフジの記載があるなど、多く登場し、『枕草子』にも「藤の花は、しなひながく、色こく咲きたる、いとめでたし」と書かれている。観賞用として古くから親しまれ、世界遺産である春日大社の樹齢八〇〇年と言われる砂ずりの藤は有名であるが、他にも、国の特別天然記念物に指定され、樹齢約一二〇〇年と言われる埼玉県春日部市の牛島のフジをはじめ、フジの名所は日本に数多くある。白花や八重咲きのものなどの園芸品種も多い。

材としてはあまり利用価値はないが、フジのつるは非常に丈夫で、古くからそれを編んで椅子や籠などが作られている(**図4**)。つるの樹皮の繊維は、藤布と呼ばれる織物に用いたり、藤紙と呼ばれる紙の原料に用いられていた。フジの植物体には有毒なウィスタリンが含まれているが、少量であれば腹痛の薬として有効で薬用に用いることもある。またフジの樹皮にできる小さな瘤は藤瘤と呼ばれ、民間薬として胃によいとされる。中国東北部では花を食用としているが、わが国でも一部の地域では若芽はゆでて和え物に、若い花序を天ぷらなどにして食べる。花に蜜が多く、香りが良いためなかなかの美味である。

近年、山中を歩くとフジの花が目立つ。つる性の植物は、樹木の上部を覆ってその光合成を妨げるほか、幹を変形させ商品価値を損ねてしまうため、植林地などではつる払いで切り取られてしまう。山中にフジが多く見られると言うことは、管理されていない森林が増えてきたということなのかも知れない。シーボルトは野山のフジを多く見なかったせいか、フジは中国から来たと勘違いしたようである。

(安部)

図1　ブナの材面（板目）　大きな放射組織が板目面でカシ目またはブナ目と呼ばれる斑点となって現れる

図2　秋色深まるブナ林（北海道黒松内町、歌才）
林床にササが見られるのは日本のブナ林の特徴で

ブナ

学名 *Fagus crenata* Blume　**漢字** 椈、山毛欅、橅　**中国名** 水青岡（類）　**英名** beech（類）

ブナは、ブナ科ブナ属に分類される日本特産の落葉広葉樹である。高さ三〇m、胸高直径一・五mに達し、九州から北海道南部にかけて分布する。とくに日本海側山地の多雪地帯では、カエデ類などとともにブナ帯と呼ばれる落葉広葉樹林を構成し、ときに純林に近い優占林を形成することもある（**図2**）。

ブナという呼び名の由来は不詳である。ブナの名は昔から広い地域で共通し、広く通用される別名をあまり耳にしないと言われるが、ホンブナ、ソバグリ、ソバグルミなど幾つかの方言が知られる。ホンブナは、イヌブナ（*F. japonica*）という樹皮のやや粗い小ぶりな近縁種に対する名称と考えられる。一方、ソバグリやソバグルミに冠されるソバについては、実が作物の蕎麦《そば》の実に似ていることを意味するという説と実が三稜錐形に稜《そば》を生じることを意味するという説がある（**図3**）。地方によっては、樹皮が平滑なもの、樹皮が粗くて細かい亀裂を含むものを、それぞれシロブナ、アカブナと呼び分けすることもある。漢字では、山毛欅、椈、橅などと表記される。

ブナ属の学名＝*Fagus*は、ギリシア語で食べることを意味するphagonに由来する。ブナの実は、渋抜きが不要で、ほのかな甘味があり食しやすい。トチノキやクリに比べて、脂質やタンパク質に富み、高カロリーである。年によって豊凶があるため、毎年当てにすることはできないが、ブナの実はブナ帯に暮らす人々に食用や採油に用いられてきた。

ブナの豊作は、五～一〇年おきに訪れる（**図4**）。その到来は、ブナ帯に暮らす

図3　熟して開いたブナの実　一つの殻に三稜錐形の実が二つずつ入っている

図4　多くの実を付ける生り年のブナ（小泉章夫氏提供）年によって著しい豊凶がある

人々に恵みばかりをもたらすわけではなかった。昔から、ブナの豊作の翌年には、その実を糧に増殖したノネズミが大発生することが知られている。ブナの大豊作の翌年に当たる一九四一年（昭和一六年）には、各地で作物が全滅に近い激甚な野鼠害を受け、困窮を招いたことが伝えられている。また、因果関係は不明であるが、ブナの豊作年にはクマの胆が小さく、高値で売れないとも言われる。広い地域で落葉樹林を圧倒的に優占するブナは、そこに住み着いた人々を時に翻弄する存在でもあった。

ブナ材は、国産材の中ではやや重硬な部類に入り、強度性能は高い。耐久性と寸法安定性が低いという短所はあるが、均質で切削や曲げなどの加工性は良好である。現在では、曲げ木を使った洋家具に好んで使われるほか、生活用具（特に小物類）や積み木などの玩具、調度品にも多用される（**図5**）。また、床板などの造作材としても使われる。こうした木製品を見るとき、板目面に現れる樫目《かしめ》（ブナ目とも言われる）という小さな紡錘形の斑点の存在が、ブナ材を見分けるためのよい手掛かりになる（**図1**）。

ブナ材は、今でこそ家具や造作の適材として定評があるが、生活資材としての評価は芳しくなかったというのが通説である。『大和本草』などの古文書でも、耐久性が低いため建材には使えず、食器や小道具、薪のほかに使途はない、という旨の低い評価が軒並み記されている。しかし、ブナ帯に暮らす人々には、身近で容易に調達できる重宝な生活資材であり、民具や薪炭材に使われてきた。また、手動のろくろなど、道具一式を手に各地を転々と移動しながら木器を製作した木地師（屋）と呼ばれる職人の挽物にも多用された。さらに、ブナ帯の豪雪地帯に残る古民家の部材を分析したところ、上屋の主要部材にブナが多用されていたという事例も近年に報告されている。

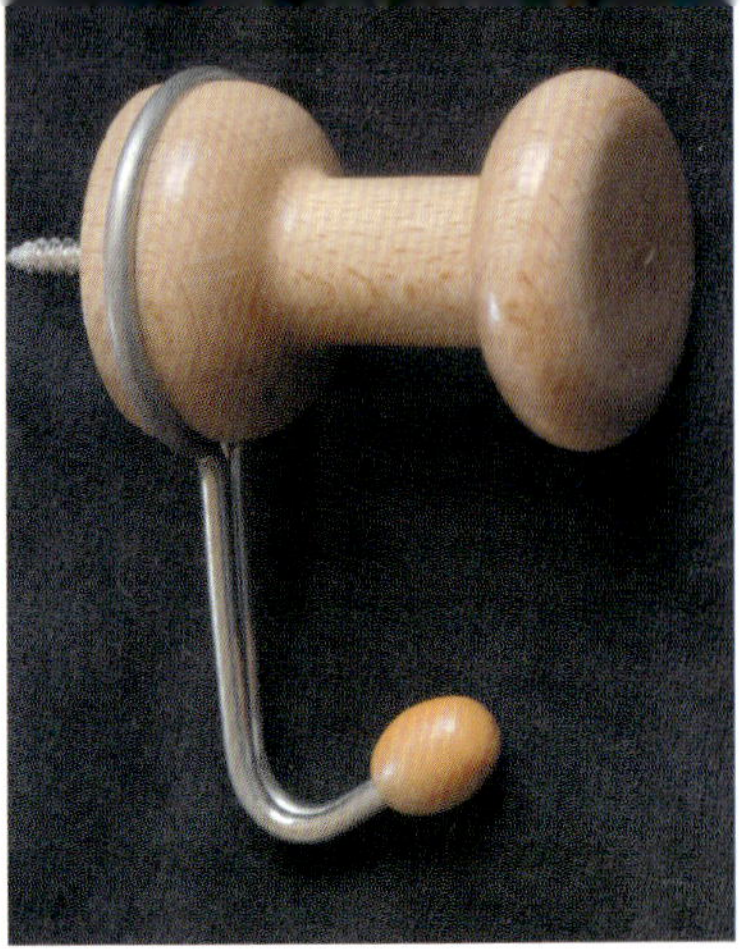

図5　ブナ材を使った調度品（ハンガーフック）
樫目（ブナの場合、小さいのでブナ目とも言われる）が特徴的である

近代になっても、ブナ林の多くが山奥に位置するため伐出に手間が掛かることと、貯木中に変色しやすいことから、資源量の多さの割りに利用は限られていた。ところが、一九〇〇年代に入り（明治時代末期）、欧州からブナを使った曲げ木家具が紹介されたのを契機として産業的な利用の機運が高まり、乾燥や加工の技術が開発されると、家具や繊維産業の紡績木管（糸を巻き取る芯）として少しずつ利用されるようになった。その後しばらく需要はそれほど伸びなかったが、関東大震災（一九二三年）後の復興にブナ製家具の需要が増し、さらに第二次大戦中には軍需用の合板や積層材にも重用されるようになった。

戦後になると、ブナの需要はさらに大幅に増大した。今の時代には考えにくいが、戦後の復興期は深刻な木材不足の時代で、深山の天然林で人知れず枯損していく大量の老木を活用すべしという旨の林業政策の論説が新聞紙上で展開されていた。そうした世論に後押しされて、ブナ林をはじめとする天然林を皆伐し、その跡地をスギなどの針葉樹の一斉林に転換する「国有林生産力増強計画」、俗に「拡大造林」と呼ばれる面妖な名の事業が国策として進められるようになった。その過程で、ブナの老大木が優占するような広葉樹の天然林を「老齢過熟林」と位置付け、「ブナ退治」などと称して盛んに皆伐した。こうして濫伐されたブナは、安価な外国産材が大量に輸入されるようになる一九六〇年代まで、学校体育館などの公共建築の造作材、一般向けの量産家具材、パチンコ台などの娯楽機の部材に多用され、戦後の復興を支えた。

ブナは、裸地に率先して定着できる樹種ではない。他の樹種と比べると耐陰性が高いものの、成木の枝葉が上層（林冠）を覆う薄暗い林床で発芽した苗木は、成木が風で倒れるなどして光が十分に届くようにならない限り、何年も生き続けることができるわけではない。また、樹齢五〇年くらいにならないと開花・結実せず、しかも豊凶がある。最近、「拡大造林」への反省から失われた広葉樹天然林の復元が取り沙汰されるようになったが、成熟したブナ林が成立するのには長い年月を要する。ユネスコの世界自然遺産に登録された白神山地をはじめとする、北陸から東北地方、北海道南部にかけて今も残るブナの天然林は、貴重な自然である。

（佐野）

ブナの天然木（秋田県、白神山地）　枝葉を繁らせ、樹皮には様々な地衣類が着生する

図1　ホオノキの材面（柾目）　軽軟で加工が容易であり、器具材などに使われる

図2　ホオノキの花　白い大型の花弁が美しく、雌しべが雄しべに先立って成熟する

ホオノキ

学名 *Magnolia obovata* Thunb.　**漢字** 朴、厚朴　**中国名** 日本厚朴　**英名** Japanese big leaf magnolia

ホオノキは北海道から九州まで分布するホオノキ科ホオノキ属の落葉高木で樹高三〇m、直径一m程度まで成長する。同じモクレン属で花木として親しまれているモクレン（*M. quinquepeta*）やコブシ（*M. praecocissima*）、タムシバ（*M. salicifolia*）よりもだいぶ大きくなるので、庭木にする場合は考慮が必要だろう。モクレンやコブシは開葉前に花が咲き全木が彩られるので鮮やかな印象になるが、ホオノキは葉が開いた後に開花するので緑を背景とした落ち着いた雰囲気になる。花は白色で直径約一五cmと非常に大型でかつ均整がとれており、風格を感じさせる（**図2**）。樹皮は灰白色でほぼ平滑である。葉は日本産樹種では最大の部類に入り、卵を逆さにしたような形で長さは二〇～四〇cm、幅一〇～二五cm、枝先に集まって互生する。非常に大きいので木の葉の形に詳しくない人でも憶えやすい（**図3**）。子供のときホオノキの葉でお面を作って遊んだ人も多いのではないだろうか。花後には小さな実が集まった長楕円形の集合果をつける。この実を鳥が食べて運ぶことで種子が広く散布される。そのため森の中でホオノキは他の樹種に混じって一本だけで生えていることが多い。ホオノキの名の由来については諸説あり、ホウは「包」で、大きな葉に食物を包むことからとか、大きな冬芽をつけ、これがつぼみのままでいる状態を表す古語の「ほほむ（含む）」からなどといわれている。属名 *Magnolia* はフランスの植物学者 P. Magnol にちなみ、obovata は倒卵形の意で葉の形をあらわしている。

図３　ホオノキの葉　日本産樹種中最大級の大きな葉はお面遊びの材料にもなった

図４　鱒の朴葉包み焼き（宮崎県椎葉村）　朴葉の香りが味を引き立てる

　ホオノキの材はその比重が約〇・五と水の半分ほどしかなく木材としては比較的軽軟で、切削や加工がきわめて容易なのが長所である。そのため建具、器具、彫刻材などいろいろな用途に広く用いられる。版画の版木によく使われたので、自分でそれと知らず手にした人もいることだろう。以前は下駄の歯用材として人々の目に触れることも多かった。朴歯の下駄とマントが旧制高校生の衣装だった時代もあり、現在でも応援団の伝統衣装として朴歯の下駄にあこがれる学生がいるかもしれない。また日本刀の鞘にはホオノキが重用されるが、これは材に欠点や狂いが少なく刃先を痛めない特性を生かしている。アイヌの人々が用いる山刀タシロの鞘にホオノキが使われているのも同じ理由である。加えてタシロの鞘にはホオノキの切削性の良さを生かした見事な模様を見ることができる。

　ホオノキの樹皮はコウボク（厚朴）という漢方薬になる。夏の土用のころ幹と枝の皮をはぎ取り乾燥させて作られ、腹部の膨満感や腹痛、咳などに用いられる。一方、コブシやタムシバの場合は開花する前のつぼみが使われ、これをシンイ（辛夷）という。用途は沈静、頭痛の鎮痛薬、鼻炎、蓄膿症であり、コウボクと効能が異なるのがおもしろい。

　ホオノキの葉は食べ物を包むことに昔から使われてきた。地方によっては田植えの時や端午の節句にご飯や餅を包んで食べる習慣がある。これは葉が大きくて食べ物を包みやすいことも理由の一つであろうが、朴葉《ほおば》のさわやかな香りが食欲を増加させる効果も無視できない。飛騨高山の名物になっている朴葉味噌はホオノキの葉の上に味噌を乗せて焼きその香を楽しむものであるし、山女魚などを包み焼きにすると素材に朴葉の匂いが移るのでこれもまたおつなものである（**図４**）。山中でホオノキを見つけたときは葉を持ち帰って山の香を楽しんでみてはどうだろうか。

（内海）

図1　マユミの材面（板目）　白色で緻密であり、表面がとてもなめらかである

図2　マユミ　開裂直前のマユミの実

マユミ

学名 *Euonymus sieboldianus* Bl.　**漢字** 真弓、檀　**中国名** 衛矛（類）　**英名** spindle tree（類）

マユミは暖帯及び温帯の山地にふつうに生育し、樹高は三～五m、直径二〇cm、大きいものでは樹高一〇m前後に達するニシキギ科の落葉性小高木である。北海道、本州、四国、九州、樺太、朝鮮半島南部に分布している。樹皮は灰褐色で、縦に裂けて縦のすじ模様になる。葉は対生し、五～六月ごろ葉腋から葉より短い柄のある集散花序を出し、直径六～七㎜の淡緑色の花をつける。秋には淡紅色の果実がたくさん垂れ下がり、果実が割れて、橙赤色の種子が露出し、この姿や色彩が美しい。そのためマユミ属の樹木は、庭木、生垣、盆栽などに用いられ、葉の色の変わった園芸品種も見られる（**図2**）。

材は淡黄白色で辺心材が明瞭ではなく、緻密で、『木材ノ工藝的利用』にも「材色黄白色にして緻密なるを利用す」とあるように、細工物、特にこけし、将棋の駒などに用いられる。山形県の天童市は将棋の駒の生産地として有名だが、この地方では、マユミをマキと称して、将棋の駒の主要材料として利用している（**図3**）。和名の真弓は昔この木で丸木弓を作ったことによると言われている。マユミは和歌にも多く詠まれており、『万葉集』ではマユミを使った歌が十八首ある。例えば「陸奥《みちのく》の　安達太良《あだたら》真弓《まゆみ》　弦著《つらは》けて　引かばか人の　吾《わ》を言なさむ」と言うように、マユミが弓の材料として広く用いられたことになぞらえて、引くと言う言葉を引き出すための掛詞として用いられる事例が多く見られる。ちなみにマユミとともによく和歌に登場する梓弓のあずさはカバノキ科カバノキ属のミズメ（ヨグソミネバリ）であると考えられている。

図３　マユミ製の将棋の駒（森林総合研究所所蔵）　マユミ材は将棋の駒の主要な材料である

図４　ニシキギの枝　小枝のコルク質の樹皮が羽のように発達する

マユミや同属のニシキギ（*E. alatus*）の新芽は食用になるが、果実の赤い仮種皮は有毒で、吐き気や腹痛をもよおすことがある。かつては、民間薬として種子をつぶしたものをシラミとりに用いたようである。樹皮は檀紙《だんし》と呼ばれる良質の和紙の原料にもなり、その名が香川県高松市に「檀紙」という地名として残っている。英名〝spindle tree〟であるが、これは、かつて紡錘の錘に用いられたためである。表面がなめらかで糸に負担がかからなかったからであろうか。西欧では独特の軽さと筆触から木炭デッサン画の炭にはマユミ材が用いられ、フランス語ではfusain（フュザン）炭と呼ばれている。

同じニシキギ科ニシキギ属で、マユミとよく似たものにツリバナ（*Euonymus oxyphyllus*）、小枝にコルク質の翼が発達したニシキギなどがある（**図４**）。ツリバナは花柄が一〇cm程度と長く、花を釣っているように見えるのでその名が付いた。また、ニシキギは秋に真っ赤に紅葉することからこの名が付いた。漢方ではニシキギのコルク質の翼を矛に見立てて衛矛の名がついている、打撲傷の薬としてこのコルク質の外樹皮を煎じて服用される。また民間療法として黒焼きにしたものを飯粒に混ぜ患部に塗って皮膚に刺さったトゲなどを抜くために用いられていたようである。また、同属でよく見られるものに常緑のマサキ（*E. japonicus*）がある。材はマユミ同様の用いられ方をする。葉に黄色くなるものや、斑入りのもの、葉の形が多様な品種が多く存在することから観賞用として広く用いられている。ベッコウマサキ、フイリマサキ、ギンマサキ、キンマサキ、オカメマサキなどの名が付けられ、垣根や生垣などに広く用いられている。また、中国では根が月経痛や月経不順に用いられたと言われている。日本では、トチュウ（杜仲）と誤認されて和杜仲の名が付けられ、強壮薬として扱われていたこともあるようである。

（安部）

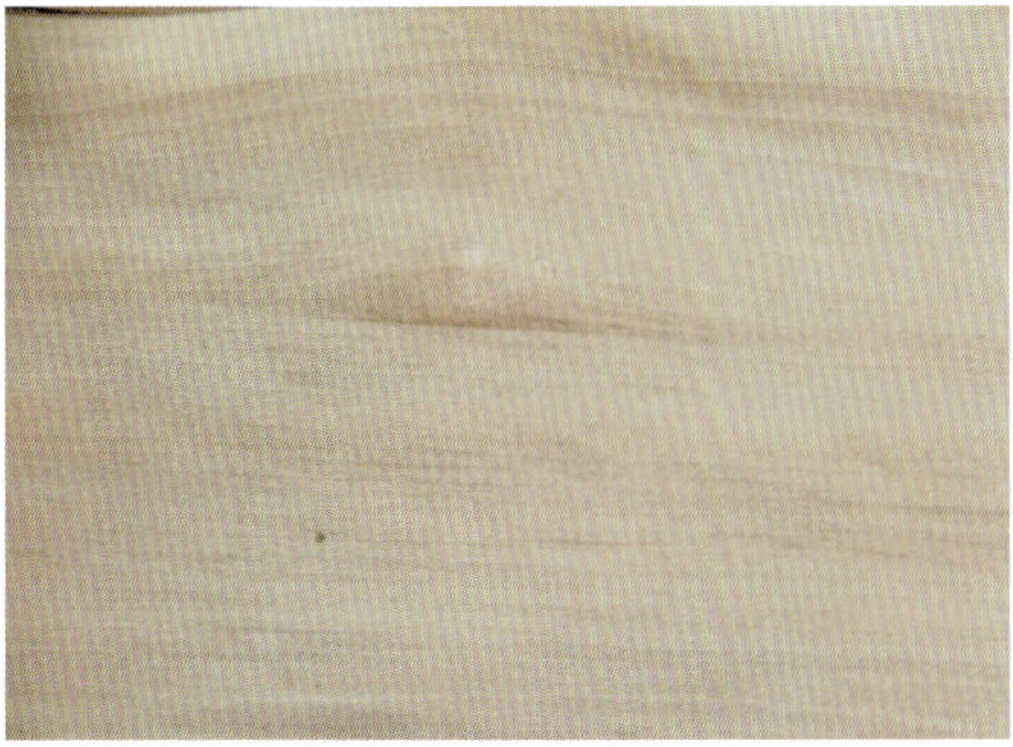

図1　マンサクの材面（柾目）　曲げやすく強靱な性質を活かし、土木や建築で緊縛用の縄などに使われた

図2　マンサクの花　花弁は細い帯状で、各花4片が十字に付く

マンサク

学名 *Hamamelis japonica* Sieb. et Zucc. **漢字** 満作、萬作 **中国名** 金縷梅（類） **英名** witch hazel（類）

マンサクは、マンサク科マンサク属の落葉広葉樹である。樹高一〇mくらいまでの亜高木で、本州の関東地方以西、四国、九州に分布する。日本に自生するマンサク類には、このほかに岩手県から関東地方までの太平洋側に分布するオオバマンサク（*H. japonica* var. *megaphylla*）、北海道南西部から鳥取県までの日本海側に分布するマルバマンサク（*H. japonica* var. *obtusata*）、本州の中国地方、四国、九州に分布するアテツマンサク（*H. japonica* var. *bitchuensis*）などがある。これらはいずれも植物分類学的にマンサクの変種と位置づけられており、基本種のマンサクと同様な亜高木ないし低木である。

マンサクという名の付く樹木には、このほかに国内では静岡県、三重県、熊本県の常緑樹林でまれに見られるトキワマンサク（*Loropetalum chinense*）という常緑の低木がある。これは同じマンサク科に含まれるが、トキワマンサク属という別の小群に分けられており、花や葉の形状もマンサク属とは異なる。

マンサクは、冬枯れの落葉樹林内において、春先に他の草木に先駆けて花を咲かせる（**図2**）。マンサクという呼称は、この開花のタイミングに因んだ「まず咲く」に由来するという説が広く受け入れられている。これに対して、枝いっぱいに花を付ける様子から、「満咲く」という意味をもつのではないかという異論もある。由来はどうあれ、マンサクの少し縮れた細い帯状の黄色い花弁は決して絢爛ではないが、色彩の乏しい開葉前の落葉樹林内で率先して彩りを添える様子

図３　合掌造り屋根組みの結束作業（名古屋市、東山動植物園、鹿嶋数一氏提供）使っているのはマルバマンサクのネソ

図４　合掌造りの組木の結束に使うマルバマンサクの束（名古屋市、東山動植物園、鹿嶋数一氏提供）　使用するまで、乾燥を防ぐため切り口を水に浸けている

が、冬をやりすごした人の心を捉えるのに違いない。春先の花の咲き方から、その年の作物の豊凶を予想する習俗があるが、マンサクは前後して花を付けるコブシなどとともに、全国各地でこの花占いによく用いられてきた。

マンサクには、ネジリキ、ネソ、シシハライなどの地方名がある。これら別名の多くは、マンサクの用途に由来する。マンサクの小枝は、よくしなり強靱なので、ものをしっかりと束ねるのに適する。このようにものを束ねたり縛ったりするのに使った枝条は「ネソ」と呼ばれる。ネジリキやネソという異名は、この用途に由来する。また、シシハライという地方名も、田畑に出没するイノシシを追い払うのに、枝条を鞭のようにして使ったことに由来する。

マンサク類の材は、やや重硬な部類に属し、均質且つ緻密で強靱である。しかも曲げやすい。大きくならないので、用材として積極的に使われてきたわけではないが、その特徴を活かし、雪国で輪かんじき（深雪を沈まないように歩くための歩行具）の本体に使われた。また、細い枝条や樹皮は、土木や建築の現場で縄や紐として使われ、金属ワイヤが普及する以前には護岸工事に使われる蛇籠の網材に重用された。岐阜県白川の合掌造りの家屋では、部材を組み上げるのに釘やかすがいのような金具を使わない。伝統的に幾つかの接合法が使われるが、一つの方法としてマンサクの枝条や樹皮を使って縛り上げる（**図３、４**）。

それほど一般的ではないが、葉の煎汁は止血や収斂作用のある民間薬（生薬名＝マンサク葉《ヨウ》）として知られ、赤痢や消化器の出血、痔疾などに処方された。また、北米に分布するアメリカマンサク（*H. verginiana*）の葉と樹皮は薬理作用のあるフラボノイド類や精油を含み、その抽出液は皮膚の再生促進や皮下出血を止める効能をもつことが知られる。この液はハマメリス水（Hamamelis Water）と呼ばれ、米国で民間生薬として使われている。

（佐野）

図2　ミズキの樹形（つくば市、森林総合研究所）　白い花がステージのように集まり、それが階段状に見える

図1　ミズキの材面（追柾）　白色でやや灰色みを帯びる。緻密である

ミズキ

学名 *Swida controversa* (Hemsl.) Soják　**漢字** 水木　**中国名** 灯台樹　**英名** giant dog wood

ミズキは落葉性広葉樹の中高木で、日本には北海道から九州に広く自生し、また、国後島、朝鮮、台湾、中国からヒマラヤまで分布している。山腹の斜面下部や緩斜面の土壌の深い肥沃地に生育し、開けたところでは樹高一五m、直径五〇cmに達する。ミズキには「水木」の漢字があてられるが、これは春先の葉のない時期に枝などを切ると樹液が多く出ることによると言われている。開葉前のミズキは根から吸った水を、幹の中を通して上昇させる力（根圧）が強いので、幹を切ると樹液がしみ出すようにたくさん出る。ミズキの立木を遠くから見ると樹形が階段状になっているのが分かる（**図2**）。葉は互生であるが、枝の先端部にまとまってつき、その部分から次の年の枝が車軸のように伸び、それが毎年繰り返されるため、枝を追っていくと樹齢を推定することも可能である。五月から六月に四枚の白い花弁のある花を房状につけ、葉の上にあるため木の下からは見え難いが、遠くからは山の中でも目立つ（**図3**）。果実は球形で、一〇月ごろ黒く熟す。

ミズキの材は白色で、辺心材の間で色の違いが無く、緻密で、重さ、硬さともに中庸で、細工がしやすく、盆や椀などの漆器木地や、器具の柄、杓子などに使われている（**図4**）。『木材ノ工藝的利用』に、「材色白く清潔の感を起こさしめ、又彩色に適するを利用す」として柳箸、挽き物玩具、喫煙用パイプに用いられていたとあるように、色が白く清潔感があるため、食器としても用いられた。盆、椀などの漆器の木地として扱われるほか、特に江戸時代以来、正月の雑煮の箸には奥多摩氷川からの白木の箸が用いられ、これは柳箸と呼ばれているが、この箸

図3　ミズキの花　枝先に房状の花序をつける

図4　ミズキを用いた鳴子のこけし作り（宮城県鳴子温泉、日本こけし館）　材は白く、加工しやすく、磨くとつやが出る

の主要な材料がヤナギではなくミズキである。また、挽き物玩具の代表としてこけしがあげられるが、東北地方ではミズキはこけしの材料として大切な木である（**図4**）。また、「材の負担力を利用す」として、荷棒（にんぼう：重い荷物を背負って歩く時に使われた）や信濃では馬鞍として用いられていたという記録も残されている。ミズキの材は比較的柔らかく、人に直接あたる部分で人体への負担を軽減するために用いられていたようである。小正月（一月十五日以降）には、カイコの繭がたくさん収穫できるよう、まゆ玉を若いミズキの枝にさして、神棚などに飾る風習が多くの地域で行われている。そのため、マユダマノキ、ダンゴノキと呼んでいる地域もある。また、東北地方では、カギッコノキと呼んでいる地域もあるが、これはカギヒッカケッコノキが詰まったもので、若いミズキは、枝が鍵状に二段に分かれながら伸びるから、枝を引っかけて引っ張り合う枝相撲の遊びに使われたのだと言われている。また、若い枝は赤くてとても綺麗なので、アカバシカ、アカミズなどと呼ぶ地方もある。

ミズキ科には、ヤマボウシ（*Benthamidia japonica*）、アメリカヤマボウシ（*B. florida*）、サンシュユ（*Cornus officinalis*）などがある。ヤマボウシは、花序、果実の付き方がミズキとは大きく違い、花序の下に四枚の白い総包がある。これが花弁のように見える。果実は直径一〜二㎝の丸い集合果で、秋には熟して赤くなり、これは肉質で食用できる。また、北米東部原産のアメリカヤマボウシは日本ではハナミズキの名で知られているが街路樹や庭園樹として植栽されている。一九一二年（大正元年）に、当時の東京市長だった尾崎行雄がアメリカにサクラを寄贈した時の返礼に、アメリカから贈られた。また、中国、朝鮮原産のサンシュユは、漢方では果実の核を取り除いて乾燥したものを「山茱萸《さんしゅゆ》」と呼び、日本薬局方でも生薬として認められ、滋養、強壮、収斂などに効果がある。（安部）

図1　ムクノキの材面（追柾～板目）　心材は黄褐色、辺材は淡黄色で、両者の境界ははっきりしない

図2　ムクノキの樹皮（京都府立植物園）　図のように樹皮がところどころ剥離しかけた樹肌が特徴

ムクノキ

学名 *Aphananthe aspera* (Thunb.) Planch.　**漢字** 椋　**中国名** 糙叶树　**英名** aphananthe（類）

ムクノキはニレ科の落葉高木で、樹高二〇m、直径一mに達する。ムクとかムクエノキなどとも呼ばれるが、静岡、岡山、島根ではモクとかモクノキともいう。本州の関東以西、四国、九州の山地に生え、朝鮮、台湾、中国大陸、インドシナの温帯から暖帯にかけて分布する。樹皮は灰褐色で若木は平滑であるが、年とともに縦に条溝が多くなり、老木になると鱗片状に剥がれ落ちる（**図2**）。葉は互生で、鋸歯があり、葉の両面に珪酸カルシウムを含む剛毛が生え、手で触るとざらつくのが特徴である。果実は丸く、えんどう豆より一回り大きく、直径一cmくらいで、秋に紫黒色に熟し、生食用となり子供が好んで食べる。

和名の由来はムク（剥く）の意味だとか、老木になると樹皮が剥がれることからだとか、葉でものを磨き剥がすからだとか、ムクは実黒（ミクロ）の転訛とか、実木（ムク）の略訛とされる一方で、ムクドリが好んでこの木の果実を食べるのでムクノキというなど諸説ある。学名はギリシャ語のaphanesが「目立たない」で、antheが「花」で、目立たない花の意味となり、種小名は「ざらざらした」の意味である。

辺材は淡黄色、心材は黄褐色を呈するが辺心材の区別は明瞭ではない。前述のようにムクノキはニレ科に属するが、同じニレ科のケヤキ（ケヤキ属）、ハルニレ（ニレ属）、アキニレ（ニレ属）、オヒョウ（ニレ属）、エノキ（エノキ属）の木材内部の構造がすべて環孔材であるのに対して、ムクノキは数少ない散孔材である。通常、同一の科の種は環孔材か散孔材かいずれかにまとまる傾向にあるが、ニレ科

図3　研磨用のムクの葉（右はうずくり、京都市、十三屋工房）

図4　ムクの葉でツゲ櫛を研磨（京都市、十三屋工房）

は例外にあたり、日本産ニレ科の中でムクノキ属とウラジロエノキ属だけが散孔材となる。材は堅く、農具、運動具、三味線の胴、滑車、櫂、ろくろ細工、馬鞍、荷棒、木銃、床柱、自転車用輪材、下駄歯などに用いられる。遺跡出土木材に見るムクノキの用途には、杭、柱、板、椀、履物、基礎・土台、堰材、礎板・根がらみ、棒、井戸、護岸材、畦畔材、木道、鍬、垂木、箭（楔）、槽、梯子、編台、卒塔婆、皿、鉢、木樋、船、臼、鉢、矢板、槌などがある。さらに、正倉院宝物の大刀の把、机の脚、馬鞍などに用いられているのも特筆される。

なお、ムクノキの代用材としてエノキが利用される。ムクノキの葉はざらざらしているのでトクサの代用として、ベッコウ、象牙、木地などの最後の仕上げ磨きするのに用いる。かって、京都の櫛職人の工房にお話を伺いに訪れた際に、ツゲ、ツバキ、イスノキなどで作られた櫛を仕上げる最終の工程で、トクサと共にムクノキの葉で研磨することを直に教わった。**図3**の左が乾燥させたムクノキの葉を示しており、これを用いて実際に櫛の最終仕上げの研磨をおこなう様子（**図4**）をつぶさに観察できた。

なお、**図3**の右に写っているのは「うづくり」と呼ばれ、イネ科のカヤの草の根またはシュロの鬼毛を乾燥させて束ね、麻の紐で円筒形にしっかり結わえたもので、キリやスギの板の柔らかい部分（春目）をこそげ落として木目を浮き立たせるのに使用する道具である。一般に、指物職人には欠かせないものであるが、櫛の仕上げにも使われる道具である。[注1] 櫛製造時のこの最終工程は往年から伝わってきたもので、本来、張り木賊で磨き、次に葉木賊で磨き、最後にムクの葉で磨いたとされる。ただし、粗歯の櫛は、始め鮫皮張りで磨いたとされる。（伊東）

注1：キリ、ホオノキ、サクラの木に木賊を貼ったもの

図１　モミの材面（柾目）　辺心材とも色白で葬祭具に重用される

図２　九州地方に僅かに残る中間温帯林（宮崎県椎葉村）　点在する針葉樹はモミとツガである

モミ

学名 *Abies firma* Sieb. et Zucc.　**漢字** 樅　**中国名** 日本冷杉、塔杉　**英名** fir（類）

モミは、マツ科モミ属に含まれる針葉樹である。本州（北限は秋田県）、四国、九州（南限は屋久島）に分布し、山中で広葉樹やツガと混生する（**図2**）。樹高三〇m、直径一・五mに達し、寿命は三百年くらいまでと言われる。日本産のモミ属には、モミのほかに、本州の一部（南東北〜紀伊半島）と四国の山地に散生するウラジロモミ（*A. homolepis*）、中部・北陸地方から青森県にかけての亜高山帯に多く分布するオオシラビソ（*A. mariesii*）、北海道、樺太、南千島に分布し、ミズナラなどの落葉広葉樹やエゾマツとともに針広混交林を構成するトドマツ（*A. sachalinensis*）などがある（**図3**）。いずれも大きさはモミよりも小さい。

　モミ類の特徴として、葉の先端が二裂すること、球果が上向きに付くことが挙げられる。また、球果が付け根から丸ごと落下せず、先に果鱗（松ぼっくりのひだ）がバラバラに落ち、球果の軸だけが遅くまで残ることも特徴である。モミ類は、外観がトウヒ類やツガ類に似るが、これら形態的な特徴により、明確に見分けることができる。また、トドマツやオオシラビソのような寒冷地のモミ類には、冬の寒さが原因となって生じる凍裂《とうれつ》と呼ばれる幹割れが多い（**図4**）。

　モミの名の由来については、もともと臣《おみ》の木と呼ばれていたのが転訛したというのが通説であるが、モミ類の朝鮮語名＝ムンビ（Munbi）の転訛という説もある。トドマツの名は、トドマツをさすアイヌ語の一方言＝トトロプ（totorop）に由来するという説がある。球果の色や樹皮の形状から、別種としてアカトドマツとアオトドマツに呼び分ける考え方もあったが、一般には一括して単にトドマツ

図3　トドマツ林（北海道京極町）　白く平滑な樹皮が暗い林内で目立つ

図4　トドマツの凍裂木（左）とその割裂部（右）（札幌市、定山渓天狗岳）割れる時には銃声に似た音を発すると言われる

として扱われる。ウラジロモミにはダケモミ、オオシラビソにはアオモリトドマツという通称がある。

亜高山帯に自生するオオシラビソや資源量の少ないウラジロモミの材はほとんど使われないが、モミとトドマツの材は特定の用途に多用されてきた。モミ材、トドマツ材とも、軽軟で加工しやすく、何よりも辺心材とも色白で木香が弱く、清潔感があるのが特徴である。そのため、棺や卒塔婆などの葬祭具として重用され、建築の内装や建具、パルプ材としても多用されてきた。また、虫や鼠に強いとも言われ、食品の保管箱や茶道具箱、漬け物樽、米櫃などの生活用具材としても好まれた。

モミ類は、祭事と縁が深い。七年毎におこなわれ、その勇壮さで知られる諏訪大社の御柱祭（諏訪大社式年造営御柱大祭）で使われるのは、モミの大木である。伝統に則り、八ヶ岳の山麓などで伐採した直径一m近い丸太を二カ月掛けて諏訪大社まで運ぶ。海外でも、大陸ヨーロッパではトウヒ類やモチノキとともにヨーロッパモミ（*A. alba*）がクリスマスツリーに使われる。北海道では、正月用の門松にトドマツがよく代用されている。

常緑針葉樹類は、いつも葉を繁らせて落葉樹のような派手な変化を見せないが、落葉の時期があり、新緑の頃に古い葉を落とす。季節感の乏しい常緑針葉樹で見られるこの現象は、常緑広葉樹とともに「常盤木落葉」と称される。モミの場合、とくに「樅落ち葉」と呼ばれ、夏の季語になっている。

　樅一樹疾風のなかに揉まれ立つほのほのごときこゑあげながら

（杜澤光一郎『黙唱』より）

モミには孤高を感じさせる存在感があり、山中に屹立する老大木には見た者の心捉えるものがある。（佐野）

図1　ヤチダモの材面(板目)　木目は明瞭で、強度性能が高く、運動具や道具の柄に重用される

図2　ヤチダモの立木(北海道、野幌森林公園)　日本産広葉樹の中では幹の通直さが際立っている

ヤチダモ*・アオダモ**

学名 *Fraxinus mandshurica* Rupr. var. *japonica* Maxim.* *F. lanuginosa* Koidz. f. *serrata* (Nakai) Murata** **漢字** 谷地梻* 青梻** **中国名** 梣(類) **英名** ash(類)

ヤチダモとアオダモは、モクセイ科トネリコ属に含まれる落葉広葉樹である。ヤチダモは、樹高三〇m、直径一mに達する高木で、本州(長野県以北)と北海道のほか、朝鮮半島、中国東北部、沿海州、樺太、南千島に分布する(**図2**)。アオダモは、樹高一五m、直径六〇cmくらいまでの亜高木で、北海道から九州、南千島、朝鮮半島、対馬に分布する(**図3**)。トネリコ属は分類学的にシオジ節とトネリコ節に大別されるが、ヤチダモはシオジ節、アオダモはトネリコ節に含まれる。日本に自生するシオジ類には、ヤチダモのほかにシオジ(*F. platypoda*)があり、同じくトネリコ類にはアオダモのほかにトネリコ(*F. japonica*)などがある。

タモの名の語源については、水田の畔によく植えられていてタモノキ(田茂木)と称していたのが広まった、あるいは自然信仰の対象にされ「霊《タマ》」と呼ばれていたのが転訛した、などの説がある。ヤチは谷沿いの湿地(谷地)に多いことに因み、アオは樹皮を水に浸けると水が青変することに因む。また、属名のトネリコは、写経用の墨を固めるのに使う「共錬濃《ともねりこ》」と呼ばれる糊を得るのに樹皮が使われたことに由来するといわれる。タモの名をめぐっては混乱が知られ、地方によってはアカダモ(ハルニレの別名、ニレ科)やシロダモ(クスノキ科)など別の植物群の樹木にタモと付されていることがある。

トネリコ属の樹木の特徴は、幹の通直性である(**図2**)。日本産の広葉樹の幹は主軸がはっきりしないことがよくあり、たとえ主軸が一本はっきりしていても、

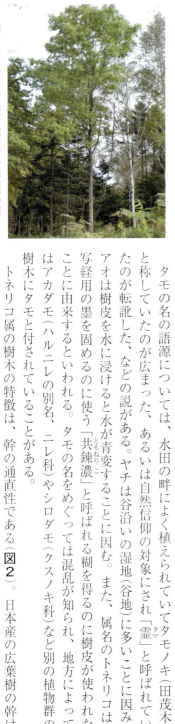

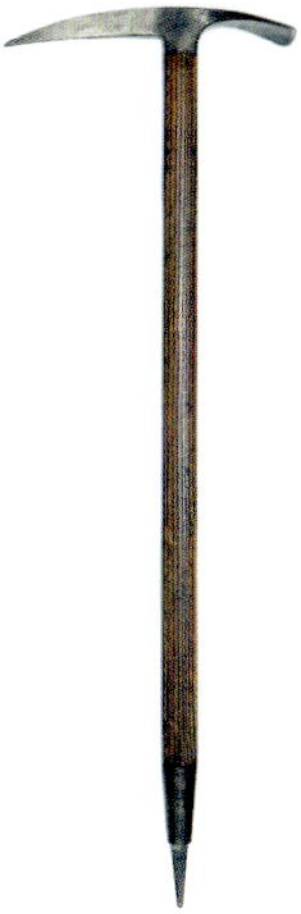

図４　ピッケル（氷斧）と呼ばれる登山道具（札幌門田製一九八五年、田中秀実氏提供）　柄にはヤチダモ材を使っていた

図３　アオダモの花　白い清楚な総状花を咲かせることもヤチダモとの違いである

曲がったり、傾いていることが多い。ところが、トネリコ属の樹木の幹は、針葉樹のように主軸が明瞭で、すらりと直立する。また、春の開葉が遅くて秋の落葉が早く、葉を付けている期間が短いことも特徴である。北海道の北部や東部の農家では、ヤチダモの芽が開けば露地に何を蒔いても植えてもよいと言われており、その開葉は遅霜の終わりを告げる天然の便りとなっている。

トネリコ属樹木の材に共通する特徴として、やや重硬な部類に属し強靱で、木理が明瞭且つまっすぐに通っていることが挙げられる。シオジ類とトネリコ類では、トネリコ類の方が粘りがあり、さらにシオジ類は辺材幅が狭く褐色の心材を多く含むのに対して、トネリコ類は明瞭な着色心材をつくらず、材色が全体に白っぽい、という違いがある。

トネリコ属の材は、運動具や杖、農具の柄など、強靱さと振り回しやすさを要する道具類に重用されてきた（**図４**）。特にアオダモは、日本のプロ野球選手のバット材として最も多く使われてきた。最近では、米国のＭＬＢでカエデ材のバットが多く使われるようになり、その影響で日本のプロ野球でもカエデのバットを使う選手が急増している。しかし、カエデにはない独特の打ち味があるため、それを好んでアオダモのバットを選ぶ選手も少なくないという。このほか、ヤチダモやシオジは、明瞭な木目を活かして装飾材や工芸にもよく使われている。

アオダモの樹皮を干したものは秦皮《しんぴ》と称される生薬で、消炎、下痢止め、洗眼などに用いられる。アイヌ民族はアオダモの樹皮を煮出して得た青い汁をアッシ織（ニレを参照）を青く染めるために用いた。また、今考えるともったいなく感じるが、かつてアイヌ民族はアオダモを薪に使った。シオジ類は、濃色の心材が水分をたっぷり含むため、生木では燃えにくいが、アオダモはそのような多湿な心材を含まず全体に含水率が低いため、生木でも燃えやすい。

（佐野）

図２　餅花（宮崎県椎葉村）　ネコヤナギの枝に色とりどりの餅を飾る

図１　シダレヤナギ材の材面（板目）　やや軽軟で加工性が高く器具材、箱材に用いられる

ヤナギ類（シダレヤナギ*・ネコヤナギ**）

学名 *Salix babylonica* L.* *Salix gracilistyla* Miq.**
英名 weeping willow* rosegold pussy willow**
漢字 垂柳*　猫柳**
中国名 垂柳*　細柱柳**

ヤナギというと垂《しだ》れた枝を持ち川沿いに生えている木を思い浮かべる人も多いかも知れない。しかし、日本に三〇種類以上あるヤナギの中で枝が垂れるものはほとんどない。幽霊との取合せで広く知られているシダレヤナギを町中ではよく見かけるのでヤナギはしだれるというイメージがあるのだろう。シダレヤナギの原産地は中国で、樹高一五m以上になり古くから各地に植栽されてきた。ヤナギの語源は昔この木から矢を作ったことからヤノキとなりそれが転じたとするものや、梁（川で魚を捕るための仕掛け）の材料に用いられ梁木と呼ばれるようになったとする説などがある。中国では葉が細く、枝がしだれるものを柳、葉に丸みがあり枝が硬く立ち上がっているものを楊として区別しているそうだ。樹木はふつう重力に逆らって上方に伸びようとするが、シダレヤナギやシダレザクラなどでは重力に抗する力が十分ではない。通常の広葉樹の場合は傾いた幹枝の上側に引張あて材といって幹枝を上方に引き上げる力を生じる組織が形成されるが、しだれ性を示す種の場合は正常な引張あて材の形成に不可欠なジベレリンという物質が遺伝的に不足してしまうため幹枝が自重を支えきれず、垂れることになる。

ヤナギは中国では生命力の象徴、邪気を払う呪力を持つとされ、旅立つ人には枝を環の形に結んで贈り、無事に戻ることを祈ったという。日本でも挿頭《かざし》として枝を髪に挿したりした。現代になっても正月にヤナギの枝に餅花を結んだり、柳箸等を作って豊作や無病を祈る風習が各地に残っている（**図２**）。この正月飾りに

図3　ネコヤナギの花　綿毛につつまれた花穂は猫の尾に見えるだろうか

図4　ネコヤナギの果穂　種子は綿毛をまとい柳絮とよばれる

よく用いられるのがネコヤナギで、暖温帯から亜寒帯にかけての東アジアに広く分布する。渓流沿いの湿地に生えるのでカワヤナギの呼び名も広く使われていて、江戸時代にも「時々は水にかちけり川やなぎ」と生態を活写した句が詠まれている。高さ三〜四mの落葉低木で、葉の表裏や枝にも白い綿毛を密生する。和名の由来はこれが猫毛が生えたように見えることからとも、早春につける銀色の綿毛に包まれた花穂（**図3**）を猫の尾に見立ててともいわれている。果実は成熟すると柳絮《りゅうじょ》とよばれる綿毛に包まれた種子を作る（**図4**）。ネコヤナギのように水辺に生えるヤナギの仲間は多く、雪解けや台風などにより河川が氾濫して裸地ができると、そこに最初に侵入して定着する。このような植物を先駆植物という。ヤナギ類はその種類により種子の散布時期が異なるので洪水が起きる時期が異なると同じ場所に異なる種類のヤナギが生えてくることもある。ヤナギのような先駆植物にとっては人々を困らせる洪水、氾濫という攪乱は次世代を残すために不可欠な出来事なのである（**図5**）。

ヤナギを神聖視する文化はアイヌ民族にもあり、木の枝の表面を削ってつくられるイナウと呼ばれるアイヌの祭具の原木に用いられる（**図6**）。アイヌ語ではススともイナウニスス（木幣・木・ヤナギ）ともいい、「神は国土を造るとき、人の背骨をこしらえるのにヤナギを使った。其の記念に今以て木幣《いなう》や削懸《きけ》の原料とする」という神話がある。また北海道特産のシシャモの名もアイヌ語で柳の葉から生まれた魚ススハム（ヤナギ・葉）が転訛したものとされている。

西洋ではヤナギの樹皮に解熱鎮痛作用があることが古くから知られており、紀元前四世紀にはヒポクラテスがヤナギの樹皮の抽出液に解熱作用があると報告している。一八世紀になるとセイヨウシロヤナギ（*S. alba*）の樹皮から針状結晶が抽出されて、これがヤナギ科ヤナギ属の属名であるSalixにちなんでsalicinと命名

図5　冷温帯の河畔林（札幌市、豊平川）　ヤナギ類を主体としている

図6　アイヌの祭具、イナウ（北海道大学植物園所蔵）　ヤナギの材をマキリ（アイヌの小刀）で削って作る

された。この成分が元となって一九世紀末に代表的な消炎鎮痛剤であるアスピリン（アセチルサリチル酸）が発見された。

　このようにヤナギは古くから人々の生活に近い存在であったため、ヤナギを含んだ言葉が数多くある。『広辞苑』からいくつか拾ってみると「柳髪」は女性の頭髪のしなやかで美しいのを風になびく柳にたとえたものであり、「柳眉」は柳の葉のように細く美しい眉を意味し、「柳腰」は柳の枝のように細くしなやかな腰、すなわち美人の腰を意味する。こうしてみると現代の若い女性（男性も？）が美しく見えるよう眉を整えるのはいにしえよりの伝統なのかもしれない。

　また、ヤナギの材は柔軟性に富むのが特徴で「柳に雪折れ無し」、「柳に風と受け流す」と言った言葉が柳の性質を良くあらわしている。その一例としてコリヤナギ（*S. koriyanagi*）を用いた柳行李が旅行用の荷物入れとして昔から重用されており（**図7**）、なかでも国の伝統的工芸品に指定されている兵庫県豊岡杞柳細工の柳行李が有名である。豊岡では細工に使うコリヤナギの幹枝を畑や川岸に挿し木して栽培している。秋の葉が落ちる頃に今年伸びた枝を刈り取り、春、ネコヤナギの花が咲く頃に取り置いていた枝を再び水田などに挿し五、六月頃に樹皮を剥いで材料とする。コリヤナギの材は乾いた状態では折れやすいので、水に濡らしながら製品に編み上げる。手間はかかるがヤナギの性質を生かした強くしなやかな風合いが今でも親しまれている。

（内海）

図7　ヤナギ行李（京都大学生存圏研究所所蔵）　コリヤナギの材を編んで作られる

シダレヤナギ(北海道大学構内)　水辺に好んで植栽される

図1　ヤブツバキの材面(板目)　重硬で建築・器具材などに使われる

図2　ヤブツバキの花と葉(熊本県水上村)　葉の緑が花の赤さを際だたせる

ヤブツバキ

学名 *Camellia japonica* L.　**漢字** 海石榴、藪椿　**中国名** 山茶　**英名** common camellia, Japanese camellia

ヤブツバキは樹高一二m、幹の直径三〇~四〇cmになるツバキ科ツバキ属の常緑高木である。日本の照葉樹林の基本的な構成種で、本州、四国、九州、沖縄、台湾に分布する。葉は黄緑色で楕円形、縁にはまばらに鋸歯がある。ツバキの語源は「厚葉木《あつばき》」とも「つや葉木」とも言われており、厚ぼったく照り輝くツバキの葉をよく表している。ツバキが初めて文献に登場するのは『日本書紀』からで、景行天皇が土蜘蛛を攻めた際にツバキの木から武器を作って兵に授けて勝利したとされている。『万葉集』には「巨勢《こせ》山のつらつら椿つらつらに見つつ思《しの》はな巨勢の春野を」とあり、「つらつら」とは「つるつる」の意味で光沢のある葉が万葉の歌人にも印象的だったのだろう(**図2**)。この歌の春の文字からツバキの文字が「椿」なったと言われている。中国では「椿」はセンダン科のチャンチン(*Toona sinensis*)を指し、日本ではツバキに「椿」のほかに「海石榴」などが当てられていたが、早春の山野の風景を彩るツバキにはやはり「椿」のほうが合っていると思う。属名の*Camellia*はフィリピンに滞在したイエズス会の宣教師で植物学者のGeorg Kamelにちなんで分類学の父と称されるリンネにより名付けられた。この属名はそのまま英語でもツバキ類を意味する。

ツバキの花は冬から春にかけて咲き、深い紅色は昔から多くの人々を魅了してきた(**図3**)。ツバキの仲間は東アジアが原産だが一八世紀にはヨーロッパでも知られるようになった。江戸時代後期に長崎出島に滞在した医師で博物学者のシー

図３　ヤブツバキの幹と花　幹は重硬で良材が得られ、木灰も重用される

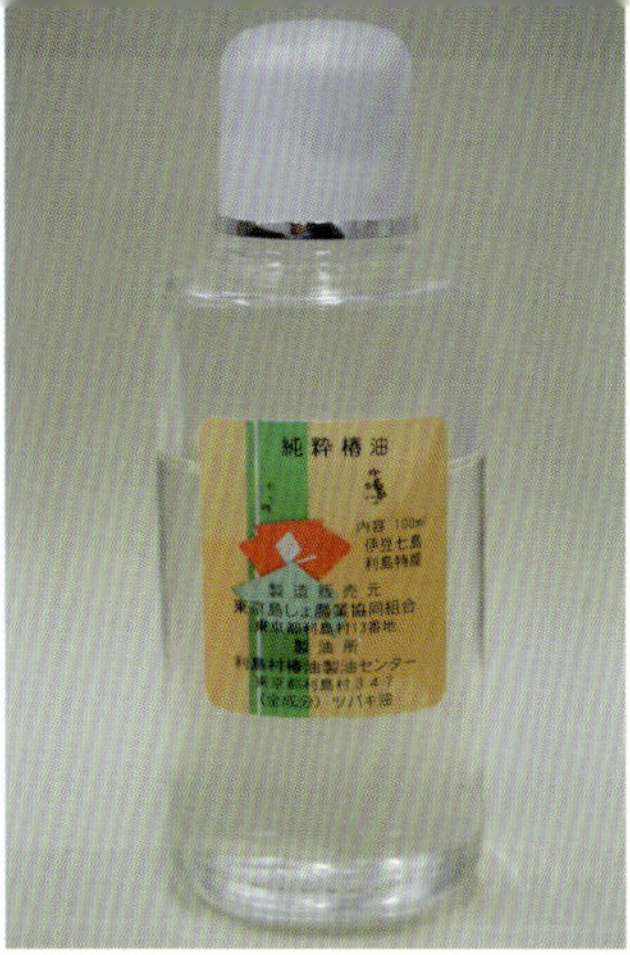

図４　椿油　古くから様々な用途で重宝されてきた

ボルトは当時ツバキがヨーロッパの人々に広く愛好され、多数の品種を産み出していることを記している。現在でも日本だけでなくアメリカやヨーロッパなどでツバキを愛好する人たちが様々な品種を育成している。International Camellia Journalという国際的な情報誌が一九六二年から発行されており、アメリカにはAmerican camellia societyというツバキ類のみを対象にした園芸協会もある。その中でもヤブツバキは庭園樹として最も有名で人気がある種の一つである。このように様々な園芸品種を楽しむのももちろん良いのだが、山中にあるヤブツバキが照る緑葉を背景に鮮やかに咲く様子も捨てがたく感じる。幸田露伴は『花のいろ〳〵』という随筆のなかで「……藪椿のもさ〳〵と枝葉茂れるが中に濃き紅の色して咲ける、人は賤しといふ、我はおもしろしと思ふ」と述べている。

ツバキは花を賞するだけでなくその実から取れる椿油が燈用や食用、機械油、日本刀のさび止めなど様々な用途に用いられてきた（**図４**）。整髪料としても古くから使われており、最近は椿油の成分が含まれたシャンプーが人気を集めている。産地としては東京都の伊豆諸島と長崎県の五島列島が有名で、伊豆諸島の伊豆大島と利島は現在も全国一の生産量を誇っている。昔、大島ではヤブツバキの実の採取が九月中の毎年決められた一週間に行われ、この期間中は老幼皆山に入って木に登り、果実を取る樹のこずえで民謡の大島節《おおしまぶし》が歌い交わされたそうだ。現在は落下した実を秋から冬にかけて拾い、乾燥させた後に圧搾、精製して椿油を作る事が多くなっている。食用油としては味があっさりしてくせがなく特に天ぷらに良いそうなので、是非一度賞味してみたいものである。

ヤブツバキからはまた重く強靱で堅い良材が得られる。建築、器具、機械、楽器、船舶、彫刻、旋作、薪炭など様々な用途に用いられ、材を燃やした後の灰も灰汁として重用される。

（内海）

図1　ヤマグルマの材面(板目)　重硬かつ緻密で器具材などに使われる

図2　ヤマグルマの樹冠(宮崎県椎葉村)　急斜面に多く生育し葉を車状につける

ヤマグルマ

学名 *Trochodendron aralioides* Sieb. et Zucc.　**漢字** 山車　**中国名** 昆欄樹　**英名** なし

ヤマグルマは樹高二〇m、直径一mほどになるヤマグルマ科ヤマグルマ属の常緑高木で、山形県以南の本州と四国、九州、沖縄と台湾および朝鮮半島南端部に生育する。多くは暖帯に生育するが分布域の北端部では温帯に、南端部では亜熱帯に進出している。岩場や崖のような急斜面に生育して艶やかで広倒卵形または長卵形の葉を着ける。それぞれの葉は光を十分に得るため、葉柄の長さを変化させることで重なり合いを避け、車輪状に束生する(**図2**)。この葉の着き方から和名がつけられたが、ヤマグルマの属名「*Trochodendron*」もtrochos(車輪)とdendron(木)なので同じような意味を持っていることになる。枝先につく花は黄緑色で目立たないが、よく見るとおもしろい形をしていて花弁や萼《がく》がない(**図3**)。果実は直径一cm程で秋に褐色に熟す。

岩場に生育するためか成長が非常に遅いことが多く、直径数cmの木でも年輪を数えると数十年以上になるものもある。まれに山中で見かける大木は相当の年月を生きてきたのであろう。島の一部が世界遺産に登録されている鹿児島県屋久島では有名な屋久杉と同じ立地に生え、屋久杉にからみついて成長することがあるため好まれていない。ヤマグルマが屋久杉よりも長生きして大きくなり、観光客を呼び込むことができれば今度は屋久杉が嫌われ者になるのだろうか。

以前はこの木の樹皮から盛んに鳥黐《とりもち》が採取された。鳥黐は非水溶性のガム状粘性物質で主に鳥や虫をこれにくっつけて捕獲する目的で使われる(**図4**)。ヤマグルマの方言にモチノキ、ホンモチ、ヤマモチ、イワモチなど「モチ」の付く名が

図3　ヤマグルマの花　目立たないが花びらを持たず変わったおもしろい形をしている

図4　ヤマグルマ製のトリモチ（椎葉康喜氏製造）　1年以上かけて樹皮から取り出す

多いのはこのためである。宮崎県椎葉村での鳥黐の作り方はまず樹皮を五、六月頃に剥ぎ、水洗後モチ池やモチ田と呼ばれる池の中に敷き詰めて流水に数カ月から一年ほどおいて腐らせる。これを真冬に桶に取り上げ粘り気が出るまで石臼などで突きつぶし、モチと皮とが離れやすくした後でぬるま湯の中で棒により撹拌し、棒に付着させる。このモチを板に上げて手で揉み、流水で樹皮を取り除き水洗して雑物を除く。気温が高いと水にモチが流れてしまうため、寒い時期に行わなければならない苦労の多い作業だったようだ。モチノキ科のモチノキやイヌツゲの樹皮からも広く鳥黐が作られたが、品質的にはヤマグルマから作ったものの方が優れていたそうだ。現在では鳥獣保護の観点から鳥黐による猟は法律で禁止されているので、鳥黐そのものも見かける機会が減った。鳥黐が手や衣服につかないよう口に含んで野山を巡り、小鳥を捕って遊ぶことも今は昔である。

ヤマグルマは広葉樹としては変わった木材の組織を持っている。多くの広葉樹は根から吸収した水を葉に運ぶために道管という水を通すことに特化した管を持っているのだが、ヤマグルマは広葉樹でありながらこの道管を持たず、水を運ぶための組織としてマツやスギなどの針葉樹と同じで体を支える機能と水を通す機能の両方を持った仮道管と呼ばれる組織しか持たない。このような道管をもたない被子植物は原始的であるとする意見もあったが、近年の系統進化学的なデータからはヤマグルマより原始的な被子植物が道管を持っていたことが示されており、ヤマグルマは二次的に道管をなくしたと考えられる。よく見ると放射組織という組織が発達しているので針葉樹の材と違うことがわかるが、一見針葉樹のように見える。最古参ではないにせよ進化的には比較的古い系統とされ、日本産の広葉樹の高木でこのような組織構造を持つのはヤマグルマだけである。材は色が紅褐色で重硬・緻密で美しく、器具やろくろ細工に使われている。（内海）

図2　ヤマグワの葉　本来広卵形であるが写真のようにしばしば切れ込みができるのが特徴

図1　ヤマグワの材面（柾目）　図で上下に平行に多数の筋がみられるのは材中の放射組織による筋

ヤマグワ

学名 *Morus australis* Poir.　**漢字** 山桑　**中国名** 鸡桑　**英名** mulberry（類）

ヤマグワはクワ科の落葉高木で、樹高一二m、直径六〇cmに達する。栽培されているものは養蚕が目的で、低木状に生育する（**図2**）。北海道、本州、四国、九州、琉球、樺太、中国、インドシナ半島、インド、ヒマラヤに広く分布する。クワ属は世界に一〇数種分布し、わが国にはヤマグワのほかに、ケグワ（*M. cathayana*）、オガサワラグワ（*M. boninensis*）、マグワ（*M. alba*）、ハチジョウグワ（*M. kagayamae*）の五種が成育している。ヤマグワと中国原産のマグワとが養蚕用に栽培される。わが国では普通クワといえばヤマグワを指す。和名の由来はクハ（食葉）によるとか、蚕の食べる葉の意のコハ（蚕葉）とかいわれる。昔は、家屋の新築時の棟上げにクワの弓を立て、鬼門を射る形をとり、謡曲の「桑の弓とるや蓬《よもぎ》のやはた山……」を唱えるのが、本格的な上棟式とされた。また、男児が生まれるとクワの弓に蓬の矢で天下四方を射り、これが男児四方に遊学するという意味を込めた。さらに、雷除けの呪文にくわばらくわばら（桑原桑原）というのがあるが、これは昔雷神が井戸に落ちて農民がこれに蓋をした。そこで雷神は次のように言ったという。「自分はもともと桑の木が嫌いなので、桑原と唱えたらその地には二度と落ちない」といったので、天に帰ることができたという言い伝えがある。死後雷神となった菅原道真公の領地桑原には落雷しないことによるともいう。また、クワで馬鞍を作ると雷に出会っても害がないとの言い伝えがあるが、前述の話に関連するものと思われる。学名の*Morus*はギリシャ語でクワの樹と実を意味し、ラテン語では果と黒いちご、ケルト語ではMor（黒）の意味と

図３　ヤマグワの樹皮　若木の樹皮は皮目が小さく散らばるが成長するにつれ縦に裂け目ができる

図４　クワの茶道具（京指物師、川本光春氏製作、鷹野晃氏撮影）　本来黄褐色のクワ材に水でといた石灰を塗り図のような暗褐色に仕上げるという

いわれる。「桑」、「桑摘み」、「桑の花」、「桑の芽」は春、「桑の実」は夏の季題とされる。クワは古来養蚕に欠かすことの出来ない樹木で、葉は蚕の重要な飼料となる。果実には甘味があり、生食する以外に桑実酒を造るのに使われる。すなわち、塾果をすりつぶしてろ過し、果汁一升（一・八リットル）に焼酎一升一合（約二リットル）、白砂糖少量を加えて熟成すればできあがるそうだ。

伊豆諸島の御蔵島や三宅島で産出されるクワ材を特に「島桑《しまぐわ》」と呼び、木目が美しく年輪が緻密であることにより珍重される。辺材と心材の区別は明瞭で、辺材は帯黄灰白色、心材は暗黄褐色で黄色味がかっているが時間が経過するに従い褐色が勝る。心材の保存性は高い。材は重硬、強靭で切削・加工はやや困難であるが、磨いた仕上げ面は光沢があり、色調や杢が美しく、音響の伝導性がいいので多方面に利用される。床柱、落掛、框や床板などの建築装飾材、家具（特に上質の鏡台）、漆器木地、馬鞍、椀、木魚、箱類、機械、仏具、楽器（琵琶、三味線）、ろくろ細工、彫刻など高級な装飾材として賞用されている。さらに、茶道具の用材として、しばしばヤマグワが利用される（**図４**）。正倉院宝物で桑木阮咸《くわきのげんかん》（楽器）や桑木木画碁局《くわのきもくがのききょく》（碁盤）などにクワ材が用いられており奈良時代からクワの有用性が認識されていたことがわかる。クワの根は苞桑《ほうそう》といってセキ止めの薬になり、根から作った酒は桑根酒で血圧低下に役立つ薬用酒とされる。クワの果実を乾かしたものは関節の止痛薬、クワの枝を煎じて飲めば胃腸、中風の薬になるといわれる。クワの床柱や床椽の板は魔よけとして用い、クワの枕は頭痛を治すともいわれる。クワの樹皮は繊維質で利用価値があり、多くは織物に用いられるほかロープ、和紙などの材料になる。その一方で、樹皮や根は漢方薬の桑白皮《そうはくひ》で、利尿、緩下、せき止めなどに用いられるが、これはマグワを利用する。また、クワの根株はパイプの格好の材料になる。（伊東）

図１　ユズリハの材面（柾目）　特別な用途はないが器具材や薪炭材などに用いられる

図２　ユズリハの樹形（宮崎県椎葉村）　新葉が黄緑色に輝き美しい

ユズリハ

学名 *Daphniphyllum macropodum* Miq.　**漢字** 譲葉、交譲木、杠　**中国名** 交譲木
英名 false daphne

ユズリハは樹高一〇m、胸高直径三〇㎝程度になる常緑高木である（**図２**）。以前はトウダイグサ科に分類されていたが近年はユズリハ科に分類されるようになった。福島県以西の本州、四国、九州の暖温帯林と奄美群島に生育し、朝鮮南部や中国にも分布する。ユズリハは比較的標高の高いところに生え、低地海岸には同じユズリハ属のヒメユズリハ（*D. teijsmannii*）が多く生えるが分布が重なるため、地域によってはヒメユズリハにユズリハの名が与えられていることもあるようだ。雌雄別株で雄花では紫色の葯《やく》が目につくが雌花はあまり目立たない。果実は楕円形で黒藍色に熟す。ユズリハの葉は全縁で縁がやや波打ち、表面が濃緑色、裏面は粉白色になる。そして何より特徴的なのは葉柄の赤さである（**図３**）。清少納言は『枕草子』の中で「ゆづり葉の、いみじうふさやかにつやめき、茎はいとあかくきらきらしく見えたるこそ、あやしけれどをかし」と、ユズリハの葉柄の赤色に言及しその風情をたたえている。

　ユズリハに限らず常緑樹も落葉樹と同様に葉を落とす。一枚の葉の寿命は樹種により様々であり、ユズリハでは一、二年程で落葉し、特に前年出た旧葉が、春先に新葉が出た後にはっきり交代することから「譲葉」の名がある。新葉の明るい黄緑色と旧葉の濃緑色との対比があざやかで春を感じさせる。これを新年へ替わることや家が代々続いていくことに例えて正月の飾りに日本各地で広く使われている（**図４**）。地方によってはショーガツノキ、ショーガツノハと呼ばれている

図３　ユズリハの葉　柄の赤みが昔から人目を引いてきた

図４　正月飾り　各地でユズリハの葉が使われている

のもそのためだろう。『万葉集』には「何《あ》ど思《も》へか阿自久麻山《あじくまやま》のゆずる葉の含《ふふ》まる時に風吹かずかも」があり、古くからユズリハが親しまれてきたことが窺える。『樹木大図説』によると、鎌倉時代にも「これぞこの春を迎ふるしるしとてゆずるはかざし帰る山人（藤原知家）」という歌がある。当時から正月に山のユズリハを折って持ち帰る文化があったようだ。

また、『枕草子』では前述の文章に続いて「……師走《しわす》のつごもりのみ時めきて亡き人のくひものに敷《し》く物にやとあはれなるに、また、よはひを延ぶる歯固《はがた》めの具にもてつかひためるは」とあり、平安時代には齢を固め長命を願って行う歯固めの儀式にも用いられたようである。植物民俗学に造詣が深かった倉田悟は日本各地に同様の習俗が残っていることを記している。

ユズリハには多種のアルカロイドが含まれ、樹皮や枝葉は煎じて駆虫剤とされた。そのためか野生のシカもこの葉を食べるのは忌避するようで、シカの生息密度の大きい地域の開けた林地では食べられずに残ったユズリハが灌木状態で群生しているのを見かける。新芽をあく抜きして食用にする地方もあるようだが、食べ過ぎは避けたほうが無難だろう。ユズリハの材の肌目は精緻で割裂しにくく、材質は中庸からやや重硬になる。木がそれほど大きくならないので現在では特別な用途はなく、器具材などに使われる程度である。しかし、縄文時代草創期から前期にかけての遺跡でその出土品が国の重要文化財に指定されている福井県の鳥浜貝塚で発見された石斧の柄は、その八割以上がユズリハ属であったことが調査からわかっている。持ったときの手触りと折れにくさが好まれたのだろうか。数ある樹木の中からユズリハの材を選択した縄文の人々には木材に対する細やかな感性があったのだと考えられる。

（内海）

●おもな出典

総記、総覧、辞典、事典類

上原敬二『樹木大図説』(Ⅰ～Ⅲ)、有明書房、一九五九～一九六一
遠藤元男・児玉幸多・宮本常一『日本の名産事典』、東洋経済新報社、一九七七
大井次三郎・太田洋愛『日本桜集』、平凡社、一九七三
大槻真一郎『科学用語語源辞典』(ラテン語篇)、同学社、一九八〇
大場秀章編『植物分類表』アボック社、二〇〇九
加藤真ほか『朝日百科植物の世界』、朝日新聞社、一九九七
環境庁編『日本の重要な植物群落Ⅱ　九州版3』、大蔵省印刷局、一九八八
環境庁編『日本の重要な植物群落Ⅱ　南関東版』、大蔵省印刷局、一九八八
北村四郎・村田　源『原色日本植物図鑑　木本編』(Ⅰ、Ⅱ)、保育社、一九七九
貴島恒夫・岡本省吾・林昭三『原色木材大図鑑』、保育社、一九七二
木村陽二郎(監修)・植物文化研究会編『図説花と樹の事典』、柏書房、二〇〇五
倉田悟『日本主要樹木名方言集』、地球出版、一九六三
講談社『日本の天然記念物』、講談社、二〇〇三
佐竹義輔ほか『日本の野生植物』(木本Ⅰ、Ⅱ)、平凡社、一九八九
島地謙・伊東隆夫編『日本の遺跡出土木製品総覧』、雄山閣出版、一九八八
清水矩宏『牧草・毒草・雑草図鑑』、畜産技術協会、二〇〇五
植物文化研究会編『図説樹と花の大事典』、柏書房、一九九六
須藤彰司『世界の木材200種』、産調出版、一九九七
生物多様性センター『巨樹・巨木フォローアップ調査報告書』(概要版)、環境省、二〇〇一
知里真志保『分類アイヌ語辞典植物編・動物編』(知里真志保著作集・別巻1～2)、平凡社、一九七五
豊国秀夫編『植物学ラテン語辞典』、至文堂、一九八七
中島道郎・林弥栄・草下正夫・小林義雄『実用樹木要覧』、朝倉書店、一九六一
中村昌生編『数寄屋建築集成　第9巻　銘木集』、小学館、一九八五

沼田真・岩瀬徹『図説日本の植生』、講談社、二〇〇二
農山漁村文化協会『果樹園芸大百科』、農山漁村文化協会、二〇〇〇
農商務省山林局編『木材ノ工藝的利用』、大日本山林會、一九一二〔(復刻版)農商務省山林局編『木材ノ工藝的利用』林業科学技術振興所、一九八二〕
林弥栄『日本の樹木』、山と渓谷社、一九八五
林弥栄『日本産針葉樹の分類と分布』、農林出版、一九六〇
林弥栄『有用樹木図説(林木編)』、誠文堂新光社、一九六九
平井信二『木の事典』、かなえ書房、一九七九〜一九八七
平井信二『木の大百科』、朝倉書店、一九九六
平嶋義宏『生物学名辞典』、東京大学出版会、二〇〇七
堀田満ほか編著『世界有用植物事典』、平凡社、一九八九
茂木透(写真)・太田和夫ほか(解説)『山渓ハンディ図鑑—樹に咲く花』、山と渓谷社、二〇〇一
八坂書房『日本植物方言集成』、八坂書房、二〇〇一
鄭万鈞『中国樹木志1』、中国林業出版社、一九八三
アンドリュ・シェバリエ(著)・難波恒雄(訳)『世界薬用植物百科事典』、誠文堂新光社、二〇〇〇
アンナ・レウイントン(著)・光岡祐彦・秋田徹(訳)『暮らしを支える植物の事典』、八坂書房、二〇〇七
Mabberley, D.J.: *Mabberley's plant-book* (3rd ed.). Cambridge University Press. 2008
伝統的工芸品産業振興協会:日本の伝統的工芸品館全国伝統的工芸品センター [http://www.kougei.or.jp/](二〇〇九年十一月確認)
米倉浩司・梶田忠:BG Plants 和名—学名インデックス(YList) [http://bean.bio.chiba-u.jp/bgplants/ylist_main.html] (二〇〇九年十一月確認)

一般向け読み物、解説

秋岡芳夫『木のある生活』(新版)、TBSブリタニカ、一九九九
有岡利幸『桜(Ⅰ、Ⅱ)』、ものと人間の文化史137—1/2、法政大学出版会、二〇〇七
有岡利幸『資料日本植物文化誌』、八坂書房、二〇〇五
伊東隆夫『木の文化と科学』、海青社、二〇〇八
稲垣實ほか『木材に強くなる本—見かた・買い方・使い方』、日本林業調査会、一九八九
稲本正『森の博物館』、小学館、一九九四

内山康夫『青森ひば物語』、北の街社、一九九六
太田威『ブナ林に生きる　山人の四季』、平凡社、一九九四
大場秀章・瀬倉正克『シーボルト日本植物誌』（本文覚書篇）、八坂書房、二〇〇七
奥田實・木原浩（写真）・川崎哲也（解説）『日本の桜』、山と渓谷社、一九九三
岡部敏弘ほか『青森ヒバの不思議』、青森ヒバ研究会（弘前市出版助成図書）、一九九〇
加藤定彦『樽とウイスキーに魅せられて』、ＴＢＳブリタニカ、二〇〇〇
岩槻邦男『日本の消えゆく植物たち』、研成社、二〇〇七
萱野茂『アイヌの民具』、すずさわ書店、一九七八
工藤岳編著『高山植物の自然史』、北海道大学図書刊行会、二〇〇〇
倉田悟『樹木民俗誌』、地球社、一九七五
倉田悟『植物と民俗』、地球出版、一九六三
小林義雄・村田圭司・石井勇・小坂立夫・西口親雄『松図鑑』、池田書店、一九七五
今田敬一『北海道樹木誌』（新装覆刻）、沖積舎、一九八一
佐伯浩『この木なんの木』、海青社、一九九三
佐道健『雅びの木』、海青社、一九九九
佐道健『木へんを読む』、学芸出版社、二〇〇五
佐野藤右衛門（述）・小田豊二（聞書き）『櫻よ―「花見の作法」から「木のこころまで」』、集英社、二〇〇一
斎藤新一郎『オンコ』、北海道新聞社、一九八六
更科源三・更科光『コタン生物記Ｉ』（樹木・雑草篇）、法政大学出版局、一九七六
俵浩三『北海道の自然保護―その歴史と思想』（増補版）、北海道大学図書刊行会、一九八七
小原二郎『日本人と木の文化　インテリアの源流』、朝日新聞社、一九八四
小原二郎『木の文化』、鹿島研究所出版会、一九七二
小原二郎『木の文化をさぐる』、日本放送協会、二〇〇三
新建新聞社編『ブナ・栃・栗』、日本の原点シリーズ・木の文化、新建新聞社、二〇〇六
新建新聞社編『松　マツ、カラマツ』、日本の原点シリーズ・木の文化、新建新聞社、二〇〇四
鈴木三男『日本人と木の文化』、八坂書房、二〇〇二
武田久吉『民俗と植物』、講談社、一九九九
土井高太郎「徳用林産物としての『ツバキ』」、林業技術７０８、一一～一五頁、二〇〇一
西岡直樹『サラソウジュの木の下で―インド植物ものがたり』、平凡社、二〇〇三

西口親雄『ブナの森を楽しむ』、岩波書店、一九九六
西川栄明『北の木と語る』、北海道新聞社、二〇〇一
前川文夫『日本の植物と自然』、八坂書房、一九九八
中村浩『植物名の由来』、東京書籍、一九八〇
辻井達一『日本の樹木　都市化社会の生態誌』、中央公論社、一九九五
遠山富太郎『スギのきた道』、中公新書、一九七六
日本木材学会『木と日本人の暮らし』、講談社、一九八五
日本薬学会『薬学生・薬剤師のための知っておきたい生薬１００』、東京化学同人、二〇〇四
能城修一「アジアのシャクナゲ・日本のシャクナゲ」、森林技術７６９、八～一三頁、二〇〇六
深津正・小林義雄『木の名の由来』、東京書籍、一九九三
深津正『植物和名の語源』、八坂書房、一九九九
深津正『燈用植物』、ものと人間の文化史50、法政大学出版局、一九八三
深津正「日本人とカヤの木」、林業技術11（通巻６４８）、一四～一七頁、一九九六
福岡イト子『アイヌ植物誌』、草風館、一九九五
北國新聞社『漆はジャパンである』、時鐘社、二〇〇八
朴相珍『朝鮮王宮の樹木―韓国みどりの世界―』、世界書院、二〇〇五
牧野富太郎『植物一日一題』、博品社、一九九八
満久崇麿『木のはなし』、思文閣出版、一九八三
満久崇麿『続木のはなし』、思文閣出版、一九八五
満久崇麿『仏典の植物』、八坂書房、一九九五
橅上杉三郎「キリは燃えるがタンスは燃えない?」『木の１００不思議』、社団法人日本林業技術協会、一九九五
松山利夫『木の実』、ものと人間の文化史４７、法政大学出版局、一九八二
山田浩雄「スダジイとコジイ」、森林科学46、四三～四七頁、二〇〇六
山本紀久『街路樹』、技報堂出版、一九九八
四柳嘉章『漆』、ものと人間の文化史１３１―１、法政大学出版局、二〇〇六
渡辺弘之『カイガラムシが熱帯林を救う』、東海大出版会、二〇〇三
ケネディ・ウォーン「海の森マングローブを救え」、National Geographic 日本語版13、三六～五五頁、二〇〇七
ウィリアム・ローガン（著）・山下篤子（訳）『ドングリと文明』、日経ＢＰ、二〇〇八
Russel, T., Cutler, C., Walters, M.: *Trees of the World.* Hermes Hous, 2006

Yang, J.: *Trees and Shrubs.* Random House Australia, 1999
蘇智慧「昆虫と植物が作る生態系の基盤」、生命誌ジャーナル50、二〇〇六 [http://www.brh.co.jp/seimeishi/journal/no50.html]

専門書、学術論文など

浅田節夫・佐藤大七郎編著『カラマツ造林学』、農林出版、一九八一
池田勇・山田昌彦・栗原昭夫・西田光夫「カキの甘渋の遺伝」、園芸学雑誌54、三九～四五頁、一九八五
市川健夫ほか『日本のブナ帯文化』、朝倉書店、一九八四
伊東隆夫「遺跡に見るカヤの木の利用」、林業技術11（通巻６４８）、一二～一三頁、一九九六
伊東隆夫・島地　謙「古代における建造物柱材の使用樹種」、木材研究・資料14、四九～七六頁、一九七九
内海泰弘ほか「宮崎県椎葉村大河内集落における植物の伝統的名称およびその利用法Ⅰ、高木」、九州大学農学部演習林報告88、四五～五六頁、二〇〇七
内海泰弘ほか「宮崎県椎葉村大河内集落における植物の伝統的名称およびその利用法Ⅱ、低木」、九州大学農学部演習林報告89、五一～六一頁、二〇〇八
梅原猛ほか『ブナ帯文化』、思索社、一九八五
尾中文彦「古墳其の他古代の遺跡より発掘されたる木材」、木材保存7巻、4号、一一五～一二三頁、一九二九
緒方健『南洋材の識別』、日本木材加工技術協会、一九八五
嘉手苅幸男・金城一彦・屋我嗣良「沖縄産材の生物劣化抵抗性」、木材学会誌50、四〇四～四一一頁、二〇〇四
金子啓明・岩佐光晴・能城修一・藤井智之「日本古代における木彫像の樹種と用材観―7・8世紀を中心に―」、MUSEUM（東京国立博物館研究誌）第５５５号、三～五三頁、一九九八
亀山章『街路樹の緑化工―環境デザインと管理技術―』、ソフトサイエンス社、二〇〇〇
菊池伸一「輻射熱を受けた木材の着火温度」、木材学会誌50、三七～四二頁、二〇〇四
光芸出版『（新装合本）漆芸事典』、光芸出版、二〇〇四
小林義雄『薬用樹木の知識』、林業科学技術振興所、一九八四
佐々木英『漆芸の伝統技法』、理工学社、一九八六
佐藤彌太郎『スギの研究』、養賢堂、一九五五
長澤武『植物民俗』、法政大学出版局、二〇〇一
仲宗根平男・小田一幸『沖縄産有用木材の性質と利用』、琉球林業協会、一九八五
名久井文明『樹皮の文化史』、吉川弘文館、一九九九

奈良国立文化財研究所『山田寺出土建築部材集成』奈良国立文化財研究史料、第四〇冊、真陽社、一五頁、一九九五
農商務省山林局『漆樹及漆液』、東京國文社、一九〇七
能城修一・鈴木三男「青森県三内丸山遺跡とその周辺における縄文時代前期の森林資源利用」、植生史研究、特別第2号、八三〜一〇〇頁、二〇〇六
能城修一・鈴木三男・網谷克彦「鳥浜貝塚から出土した木製品の樹種」、鳥浜貝塚研究1、二三〜七九頁、一九九六
樋口清之『日本木炭史』、講談社、一九九三
北海道立林産試験場カラマツワーキンググループ編『カラマツ活用ハンドブック』、北海道立林産試験場、二〇〇五
屋我嗣良「沖縄産材の抗蟻性について(第1報)生物試験および抽出成分の寄与」、木材学会誌16、二一三〜二一八頁、一〇七〇
矢田貝光克・竹下隆裕・小林隆弘『Hausen 木材の化学成分とアレルギー』、学会出版センター、一九八一
山口和穂・橋本光司「林木遺伝資源保存林(ブナ科コナラ属アカガシ亜属)」、林木育種229、三一〜三四頁、二〇〇八
吉田成章「研究者が取り組んだマツ枯れ防除―マツ材線虫病防除戦略の提案とその適用事例」、日林誌88、四二一〜四二八頁、二〇〇六
Sosef, M.S.M. Hong, L.T., Prawirohatmodjo, S.: *Timber trees: lesser known species*. Backhuys Publishers, 1998
Tomlinson, P.B.: *The botany of mangroves*. Cambridge University Press, 1986

文学

池田亀鑑校訂『枕草子』岩波書店、一九六二
佐伯梅友校注『古今和歌集』岩波書店、一九八一
坂本太郎・家永三郎・井甘光貞・大野晋『日本書紀上・下』、日本古典文学大系、岩波書店、一九六五・一九六七
佐佐木信綱『新訂 新古今和歌集』、岩波書店、一九五九
佐佐木信綱(編)『新訂　新訓萬葉集』、岩波書店、一九五四〜一九五五
佐藤成裕『中陵漫録』日本随筆大成、吉川弘文館、一九九五
白石悌三・上野洋三校注「芭蕉七部集」岩波書店、一九九〇
萩原恭男校注『芭蕉 おくのほそ道』岩波書店、一九七九
京都大学電子図書館：平松文庫『類聚雑要抄』[http://edb.kulib.kyoto-u.ac.jp/exhibit/h694/h694cont.html](二〇〇九年十一月確認)
中村学園：大和本草インデックス [http://www.lib.nakamura-u.ac.jp/kaibara/yama/index.htm](二〇〇九年十一月確認)

おわりに

樹木を資源として捉え、その利用について専門的に学ぼうとする人ばかりでなく、旅先で見掛けたり何かの記念に植えたりした思い入れのある立木、あるいは身近に見られる立木などへの素朴な関心から本書を手にした人もいることと思う。そうした人の中には、書名にある有用樹木という言い方に違和感を覚える向きもあるかも知れない。しかし、樹木の資源としての側面が軽視されがちな現代の風潮からすると野暮ったく感じられる有用樹木という呼称を敢えて書名に用いたのは、筆者らのこだわりでもある。

本書の五名の執筆陣は、日本木材学会での活動が縁となって結成された。日本木材学会は、木材や林産物の基礎から実用までを様々な手法により研究している専門家の集まりである。取り組んでいる課題は多様であるが、木材というポテンシャルを秘めた素材の本質を深く理解し、より有効且つ賢明に活用する途を開くことにより、石油資源への過度の依存から脱することに少しでも貢献したいという思いは、多くの会員に共通するのではなかろうか。筆者のことを述べると、木材を構成する細胞の微細構造と機能に関する基礎的な研究を続けているが、電子顕微鏡によってミクロの世界を覗くたびにその美しさと精妙さには心打たれる。この木材およびそれを生み出す母体である樹木の素晴らしさ、なかでも有用資源としての無類の特長を少しでも読者に伝えることができればと思っている。

本書の構想から出版まで、まる六年を要した。これだけ時間を要したのは、試作原稿を一旦集約してから執筆者間で入念に相互査読などしているうちに、当初の方針を再三にわたり変更する必要が生じ、そのたびに改稿作業に時間を費やしたところが大きい。写真の準備も骨の折れる作業であった。じっと動かない樹木の写真など、その気になればすぐに自前で収集できると高を括っていたのだが、花の盛りや落葉樹の芽吹きなど、本当の見頃はほんの一瞬で過ぎてしまう。秋の実りには豊凶があり、紅葉の冴えも年によってまるで異なる。撮り頃を逸してしまうと、一年待てば容易に撮り直しがきくというわけにはいかない難しさがあることを身にしみて学んだ六年間でもあった。

しかし、遅々とした進行に苦心するばかりではなかった。厳しい自然環境下に根をおろす孤立木の凛々しさ、巨樹が発する神々しさ、花木が一斉に咲いたときに見せる絢爛さとその後のはかなさ、高度な技能をもつ職人の手による工芸作品の精緻さや手触りなどといったことは、本書の執筆ならびに写真収集の活動なくして実感できないことであった。そうした感覚的なことは、もとより的確に伝えることは至難である。もし本書の記述を読んだり写真を眺めたりして、心を寄せた木や場所、木製品などがあったならば、ぜひ実際に足を運んで見たり、実物に触れたりして、じかに感じ取っていただきたいと思う。

本書の執筆活動にあたっては二〇〇五年度~二〇〇九年度にわたり京都大学生存圏研究所・生存圏データベース(材鑑調査室)共同利用研究より助成を受けた。この間、同研究所バイオマス形態情報分野教授・杉山淳司氏より多くの支援を賜わり、同研究室秘書・栗原(旧姓　青木)恵子氏には円滑な進行のためにご配慮いただいた。また、紙幅の都合でお名前を列挙することはできないが、取材に快く応じて耳寄りなお話しを聞かせていただいたり、貴重な写真の提供を快諾いただいたり、多くの方々のご協力を賜った。最後に、本書の執筆から出版までの長きにわたってお世話になったすべての方々に対して心より感謝の意を表したい。

佐野雄三

索　　引

あ　行

か　行

さ　行

た　行

な　行

は　行

ま　行

や　行

ら　行

わ　行

執筆者紹介：

伊　東　隆　夫（Takao ITOH）

京都大学名誉教授

独立行政法人 国立文化財機構 奈良文化財研究所 埋蔵文化財センター 客員研究員

佐　野　雄　三（Yuzou SANO）

北海道大学 大学院農学研究院 基盤研究部門 森林科学分野

安　部　　　久（Hisashi ABE）

国立研究開発法人 森林研究・整備機構 森林総合研究所 木材加工・特性研究領域

内　海　泰　弘（Yasuhiro UTSUMI）

九州大学 農学部附属演習林

山　口　和　穂（Kazuho YAMAGUCHI）

元・独立行政法人 森林総合研究所 林木育種センター関西育種場

英文タイトル

Useful trees of Japan: a color guide, 2nd edition

カラー版《からーばん》　日本有用樹木誌《にほんゆうようじゅもくし》 第2版

発 行 日――――2011 年 7 月 10 日　初　版第 1 刷

2019 年 7 月 5 日　第 2 版第 1 刷

定　　価――――カバーに表示してあります

著　　者――――伊　東　隆　夫

佐　野　雄　三

安　部　　　久

内　海　泰　弘

山　口　和　穂

発 行 者――――宮　内　　　久

海青社

Kaiseisha Press

〒520-0112　大津市日吉台 2 丁目 16-4

Tel.（077）577-2677　Fax.（077）577-2688

http://www.kaiseisha-press.ne.jp

郵便振替　01090-1-17991

● ISBN978-4-86099-370-2 C0060 ● Printed in JAPAN

● 乱丁落丁はお取り替えいたします